U0257756

本书是国家自然科学基金青年项目"农户异质性视角下农地流转和地权稳定与耕地休养行为研究（71803071）"、四川省哲学社会科学重点研究基地重大项目"土地规模经营视角下水稻种植户低碳生产技术体系采纳路径优化及政策创新研究（SC22EZD038）"的阶段性成果。

徐定德 等 著

中国农户
绿色生产技术采纳行为研究

STUDY ON
THE ADOPTION OF
GREEN PRODUCTION BEHAVIOR
BY CHINESE FARMERS

社会科学文献出版社
SOCIAL SCIENCES ACADEMIC PRESS (CHINA)

序　一

　　绿色生产作为农业可持续发展的主要方式，是我国生态文明建设的重要抓手，关乎农业农村现代化。一方面，为推动农业绿色转型和可持续发展，中央陆续出台了多项农业绿色发展的指导意见。然而，绿色生产技术推广的现实情况并不乐观。农户的绿色生产观念较为淡薄，绿色生产方式的普及程度和绿色生产技术采纳率仍处于较低水平。另一方面，随着经济社会的快速发展和要素市场的转型，农业生产呈现出新的特点。一是农村的年轻劳动力大量转移，农业生产面临老龄化的困境。二是由谁来种地的问题，随着土地流转市场和社会化服务市场的不断发育，学界出现了土地适度规模经营和社会化服务规模经营的道路之争。三是随着数字经济的发展尤其是互联网的普及，土地和社会化服务等要素的市场化不断重塑农户的社会关系网络，经验的代际传承和人际关系的格局不断发生变化。在此背景下，回答如何提升农户绿色生产技术采纳率和采纳效果的问题具有重要意义。欲回答该问题，还需要进一步回答非农就业、土地流转和社会化服务市场的发育会对农户绿色生产技术采纳产生什么样的影响，而作为非正式制度的社会资本在这其中又起到了怎样的作用？

　　徐定德博士的新作《中国农户绿色生产技术采纳行为研究》正是一部专门讨论三大要素市场发育和社会资本对农户绿色生产技术采纳行为影响的作品。本书首先基于稻农绿色生产技术的采纳特点，将绿色生产技术分为产前、产中和产后三大类，详细剖析了不同非农就业市场、土地流转市场、社会化服务市场和社会资本约束情境下农户的绿色生产技术采纳行为特征。其次，本书利用一手调查数据和南京农业大学中国土地调查（CLES）微观数据，综合运用社会分工理论、计划行为理论和社会网络理论，从农户和地块等多个维度系统剖析了非农就业、土地流转、社会化服务要素市场发育对农户绿色生产技术采纳行为的影响，并进一步考察了社会资本在其中的链接作用。最后，本书从三大要素市场发育和社会资本培育的角度出发，有针对性地提出了一些对策建议并指出了进一步研究的方向。

本书的主要贡献可能包含以下两个方面。第一，本书是一部系统考察三大要素市场发育和社会资本对农户绿色生产技术采纳行为影响的作品。从以往的研究来看，学界多基于单一要素市场发育或社会资本来考察其对农户绿色生产技术采纳行为的影响，从三大要素市场发育层面考察农户绿色生产技术采纳行为的研究并不多。本书不仅考察了三大要素市场发育对农户绿色生产技术采纳行为的影响，还探讨了社会资本在其中的链接作用，所构建的系统理论分析框架是对现有理论研究的有益补充。第二，本书在研究内容的广度和深度上有系统性的拓展。从以往的研究来看，学界多聚焦某一项绿色生产技术，鲜少关注不同环节绿色生产技术的异质性，对其中的影响机制也未展开深入研究。本书从整体和分环节的层面把握农户绿色生产技术采纳情况，探讨农户、地块等不同视角下三大要素市场发育和社会资本对农户绿色生产技术采纳行为的影响，并对演化机制做了详细分析。本书揭示的影响路径不仅可为农户绿色生产技术采纳率的提升提供新思路，还可为农业高质量发展背景下农业绿色转型提供理论支撑和决策参考。

最后，再次祝贺徐定德博士的新作付梓。希望他继续保持微观实证研究的严谨性和问题意识，为"三农"领域的学术研究贡献自己的应有之力。

刘承芳

"国家杰青"（2019 年）、北京大学博雅特聘教授

2023 年 5 月 30 日于燕园

序　二

粮食安全是落实国家安全观的重要基础，农户采纳绿色生产技术是落实"藏粮于技"粮食安全战略的重要举措。呈现在各位读者面前的是定德团队这两年在资源环境政策方面的研究成果。在初稿完成后，定德打电话请我帮忙写序，我想我一个小研究员的分量有限，建议他请一个业内知名学者作序。但他说这是他真正意义上的第一部专著，对自己有特殊意义，想请我这个见证他一路走来的恩师说几句。最后，我只有把这件"美差"接了过来，结合定德的成长和这本书的内容简单聊几句，并以此为序吧。

随着社会经济的快速发展，我国农业绿色发展持续向好，在资源节约与保育、生态环境安全、绿色产品供给等方面得到不同程度的改善。然而，同时也应看到我国农业绿色发展不平衡不充分的问题依然突出，小农面临面源污染的严峻形势，亟须绿色转型，绿色生产技术的采纳效果不及预期，农户绿色生产方式的普及程度和绿色生产技术采纳率仍处于较低水平。农业绿色技术的应用是推进农业绿色发展的重要环节，是推动解决农业绿色生产转型最后一公里问题的关键。

定德的新作《中国农户绿色生产技术采纳行为研究》一书正是在上述研究背景下撰写的。本书与现有研究的一个显著区别在于，作者将稻农绿色生产技术采纳行为决策置于非农就业、土地流转、社会化服务三大要素市场发育的约束条件下开展，并通过社会资本这一中间桥梁去进一步链接，这种处理方式在保证专著逻辑性和系统性的同时又贴合实际，能够对现实中的一些悖论给出相对合理的解释。比如，关于农地规模与农户绿色生产技术采纳行为之间的争论（有的认为两者间存在正向相关关系，有的认为存在负向关系，有的认为两者不相关），作者认为这与农地规模的界定息息相关，不同规模形式所蕴含的规模经济不同，其对绿色生产技术采纳行为的影响可能也不同。基于此，作者从地块和农户两个维度出发重新界定了农地规模，得到经营规模和地块规模对绿色生产技术采纳行为的影响存在异质性的结论。在连片度异质性方面，对于分散种植户，地块规模对绿色生产技术采纳行为具有更显著的影响；而对于连片种植户，经营规模对绿色生产技术采纳行为具有更显著的影响。在技术异质性方面，对于施用高效低毒低残留农药、回收农膜或农药包装、施用有机肥或配方肥三种稳资-增劳-控险型技术，地块规模具有更显著的正向影响；对于秸秆还田这种增资-节劳-增险型技术，经营规模具有更显著的正向影响。诸如此类的巧思，在本书的很多地方都有所体现，这体现出作者敏锐的洞察力和较强的连接理论和现实世界的能力。

本书的另一个特点是对农户绿色生产技术采纳行为决策的内在形成机制进行了细致分析。在机制分析上，运用产权理论、社会分工理论、计划行为理论，系统分析了非农就业市场（务工区位、劳动力老龄化）、土地流转市场（农地规模、土地流转）和社会化服务市场（农业分工、外包机械服务）的发育对农户绿色生产技术采纳行为的影响。在此基础上，进一步结合同群效应理论、代际效应理论、社会网络理论，剖析了社会资本（互联网使用、代际效应、同群效应、农户信任）对农户绿色生产技术采纳行为的影响，并在分析过程中系统考察了三大要素市场发育约束的影响。这可加深学界对要素市场发育限定条件下农户绿色生产技术采纳行为决策的理解，也可为政府相关扶持政策的制定、优化和改进提供决策参考。

最后，祝贺定德的新作付梓！希望他能一如既往地坚持以问题意识为导向，保持好奇心和学术热情，做更多有意义、有思想、有启迪的研究。

刘邵权

中国科学院成都山地灾害与环境研究所研究员

目　录

第一篇　绪论与研究设计

第三篇　社会化服务市场的发育与绿色生产技术采纳

第四篇　劳动力市场的发育与绿色生产技术采纳

第五篇　社会资本与绿色生产技术采纳

第六篇　研究结论、政策建议与研究展望

第一篇　绪论与研究设计

第1章 绪论

1.1 选题背景与研究意义

1.1.1 选题背景

（1）绿色生产技术的应用是推进农业绿色发展的重要环节

习近平总书记在党的二十大报告中强调："必须牢固树立和践行绿水青山就是金山银山的理念，站在人与自然和谐共生的高度谋划发展。"绿色农业是一个既有利于环境保护，又有利于农产品数量与质量安全的现代农业发展模式，已成为缓解农业经济增长与生态环境保护之间矛盾的必然选择，更是推动农业供给侧改革、保障国家粮食安全、实现农业高质量发展的重大举措。根据《中国农业绿色发展报告2021》，2012~2020年全国农业绿色发展指数从73.46提升至76.91，说明我国农业绿色发展持续向好，在资源节约与保育、生态环境安全、绿色产品供给等方面得到不同程度的改善。然而，同时也应看到我国农业绿色发展不平衡、不充分的问题依然突出，与党中央的要求和人民群众的期盼相比还有很大提升空间。绿色生产技术的应用是推进农业绿色发展的重要环节，是推动解决农业绿色生产转型"最后一公里"问题的关键。因此，推进农户广泛应用绿色生产技术至关重要。

目前，我国正处于"十四五"加快推进绿色转型这一新阶段，发展和推广绿色生产技术不仅可以有效提高农业生产效率，还可以节约资源、减少农业碳排放、缓解农业面源污染，对实现农业发展绿色转型乃至美丽乡村建设具有重要意义（He et al.，2016）。为此，中央政府部门先后出台多项政策大力推进生态文明建设和绿色生产技术的广泛应用。2017年，中共中央办公厅、国务院办公厅印发了《关于创新体制机制推进农业绿色发展的意见》，旨在推行绿色生产方式，并提出"资源利用更加高效、产地环境更加清洁、生态系统更加稳定、绿色供给能力明显提升"四大类目标任务。2018年，农业农村部印发了《农业绿色发展技术导则（2018~2030年）》，着力构建支撑农业绿色发展的技术体系，并对绿色生产技术的发展做出了具体规划，大力推动生态文明建设和农业绿色发展。2019年，农业农村部印发了《国家质量兴农战略规划（2018~2022年）》，聚焦"绿色兴农"这一主题，提出大力推进农业绿色化。2020年，农业农村部印发《2020年农业农村绿色发展工作要点》，提出持续推进化肥减量增效、农药减量控害、畜禽粪污资源化利用和秸秆综合利用行动。2021年，农业农村部等制定《"十四五"全国农业绿色发展规划》，针对农业发展提出协同推进"降碳、减污、扩绿、增长"的具体要求。同时，2021年中央一号文件也针对加快推进农业现代化，提出加大现代农业科技支撑力度，坚持农业科技创新，发展绿色农业，推进有机肥替代化肥、病虫害绿色防控、秸秆综合利用、测土配方等绿色生产技术工作。2022年和2023年中央一号文件也强调推进农业农村绿色发展，提出深入推进农业投入品减量化、支持秸秆综合利用等要求。这一系列政策文件的出台都预示着中国正迎来一场绿色革命。

（2）小农面临面源污染的严峻形势，亟须绿色转型

经济社会快速发展带来农业的加速成长，但农业生产技术仍停留在较为落后的阶段。比如，过分依赖化学病虫害防治方法，农药过量施用等不合理行为常伴随着农产品质量安全问题和农地、农村环境污染问题（王建华等，2015）。根据《中国农村统计年鉴》中的统计数据，1990年以来，我国农药和化肥单位用量水平呈快速上升趋势，尽管近年来有

所下降，但 2020 年我国化肥、农药和农用塑料薄膜总用量水平仍分别是 1999 年的 2.03 倍、1.21 倍和 4.96 倍（见图 1.1）。农业化学品的过量投入增加了农业面源污染的风险。《第二次全国污染源普查公报》指出，2017 年我国农业源化学需氧量和总氮、总磷、铵态氮排放量分别为 1067 万吨、141 万吨、21 万吨和 22 万吨，分别占水污染排放总量的 50%、47%、67% 和 22%；秸秆产生量为 8.05 亿吨，秸秆可收集资源量为 6.74 亿吨，秸秆利用量为 5.85 亿吨；地膜使用量为 141.93 万吨，多年累积残留量为 118.48 万吨。农业污染已成为我国目前最严重的环境污染问题之一。因此，传统高污染农业的绿色转型迫在眉睫。

依据联合国环境规划署界定，农业绿色生产技术是指以节能、降耗、减污为目标，以技术和管理为手段，实施农业生产全过程污染控制，使污染物产生量最少化的一种综合措施，具体包括免耕、施用无公害农药和化肥、秸秆还田等生产行为。中国的耕地总面积约为 1500 万公顷，在现有农业生产微观经营主体中，农户占全国的 98% 以上（Li et al.，2021；冯之浚等，2015）。在未来很长一段时间内，农户仍将是中国农业生产的最基本单位，也是耕地保护的根本力量（Zhang et al.，2022）。由此看来，增强农户对绿色生产技术的采纳意愿、提升绿色生产技术采纳率是推动农业绿色发展的关键。然而，现阶段我国农业经营模式并未得到根本性转变，依旧存在高投入、高消耗、高污染、低效率的粗放型经营特征。因此，如何以绿色、环保、节约的生产方式代替传统粗放型生产方式，促进小农户采纳并发挥绿色生产技术的应有作用，成为社会各界尤其是农业从业者、政策制定者需要面对和解决的难题。

（3）绿色生产技术的采纳效果不及预期

农户绿色生产意愿与行为的统一是对绿色生产技术应用的积极践行，符合绿色发展理念，是农业绿色生产体系建设的核心内容之一。农户的绿色生产技术采纳行为会受到多方面因素的影响，其中采纳意愿是其行动的前提（傅新红、宋汶庭，2010）。然而，绿色生产技术的现实

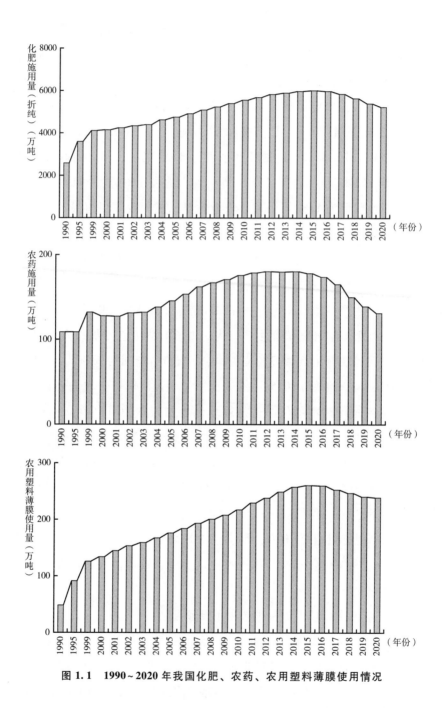

图 1.1 1990~2020 年我国化肥、农药、农用塑料薄膜使用情况

推广情况并不乐观。农民的绿色生产观念较为淡薄，绿色生产方式的普及程度和绿色生产技术采纳率仍处于较低水平（Guo et al.，2022），甚至出现农户"说一套，做一套"即"强意愿弱行为"的现象。比如，有研究发现愿意施用生物农药的农户占总样本的 1/3，而实际施用的只有 3% 左右；超过 62% 的农业生产者有有机肥施用意愿，而有施用意愿没有施用行为的农户占比高达 51%（Bagde et al.，2016）；此外，82.4% 的农户有秸秆出售意愿，但实际实施的农户仅占 26.9%（王卫卫、张应良，2022）。那么，是什么因素抑制了农户采纳绿色生产技术的主动性与积极性？这些因素影响意愿的路径机制是怎样的？如何提升农户采纳绿色生产技术的意愿，推动农户自觉采纳绿色生产技术，实现意愿与行为相统一？

到目前为止，国内外许多学者对农户绿色生产技术采纳意愿或行为展开了研究。有学者认为农户的采纳意愿之所以不能有效转化成行为，是因为在向实际行为的转化过程中受到了阻力或采纳行为受到外界干扰（畅倩等，2021）。事实上，农户是否采纳绿色生产技术建立在一定的市场情境基础上。首先，在土地流转市场中，土地作为农业生产中最基本的生产资料，是农户生计的重要保障资源，并且在农业市场化推进的过程中，土地流转在实现规模化经营发展的同时会影响农民采取可持续农业生产技术的行为决策（杨雪涛等，2020）。其次，在非农就业市场中，随着农村青壮年劳动力大规模向非农行业转移，农村生产梯队"老龄化"成为农业生产中的明显特征。而绿色生产技术采纳行为作为一种劳动力投入性的农业生产行为，自然会因劳动力群体的不同而呈现差异（杨志海，2018）。最后，在社会化服务市场中，随着农业分工和专业化的发展，涌现了大量的社会化服务主体，不仅通过以机械替代传统人力耕种的方式缓解了劳动力的短缺，还在农业生产中推广和应用秸秆还田等绿色生产技术，降低了单个农户所面临的技术采纳风险，已逐步成为农业转型和绿色发展的主要途径（卢华等，2021）。另外，值得一提的是，农户社会资本的丰裕程度在一定程度上代表了其对社会资源的获取程度（史恒通等，2018），在农户的技术采纳决策中扮演着重要角色（盖豪等，2019）。社会资本能为农户采纳绿色生产技术提供物质与资金支持，减少农户有关土地流转、非农就业、社会化服务市场和绿色生产技术的信息不对称，降低绿色生产技术的采纳成本。同时，社会资本往往发源于亲缘和地缘基础上的熟人社会关系网络，成员还可通过互惠合作获得帮工支持并进行技术交流（旷浩源，2014；Scott，1977）。可以说，社会资本能有效建立土地流转市场、劳动力市场和社会化服务市场与农户间的关系。基于此，本书聚焦土地流转市场、社会化服务市场、非农就业市场的发育及社会资本四个层面，探索不同市场发育约束情境下农户的绿色生产技术采纳行为。

1.1.2 研究意义

从理论意义上来看，国内关于绿色技术采纳的文献大多选择单一的绿色技术活动进行研究，对其机制和趋势的研究不多见，对相关理论体系缺乏系统性的梳理，也还未形成较为合理的科学分析框架模型。本书研究的理论意义在于以下三个方面：第一，关注多项绿色生产技术，从整体和分环节的层面把握农户的绿色生产技术采纳情况；第二，结合社会心理学、成本收益等相关理论，从土地流转市场、社会化服务市场、非农就业市场的发育及社会资本四个层面构建农户绿色生产行为的总体研究框架，探索农户采纳绿色生产技术的意愿和行为实施规律，进一步拓展研究视角；第三，从内在认知和外在环境两方面提炼影响农户采纳绿色生产技术的相关因素，揭示农户绿色生产行为产生的作用机制和影响路径，进而对农户绿色生产行为决策理论进行扩展和应用。

从实践意义上来看，第一，通过获取的第一手调查数据，系统了解农户对绿色生产技术的使用情况，甄别影响其绿色生产技术采纳意愿和行为的关键因素，激励农户进行绿色生产，这有助于实现保障土地等生态环境安全的综合目标，进而促进农业可持续发展；第二，根据研究结果得出切实可行的政策建议，在响应国家、省市政策的同时，也有助于回答农户绿色生产技术采纳率不高、农户认知不足、意愿和行为之间存在巨大差距等问题，为相关部门制定相应政策措施提供理论支撑和决策参考。

1.2 研究目标和对象

当前是促进经济社会发展全面绿色转型、建设人与自然和谐共生现代化的关键时期，农业发展进入加快推进绿色转型新阶段。四川是传统的农业大省，也是典型的水稻产区之一，从 2020 年起，全省粮食总产量连续三年稳定在 3500 万吨以上，是实现国家"天府粮仓"计划的重要支撑。2018 年四川省发布《四川省创新体制机制推进农业绿色发展实施方案》，强调推广农业绿色生产技术、发展生态农业、优化农业主体功能与空间布局，为四川省实施乡村振兴战略、推动治蜀兴川再上新台阶提供切实保障。本书的研究对象为四川省的水稻种植户，通过实地调研获取农户对绿色生产技术的认知、采纳意愿以及采纳情况，从土地流转市场、社会化服务市场、非农就业市场的发育及社会资本四个层面探索农户采纳绿色生产技术的决策机制，并基于实证结果提出有效的政策方案，为农户的绿色生产转型提供理论和实证参考。具体目标可分解为以下三个。

（1）在对样本区域内农户生产现状、绿色生产技术采纳现状进行描述性统计分析的基础上，提炼农户绿色生产行为的基本特征，挖掘农户在绿色生产转型过程中采纳绿色生产技术的现实障碍。

（2）从土地流转市场、社会化服务市场、非农就业市场的发育及社会资本四个层面出发，分别构建农户绿色生产行为的理论研究框架，描述不同层面不同经营规模的农户采纳绿色生产技术的表现与现实特征，实证检验不同层面各维度因素对不同禀赋农户的影响，并进一步探析各因素对不同农户绿色生产技术采纳行为的作用机制和影响。

（3）依据理论分析和实证检验结果，从微观层面探究农户绿色生产技术选择的提升路径，探索在土地流转市场、社会化服务市场、非农就业市场及社会资本共同驱动下农户绿色生产转型的政策优化方案及配套政策体系。

1.3 研究思路与内容

本书通过梳理绿色生产技术相关研究，探讨农户绿色生产技术采纳行为的决策机制和关键因素。从土地流转市场、社会化服务市场和非农就业市场三大要素市场的发育角度，分析其与绿色生产技术采纳行为决策的内在关联机制，探讨社会资本对农户在三大要素市场发育约束条件下绿色生产技术采纳行为决策的影响，阐明推广绿色生产技术的政策着力点和具体策略。

本书内容共分为六篇。

第一篇是绪论与研究设计，包括第1章、第2章和第3章。

第1章是绪论。基于我国农业绿色发展现状，本章首先阐述研究背景、研究目的与意义；其次，介绍研究内容、研究方法，形成基本的研究方向；最后，整理和归纳研究的创新点与不足。

第2章是核心概念界定与文献综述。首先，对绿色生产技术、土地流转、土地规模、农业分工、社会化服务、劳动力老龄化、务工区位等核心概念进行界定；其次，梳理与核心概念有关的国内外文献，并评述现有研究的进展与不足；最后，通过回顾计划行为理论、规模经济理论、理性小农理论、诱致性技术创新理论等理论，阐释这些理论与稻农绿色生产行为的基础关联，为后文的理论分析做准备。

第3章是农户绿色生产技术采纳的现状分析。首先，界定本书所研究的绿色生产技术的内涵和内容；其次，从总体和具体层面分别对稻农的绿色生产技术采纳情况进行描述性统计分析，总结样本特征。

第二篇是土地流转市场的发育与绿色生产技术采纳，包括第4章、第5章、第6章和第7章。

第4章是农地规模与绿色生产技术采纳。基于规模经济理论，构建

Oprobit 模型和中介效应模型，从农户和地块层面分析农地规模对绿色生产技术采纳行为的影响。研究表明以下几点。第一，经营规模和地块规模均显著正向影响绿色生产技术采纳行为。第二，经营规模和地块规模通过提高商品化率、提升对未来收益的偏好及引入机械投资三条中介路径正向影响绿色生产技术采纳行为。第三，经营规模和地块规模对绿色生产技术采纳行为的影响存在异质性。对于分散种植户和采纳稳资－增劳－控险型技术的农户，地块规模对绿色生产技术采纳行为的影响更显著；对于连片种植户和采纳增资－节劳－增险型技术的农户，经营规模对绿色生产技术采纳行为的影响更显著。因此，建议政府持续推进农地规模经营，健全农业要素市场和商品市场，同时根据农户的资源禀赋和技术属性，采取差异化的引导方式促进农户对绿色生产技术的采纳。

第 5 章是土地流转与绿色生产技术采纳。基于计划行为理论，构建 IV－Probit 模型探究土地流转对农户秸秆资源化利用的影响。研究表明以下几点。第一，土地转入和土地转出都能显著促进农户的秸秆资源化利用。第二，土地转入与农户的秸秆资源化利用存在代际和规模差异，土地转入对新生代和大规模农户的秸秆资源化利用有显著正向影响。第三，土地转入能够通过提升农户的经济认知和效能认知促进秸秆资源化利用；土地转出能够通过提升农户的效能认知促进秸秆资源化利用。因此，建议政府完善土地确权、健全土地流转市场、加大秸秆资源化利用的技术宣传和创优政策环境，推动农户更好地参与秸秆资源化利用。

第 6 章是土地流转与绿色生产技术支付意愿。基于理性小农理论、规模经济理论和计划行为理论，构建 IV－Probit 和 IV－Tobit 模型探讨土地流转对农户秸秆还田支付意愿的影响。研究表明以下几点。第一，仅有 37.69% 的农户愿意为秸秆还田付费，农户秸秆还田意愿支付区间为 12.94~34.41 元/亩·季。第二，土地流转尤其是土地转入提高了农户对秸秆还田的支付意愿与愿意支付的金额，但这种提升作用存在明显的代际差异和土地经营规模差异。第三，经济价值感知和支付效能感知发挥正向中介作用。因此，建议政府鼓励土地连片化流转、促进土地整合，降低秸秆还田价格，广泛宣传以提高农户尤其是新生代和大规模农户对秸秆还田的认知水平，以期促进农业清洁生产和可持续生产。

第 7 章是土地流转契约与绿色生产技术采纳。基于产权风险理论，利用二元 Logit 模型检验土地流转契约的规范性、稳定性和赢利性对农户秸秆还田行为的影响。研究表明以下几点。第一，相较于口头契约，书面流转协议可以更有效地促使农户采纳秸秆还田技术行为。第二，相较于非固定期限契约，固定期限契约可以更有效地促进农户采纳秸秆还田技术行为。第三，相较于无偿转入方式，有偿转入可以更有效地促进农户采纳秸秆还田技术行为。第四，土地流转契约的规范性、稳定性和赢利性对秸秆还田的影响具有地形差异和规模差异。因此，建议政府从构建规范的土地流转契约机制、促进农业适度规模经营、完善土地流转相关法律法规等方面入手，提高农作物秸秆还田率，促进秸秆资源化利用。

第三篇是社会化服务市场的发育与绿色生产技术采纳，包括第 8 章和第 9 章。

第 8 章是外包机械服务与绿色生产技术采纳。基于理性小农理论和农业踏车理论，实证分析了外包机械服务对农户的绿色生产技术采纳行为的影响。研究表明以下几点。第一，外包机械服务对农户采纳免耕技术、有机肥施用技术和秸秆还田技术均具有显著正向影响。第二，外包机械服务不仅直接影响农户的绿色生产技术采纳行为，还可通过促进非农就业和扩大农地经营规模两条路径间接影响农户的绿色生产技术采纳行为。第三，外包机械服务对农户的绿色生产技术采纳行为的影响在中青年组和老年组中显著，但在男性群体和家庭自有农机群体中不显著。因此，建议加大对外包机械服务提供者的援助，同时积极宣传推广绿色生产技术，发挥其对农户的有效引导和教育作用。

第 9 章是农业分工与绿色生产技术采纳。基于分工理论，构建二元 Probit 模型实证分析农业分工对化肥减量施用的影响。研究表明以下几点。第一，农业横向分工和纵向分工均能显著促进农户减量施用化肥。

第二，农业横向分工是由农村劳动力转移引起的家庭内部劳动力结构和种植结构的变化，农户为实现规模经济而提高专业化程度，从而促进化肥减量施用。第三，农业纵向分工表现为农户引入外部社会化服务，改善土地条件，为化肥施用提供良好环境，提高施用效率，从而促进化肥减量施用。因此，建议持续提升家庭生产参与横向分工和纵向分工的程度，提升农业生产专业化程度，同时进一步推动农业社会化服务市场的发展。

第四篇是劳动力市场的发育与绿色生产技术采纳，包括第 10 章和第 11 章。

第 10 章是不同务工区位与绿色生产技术采纳。基于生产要素理论、社会认知理论和家庭生命周期理论，构建 IV-Probit 模型实证剖析务工区位对农户化肥减量施用的影响。研究表明以下几点。第一，不同务工区位对化肥减量施用的影响存在显著差异，表现出"同途殊归"的效果。其中，本地务工对化肥减量施用产生负向显著影响，而异地务工对化肥减量施用产生正向显著影响。第二，经济分化和生态认知在务工区位对农户化肥减量施用行为的影响中发挥部分中介效应。不同务工区位对处于不同家庭生命周期农户的化肥减量施用行为的影响也不同。第三，女性本地务工对化肥减量施用的负向作用强于男性本地务工；女性异地务工对化肥减量施用的正向作用强于男性异地务工。第四，家庭代际分工的鸿沟仍然存在，老一代本地务工对化肥减量施用的负向作用不显著，而新一代本地务工对化肥减量施用的负向作用显著；老一代异地务工对化肥减量施用的正向作用不显著，而新一代异地务工对化肥减量施用的正向作用显著。因此，建议政府鼓励农村劳动力回乡创业，加强农民培训，提高农民的整体技术水平，从而提高化肥施用效率。

第 11 章是劳动力老龄化与绿色生产技术采纳。基于人力资本的生命周期理论和诱导性技术创新理论，利用二元 Logit 模型实证研究劳动力老龄化对农户秸秆还田的影响。研究表明以下几点。第一，劳动力老龄化趋势明显，老龄农户占比为 29%；农户秸秆还田的积极性不高，秸秆还田比例为 65%。第二，劳动力老龄化显著抑制农户秸秆还田，而社会化服务和环境规制能在一定程度上缓解农业劳动力老龄化对秸秆还田行为的抑制作用。具体而言，社会化服务和经济激励能够缓解劳动力老龄化对秸秆还田行为的不利影响，而强制约束没有起到缓解作用。第三，异质性分析表明，当农户土地经营规模低于平均水平和所处地区为非平原时，劳动力老龄化对秸秆还田行为的抑制作用更强。因此，政府应当持续推动农机社会化服务发展，进一步完善秸秆还田的经济激励政策，以促进秸秆还田等绿色生产方式的推广与应用。

第五篇是社会资本与绿色生产技术采纳，包括第 12 章、第 13 章和第 14 章。

第 12 章是代际效应、同群效应与绿色生产技术采纳。基于社会网络理论，构建 Probit 模型分析了农户社会网络中最重要的两个角色——父辈和亲朋好友，即代际效应和同群效应对农户秸秆还田的影响。研究表明以下几点。第一，在样本农户中，61.5% 的农户采用秸秆还田。第二，代际效应对农户秸秆还田有抑制作用，同群效应对农户秸秆还田有促进作用，且同群效应大于代际效应。第三，在耕地地形、耕地面积和家庭位置等自然资源禀赋的约束下，代际效应和同群效应对不同农户秸秆还田的作用不同。因此，建议重视同伴群体的带动作用，强化农户对秸秆还田的正确认知，同时鼓励发展适度规模经营，持续推进机械化生产服务，从而促进水稻清洁生产。

第 13 章是农户信任、同群效应与绿色生产技术采纳。基于社会资本理论和同群效应理论，利用 Tobit 模型实证分析信任对低碳农业技术采纳行为的影响。研究表明以下几点。第一，农户信任显著正向影响农户的低碳农业技术采纳行为，且影响呈现"特殊信任>一般信任>制度信任"的特点。第二，异质性分析表明，平原地区农户的特殊信任和制度信任对低碳农业技术采纳强度的影响大于非平原地区农户，非平原地区农户的一般信任对低碳农业技术采纳强度的影响大于平原地区农户；新一代农户的特殊信任、一般信任和制度信任对低碳农业技术采纳强度的影响均强于老一代农户。第三，同群效应在特殊信任、制度信任和低碳农业技术采纳中发挥了中介作用。因此，建议增强农户间的信任及制度信任，发挥大户的示范带头作用，提升农户的低碳农业技术采纳水平。

第 14 章是互联网使用与绿色生产技术采纳。基于理性小农理论、有限理性理论，利用条件混合过程（CMP）模型实证分析互联网使用对农户低碳农业技术采纳行为的影响。研究表明以下几点。第一，互联网使用会显著促进农户采纳低碳耕作技术和低碳施肥技术，而对农户采纳低碳施药技术、低碳灌溉技术、低碳农膜使用技术和秸秆资源化利用技术无显著影响。第二，机制分析表明，互联网使用通过经济效益认知和生态效益认知影响农户的低碳农业技术采纳行为。因此，建议进一步推动农村地区互联网的普及和应用，对低碳生产和生活方式进行宣传，为农户发展可持续农业、低碳农业创造条件。

第六篇为第 15 章，包括研究结论、政策建议与研究展望。

本书的技术路线见图 1.2。

1.4　数据来源与研究方法

1.4.1　研究概况与数据来源

本书的主要研究对象是四川省水稻种植户①。四川省位于中国西南部，地处长江上游，辖区面积共 48.6 万平方千米，居中国第五位。省内地形复杂，拥有山地、丘陵、平原和高原 4 种地形，分别占 74.2%、10.3%、8.2% 和 7.3%。全省 85% 以上的耕地集中分布于东部盆地和低山丘陵区，土壤肥沃。气候多样，区域差异大，季风气候显著，雨热同期。水资源丰富，人均水资源量高于全国平均水平。独特的地理位置和优越的自然环境造就了天府之国，也使其成为我国重要的稻作区。

---

① 部分数据来自中国乡村振兴调查（CRRS）数据库和中国土地经济调查（CLES）数据库。

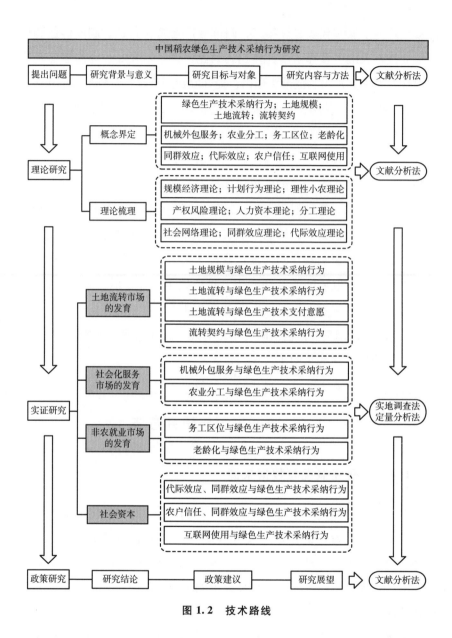

图 1.2 技术路线

数据主要来源于四川省农村发展研究中心开展的"四川乡村振兴百川观察"追踪调查。调查采取多阶段抽样法。首先，根据经济发展水平、地形地貌差异和水稻经营特征将四川省 183 个县（市、区）分成三组，每组随机抽取 1 个或 2 个县（市、区）作为样本；其次，在每个样本县（市、区）中根据经济发展水平和地理位置分层抽取 3 个乡镇作为样本乡镇；再次，在每个样本乡镇中依据同样的原则抽取 3 个村庄作为样本村庄；最后，在每个样本村庄中随机抽取 20 户农户，进行面对面访谈。最终获得 3 县（市、区）9 乡镇 27 村 540 户［或 6 县（市、区）18 乡镇 54 村 1080 份］农户的有效调查样本，问卷涵盖农户特征、家庭禀赋、土地资源、收入情况和绿色生产行为等内容。

1.4.2　研究方法

1. 文献分析法

本书系统梳理农业绿色发展和绿色生产技术的研究脉络，从土地流转市场、社会化服务市场、非农就业市场三大要素市场的发育和社会资本四个层面归纳总结与绿色生产技术采纳行为相关的研究成果，确定本书的核心变量。通过剖析理性小农理论、计划行为理论、规模经济理论等相关理论，分析核心研究变量之间的关系，确定整体的研究框架。在实证分析部分，基于前文的理论介绍，构建具体的理论分析框架并提出具体的研究假说。在政策建议部分，和已有文献进行对话，引出本书的观点，提出适用的政策建议。

2. 实地调查法

本书所涉及的研究样本主要来自四川省邛崃、泸县和南江三地的实地调查。考虑到调查问卷的区域适用性，调查小组在正式调查前进行了预调查，并根据所反映的问题对问卷和访谈提纲进行修改。实际调查的操作过程如下。首先，前站人员提前联系各样本县（市、区）、各样本乡镇和各样本村庄的对接人，做好准备工作，以便课题组抵达后尽快安排好访谈地点和访谈对象。其次，调查员前往访谈对象家中，与访谈对象进行 2 小时的面对面访谈，访谈内容结束后，调查员在现场进行快速自查，确定没有问题后给予农户一定的补贴。在此过程中，调查组长开始对村干部进行访谈。最后，回到住所后，调查小组开会讨论当天遇到的问题并统一解决，各调研员之间进行二次互查，确保调查数据的质量。队员互查没有问题后，组长对全部问卷进行检查并上报。如果在查问卷的过程中发现了问题，调查员及时进行电话回访以补充回答。

3. 定量分析法

本书所用定量分析法主要包括描述性统计分析法和计量经济分析法。第3章第2节采用描述性统计法分析了农户的绿色生产技术采纳情况。第二篇、第三篇、第四篇和第五篇的实证分析部分对农户的户主特征、家庭特征、土地特征和生产经营特征进行了描述性统计，总结了样本的特征。同时，在这些部分利用了 Logit、Probit、Tobit、Ordered Probit（Oprobit）等模型进行基础回归分析，利用了 IV-Probit、IV-Tobit、CMP、PSM 等模型解决内生性问题，还利用了 Bootstrap 法和中介效应模型进行机制分析。

1.5 研究创新点

（1）研究视角的创新。已有研究大多从经济学或心理学视角研究农户的绿色生产意愿或行为，对市场发育的驱动作用关注较少，未将各视角同时纳入研究框架内，研究视角较为单一、片面，研究不够整体化。本书从土地流转市场、社会化服务市场、非农就业市场的发育及社会资本四个视角出发构建农户的绿色生产技术采纳行为模型，为绿色技术采纳相关问题的研究建立了统一的框架，拓展了研究视角，对现有理论研究进行了有益补充。

（2）研究内容的创新。以往研究大多只关注某一项绿色生产技术，忽略了不同生产环节技术的异质性。由于不同环节绿色生产技术的操作要点、耗费成本与应用目的都有所不同，其影响因素会存在一定的差异。因此，本书从整体和分环节层面把握农户对绿色生产技术的采纳情况，探讨不同视角下各层面因素对农户绿色生产技术采纳行为的影响。另外，现有研究大多关注农户对绿色生产技术的采纳意愿或行为，而对中间的影响机制并未展开深入研究，本书在此基础上对演化机制做出了详细分析，深入剖析各因素对农户绿色生产技术采纳行为的作用机制，不仅为农户绿色生产技术采纳率低下的破解提供了新思路，更为农业高质量发展背景下绿色农业的发展提供了理论支撑。

（3）研究方法的创新。现有研究所采用的研究方法较为单一，大多为单一 Probit 模型、Logit 模型等。本书在此基础上考虑模型之中存在内生性问题，应用了多种分析方法对相关问题进行实证检验，不仅在方法和理论的组合运用上具有创新性，还在加强研究结论准确性的同时，在较大程度上丰富了研究结论，使研究方法和研究问题得到了较好的结合，在一定程度上丰富了绿色生产领域的相关研究。

第 2 章　核心概念界定与文献综述

2.1　概念界定

2.1.1　绿色生产技术相关概念

绿色是农业的底色，要想实现农业强国的目标，必须推动石化农业向绿色农业的转变。迄今为止，专家学者就农业绿色生产所包含的技术要素达成共识（严立冬，2003；谭秋成，2015）。绿色生产技术是农业绿色生产中的重要承载工具，其概念由绿色生产衍生而来。早期，杨志武和钟甫宁（2010）根据绿色生产技术的目标要求，将其概括为"通过合理的农业管理模式和耕作技术、兼顾农产品数量和质量、保障生态资源安全、实现节约资源和农业可持续发展"的生产技术。杨志海（2018）则认为，绿色生产技术不仅要与资源环境的承载力相匹配，而且要和生活相协调。张亚如（2018）强调了绿色生产技术的多维性，将其定义为"各种技能、工具和规则体系的集合"。学者们在研究中也往往采用狭义的绿色生产技术概念。例如，在闫阿倩等（2021）、陈梅英等（2021）的研究中，绿色生产技术实际上只包括生物药技术和有机肥技术。

根据研究需要，本书使用了广义的绿色生产技术概念，指的是贯穿农业生产全过程，具有资源节约、环境友好、高效的特征，并能实现经济、生态、社会"三维"效益协调统一，最终促进可持续发展的一系列农业生产技术、工具和规则的集合。首先，绿色生产技术覆盖农业生产全过程，可分为产前、产中、产后三个环节，不仅包括病虫害绿色防控技术、节水灌溉技术等种植中的技术，还包括保护性耕作技术等种植前的生产技术，以及秸秆还田、农产品绿色储运等后端技术（毛欢等，2021）。其次，绿色生产技术在保证绿色生态的同时，可实现产品增产增收，具有多方效益（张伟华等，2020；Gao et al.，2019）。最后，绿色生产技术是指应用在绿色农业生产中的手段综合体，按照实施阶段可以分为产前、产中、产后绿色生产技术，根据作用结果可以分为资源节约型、环境友好型和高产型绿色生产技术（文长存等，2016；王浩、刘芳，2012），按照技术属性可分为劳动密集型、资本密集型、技术风险型等绿色生产技术（郑旭媛等，2018；石志恒、崔民，2020）。

2.1.2　土地流转相关概念

土地为农业之基，建设农业现代化必须立足于土地要素的优化配置和高效利用，而在大国小农格局下，实现此目的需要依靠土地流转。土地流转可以简单概括为土地从原支配者手中转入另一支配者手中，而这一过程所包含的内涵格外丰富。在我国，农村土地分为集体农用地、集体建设用地和集体未利用地三类，土地流转所指的土地是其中的农用地。实际上，由于土地不可移动，流转的客体不是土地实体而是土地产权。美国等国家实行土地私有制，土地流转更确切的说法是土地交易，是土地全部权益的让渡。在中国，农村农用地实行所有权、承包权、经营权分置并行，前者归集体，后两者归农户，只有经营权可在不改变土地农业用途的前提下流转。基于这一现实，本书定义的土地流转仅指狭义的农用地经营权流转：在不改变农业性质的前提下，保留农用地所有权和承包权不变，流通与转让农用地经营权。按照流转方向，可分为土地的转入和土地的转出。土地的转入体现经营者增加耕地和从事农业生产的意愿，土地转出则体现经营者减少耕地或退出农业生产的意愿（王亚辉等，2017）。

土地的流转必然引致土地经营规模的变化。土地经营规模是土地经营者用于农业生产的土地要素的数量级。土地经营规模的扩大可能产生规模经济，使农业生产实现降本增效。然而，土地规模并非越大越好，只有在合理科学的规模下进行生产才能获得最佳产出，这被称为"土地适度规模经营"。关于土地适度规模经营的具体含义，现有学者的侧重点各有不同，有的学者强调技术视角的适度规模，有的学者强调经济视角的适度规模。曾福生（1995）以"优化土地、劳动、机械、资金的组合，取得规模效益"作为衡量标准。罗芹（2008）认为土地规模是否适度不以土地大小而论，而是要考虑土地规模是否与其他生产要素相匹配。陈俊梁（2005）、孟展和徐翠兰（2010）进一步将"实现最佳经济效益"作为土地适度规模经营的标准。综合已有的定义，本书所指的土地适度规模经营是指土地流转下形成的能与实际劳动、资本和农药、化肥等生产要素相适应的，帮助经营者获取最佳经济效益的土地规模。

2.1.3　社会化服务相关概念

社会化服务，是指在社会分工和商品交换的前提下，各个社会经济主体相互协作，为了实现各自的目标而提供或接受的各种产品和服务。农业社会化服务是社会化服务中的一个具体领域，是指在社会分工和商品交换的前提下，农业经营主体因无法自我完成所有生产经营活动，而需要借助其他主体提供的帮助来实现农业生产经营目标所形成的物化的或非物化的产品（黄佩民等，1996）。农业社会化服务可以帮助农民提高生产效率、降低成本、拓宽销售渠道、增加收益，对推动农业现代化和农村振兴具有重要意义。20世纪80年代初，中国农村开始进行改革，推行"包产到户"政策，即将土地承包给农民家庭自主经营，实行家庭联产承包责任制，使农民在土地经营方面拥有了更大的自主权和经济利益。此前，中国农村实行的是人民公社体制，将农民分为劳动力和生产队，实行集体经济和集体所有制，农民个人的土地使用权和经济收益处于大幅削弱状态。农业回归家庭经营后，农业社会化服务这一概念被提出，此时它主要是针对小农户相对薄弱的"自服务"而言的（国务院发展研究中心农村部《农业社会化服务体系研究》课题组，1992）。随着社会分工的深化和商品经济的繁荣，农业社会化服务经过40多年的发展演化，已经覆盖农业产前、产中、产后各个环节，涉及农资供应、农产品销售与物流、农业生产作业、农业技术研发与推广、农业信息和涉农金融服务等诸多方面。农业社会化服务的形式也越来越多样化，包括市场化的经营性服务和非市场化的公益性服务等多种类别，以满足不同农业经营主体的需求。

综合有关文献，本书所指的社会化服务指的是与农业生产经营相关的农业社会化服务，是为了提高农业生产效率和农民收入水平，促进农业现代化和农村经济发展而产生的服务形式。具体是指在农业生产中涉及的相关社会化服务，比如整地、插秧、灌溉、施肥、打药和收割等生产环节。

2.1.4　非农就业相关概念

非农就业，是指非农业领域内的就业，即除了农业以外各个行业和部门的就业，包括制造业、服务业、建筑业、交通运输业等。从微观农户出发，非农就业是指对于任何一个农户家庭来说，其一个或多个家庭成员在考察期内从事非农生产活动。在现有文献中也使用外出务工（钱文荣、郑黎义，2010）、农村劳动力转移（廖文梅等，2015；洪炜杰等，2016）、农户非农兼业（罗仁福、张林秀，2011）等类似词语予以表示。非农就业是一个国家经济和就业结构发展的重要指标之一，通常与农业就业相对应。非农就业率是指非农业领域的就业人数与劳动力总人数的比例，是衡量一个国家经济结构转型和劳动力市场状况的重要指标。非农就业的发展可以促进经济多元化和劳动力结构的优化，提高劳动力的收入水平和社会福利水平，促进社会和谐稳定发展。近年来，非农就业的定义已从简单的"农村劳动力进入非农部门就业"向多角度的区分定义演进。目前学者根据农村劳动力的非农就业地点和非农就业与农业劳动时间的分配来细致地区分非农就业类型。比如，将农户参与非农就业的类型分为两类——"离乡"和"离土"，把"离乡"型和"离土"型这两类非农就业分别视为外地非农就业和本地非农就业（刘魏、张应良，2018）。还有学者将一部分已经不从事农业生产的劳动力称为全职非农就业劳动力，将一部分在农忙时务农、在其他时间参与非农就业的劳动力称为兼职就业劳动力，将一部分主要务农的劳动力称为农业就业劳动力（罗仁福、张林秀，2011）。

综合有关文献，本书所指的非农就业指的是农户家庭外出务工者的户籍仍留在农村，而家庭成员在本地（乡镇区域以内）或外地（乡镇区域以外）参与非农林业生产相关的工作（既包括临时工也包括长期工）或者非农自营相关的工作。

2.1.5 社会资本相关概念

社会资本是社会科学家从生活中总结和归纳出来的一个概念，因其相对宽泛，目前学界仍存在较大争议。社会资本这一名词源于20世纪的美国，其在80年代之前被提出但未被界定，80年代后才有学者阐述了其含义，代表人物有 Bourdieu、Coleman、Putnam 和 Fukuyama。现有研究一般认为，Bourdieu 是最早提出社会资本概念的学者。Bourdieu（1986）在《社会资本的形式》一书中，将社会资本定义为"实际的或潜在的资源集合体"，认为社会资本是一种"体制化的社会网络"。美国社会学家 Coleman（1988）在《作为人力资本发展条件的社会资本》一文中从功能上对社会资本进行了更加明确的阐释，认为社会资本产生于人际关系，是服务于个人行动目标的一种资源。在这之后，美国政治学家 Putnam（1993）创造性地将社会资本的概念从微观个体层面提升到组织宏观层面，将社会资本定义为信任、互惠、规范和网络等社会组织特征，认为这些社会资本能够促进社会实现更高的效率。美籍日裔学者 Fukuyama（1996）在社会资本的产生原因和属性上与前三位的观点不同，他将社会资本的产生归于社会信任和更深层次的文化环境，并将社会资本定义为"人们在群体内部为了相同目标而共同工作的能力"。在中国，关于社会资本的研究相对较晚，对社会资本的界定也主要基于西方已有的研究，主要可以分为三个方向。第一，将社会资本定义为社会网络。例如，唐翌（2003）认为社会资本是指一种在某一社会关系网中能够与其他行为主体合作，从而赢得其他行为主体的信任的声誉。第二，将社会资本定义为能力。例如，边燕杰和丘海雄（2000）、陈劲和李飞宇（2001）认为社会资本是"行动主体与社会的联系以及通过这种联系获取稀缺资源的能力"。第三，将社会资本定义为资源。例如，郑洁（2004）认为社会资本是"个人通过拥有的社会网络关系而获得的资源"。后来也有研究者基于自身对社会资本含义的理解，将社会资本分为多个维度。以 Brown（1997）为代表的学者将社会资本分为微观（个人利用社会关系获取资源）、中观（社会结构下的资源可获得性）和宏观（群体对社会资本的占有情况）三个层面。以 Adler 和 Kwon（2002）、赵延东和罗家德（2005）为代表的学者按照社会资本的产生和功能将社会资本分为两个层面：其一是产生于某一个体的外在关系并服务于该个体的个人/外部社会资本，其二是产生于群体内部关系并服务于群体的集体/内在社会资本。

尽管不同学者对社会资本有不同层面和角度的理解，但社会资本的概念都包含了信任、合作、社会网络、价值规范等关键的构成要素。基于研究的需要，本书将社会资本的含义限定在微观层面：社会资本是指产生于社会网络的、能给拥有者带来额外价值或利益、帮助个体达成行动目标的有形或无形的资源集合。

2.2　文献回顾

21 世纪以来，依靠高投入、高产出、高污染的农业生产模式，中国农业生产虽然取得了飞跃式增长，但也承受着巨大的环境压力（Huang and Yang，2017）。农户是绿色生产技术采纳的重要决策主体

（王雅凤等，2015），如何促进农户采纳绿色生产技术不仅是现实关切，也是研究热点。已有研究可以分为内在禀赋和外部环境两大分支，其中内在禀赋分支主要关注农户个体特征（Schreinemachers et al.，2017；杨志海，2018；高杨、牛子恒，2019）、家庭经营特征（刘美玲、王桂霞，2021；Lu et al.，2019；张童朝等，2017）和价值认知（石志恒等，2020；赵肖柯、周波，2012）等内容，外部环境分支主要关注环境规制（盖豪等，2020）、社会网络（黄炎忠等，2018；Genius et al.，2014）等内容。已有研究成果丰硕、覆盖广泛，但在综合已有研究的内在逻辑后不难发现，农业生产最基本的要素是人和地，这两者在农业生产中牵一发而动全身。首先，农户作为农业生产的主体，逐渐从农村向城市、从农业向非农业转移，劳动力流失已是农业生产面临的基本趋势。其次，人动带动地动，土地经营权在劳动力流失的推动下开始重组，土地在农业经营主体之间流动形成土地适度规模经营，促使农业向规模化发展。最后，农业专业化程度不断提升，尤其是农业社会化服务逐渐兴起，创新了农业生产模式。总之，农业生产已处于非农就业市场、土地流转市场和社会化服务市场的共同影响之下，其社会化特性日渐凸显。而在社会化格局下，农户社会资本的影响力必然被提升到更高的位置，并在农户联系三大市场的过程中发挥桥梁作用，最终决定农户的绿色生产技术采纳行为。因此，本书从非农就业市场、土地流转市场、社会化服务市场的发育和社会资本四个方面分别阐述影响农户绿色生产技术采纳行为的因素，也相应地从这几方面对文献进行回顾。

2.2.1 土地流转市场的发育对农户绿色生产技术采纳行为的影响研究

"大国小农"格局在现今乃至未来的很长一段时间，都必然是我国的基本格局（王亚华，2018）。在此格局下，依靠土地流转实现的适度规模经营被认为是实现农业现代化的一条重要路径（冒佩华等，2015）。土地作为农业生产的基本要素，其条件的改变可能导致农户绿色生产技术采纳行为的改变。关于土地流转对农户绿色生产技术采纳行为的影响，学界已展开激烈争论，按照影响结果大致可以分为三类。

一是土地流转行为对农户绿色生产技术采纳行为的影响。曹美娜等（2018）通过广东地区的数据发现，土地流转减少了水稻秸秆燃烧的污染排放量。张朝辉、刘怡彤（2021）利用内生转换模型对比了有土地流转的农户和没有土地流转的农户在采纳绿色防控技术上的差异，最后得出结论，土地流入农户采用绿色防控技术的可能性更大。然而，祝伟和王瑞梅（2023）、刘宇荧等（2022）却持相反观点，他们利用大规模数据发现，土地转入会弱化农户减量施用农药、化肥的意愿，反而不利于农业绿色生产。除此之外，邹伟等（2020）基于中国家庭金融调查数据进行实证检验，结果表明农地转入对农户化肥施用的影响并不显著。Cao 等（2020）通过对宁夏地区秸秆还田的剖析发现，土地转入和转出对农户的亲环境农业实践具有一正一反的作用。

二是土地流转契约对农户绿色生产技术采纳行为的影响。早在 21 世纪初，俞海等（2003）就已发表论文称，农户之间的非正式土地流转不利于土壤长期保持肥力。在实行土地流转政策后，流转契约越发被关注。例如，杨柳等（2017）认为流转合同越规范，农户越倾向于进行耕地保护投资。李博伟（2019）和岳佳等（2021）实证检验了土地流转契约稳定性对小农户和家庭农场化肥施用强度的影响，得出"土地流转契约的稳定性有利于促进化肥减量、提高环境效率"的结论。而张露等（2021）更为详细地划分了土地流转契约的属性，发现有偿的、书面的和固定期限形式的土地流转契约分别会使土地转入户平均减少化肥量 9.287 斤/亩、15.052 斤/亩和 15.656 斤/亩，对农业绿色生产具有显著成效。

三是土地流转后的土地规模对农户绿色生产技术采纳行为的影响。部分学者认为土地规模扩大会发挥规模效应，从而有效激励农户进行长期生产投资、采纳绿色生产技术（冀名峰，2018；张露、罗必良，2020；Yu et al.，2023）。例如，贾蕊、陆迁（2018）在黄土高原的研究发现，土地流转面积虽然未对所有水土保持措施的实施具有正向作用，但依旧具有不可忽视的影响。也有研究表明，规模经营的扩大加剧了农户的短期生产行为，不利于农户采纳绿色生产技术（Bambio and Agha，2018）。例如，田云等（2015）发现，耕地面积越小的农户越可能精耕细作，不管是施用化肥还是农药都基本不会超量。余威震等（2017）剖析了农户意愿与行为的背离，认为种植规模的扩大会提高农业绿色生产技术的采纳成本，最终限制实际采纳行为。除上述两种观点外，还有学者认为土地规模扩大对农户绿色生产技术采纳行为具有非线性作用或不产生作用。例如，刘乐等（2017）、诸培新等（2017）和张露、罗必良（2020）利用微观数据发现，土地经营规模与农户实施环境友好型生产行为之间存在稳健的倒 U 形关系，建议适度扩大经营规模。在张聪颖等（2018）的研究中，土地规模与农业绿色生产技术采纳行为之间却没有显著关系。

综合以上文献可以看出：在研究丰富度上，关于土地规模对农户绿色生产技术采纳行为的影响的研究相对热门，而关于土地流转行为和土地流转契约的研究有待进一步补充；在结论上，学界对土地流转行为和土地规模的影响方向存在不同甚至截然相反的见解，有待更具体的剖析，而对土地流转契约促进农户采纳绿色生产技术上虽然基本达成了一致，但不同情景下的分析较少，也有进一步研究的空间。

2.2.2 社会化服务市场的发育对农户绿色生产技术采纳行为的影响研究

引导农户采纳绿色生产技术，除了从内部改变农户的绿色认知、风险认知，从外部改善农户所处的社交网络外，农业社会化服务组织越来越成为宣传及提供绿色生产技术的中坚力量。农业社会化服务体系是指与农业相关的社会经济组织，为满足农业生产需要，为农业生产经营主体提供各种服务而形成的网络体系（孔祥智等，2009；高强、孔祥智，2013）。近年来，我国农业社会化服务组织迅速发展，社会化服务已经成为弥补小农户自身局限性的重要途径（叶敬忠等，2018）。作为一种现代农业生产组织形式，农业社会化服务逐渐与农业绿色生产相结合。服务供给主体出于节约成本、响应绿色政策号召、积累市场声誉、通过绿色农产品认证等原因，能够以组织行为价值溢出的方式提高农户的绿色生产技术采纳率。现有文献关于社会化服务影响农户绿色生产技术采纳行为的研究主要有两类。

一是关注某一具体社会化服务对农户绿色生产技术采纳行为的影响。这类研究聚焦于某一具体类型的社会化服务，探讨这些服务对农户绿色生产技术采纳的影响。比如，朱建军等（2023）基于全国性大样本数据，发现外包机械服务对种粮户亩均化肥支出具有显著的负向影响，外包机械服务有助于农户采纳化肥减量施用技术。具体而言，外包机械服务通过促进机械化施肥方式的采纳、农地经营规模的扩大和农户收入的增加来推动化肥减量施用。孙小燕、刘雍（2019）利用河南、山东、安徽、河北、江苏5个小麦产量大省的农户调查数据，分析了土地托管对托管农户绿色生产的带动效果。研究发现，土地托管不仅可以提高有绿色生产意愿的托管农户从事绿色生产的可能性，而且还可以向有生产性服务需求但无明确绿色生产意愿的托管农户导入绿色生产要素，带动无绿色生产意愿的农户转变农业生产方式。张星、颜廷武（2021）利用湖北省的农户调查数据分析了农户秸秆还田行为的影响因素，发现农业技术服务可以缓解劳动力不足对农户秸秆还田行为的限制，显著促进了农户的秸秆还田行为。这些研究有助于深入了解不同类型社会化服务在农业绿色生产中的作用，但是缺乏对整个社会化服务体系对农业绿色生产技术采纳的影响的综合认识。

二是关注农户参与社会化服务的程度及类型对其绿色生产技术采纳行为的影响。这类研究主要调查农户参与社会化服务的程度和类型，以及不同程度和类型的参与对其绿色生产技术采纳行为的影响。比如，杨高第等（2020）对农户在整地、插秧、灌溉、施肥、打药和收割等生产环节选择社会化服务的程度进行测度，研究发现社会化服务对农户的化肥投入量、农药投入费用均产生显著的负向影响，且采纳社会化服务的农业生产环节越多，农户的化学品投入水平越低。张梦玲等（2023）根据农户对农业要素的依赖性将农业社会化服务分为劳动密集型社会化服务和技术密集型社会化服务，技术密集型社会化服务是促进化肥减量的主要外生动力，并且技术密集型社会化服务具有较大的发展空间。王江雪、李大垒（2022）利用总生产环节外包个数、社会化服务费用占总费用的比例和社会化服务费用三个指标来衡量社会化服务，研究发现社会化服务对农用化学品投入的减量作用在整个农地规模发展进程中都显著。

综上，虽然已有文献表明农业社会化服务组织能够在一定程度上引导农户参与绿色生产，但仍存在一定不足。首先，社会化服务体系不断完善，服务组织类型不断增多，学界对不同类型社会化服务组织所发挥职能的研究还不够，在此基础上探讨社会化服务对农户绿色生产技术采纳行为的促进作用存在认识不够全面的问题。其次，大部分研究是在中国某些特定地区或某些类型的农业生产中进行的，而在不同地区、不同类型的农业生产中，农户面临的问题、接受社会化服务的态度、服务组织类型等都可能存在差异，因此研究结果在不同情境下的普适性存在差异。最后，不同类型、不同程度的社会化服务对农户绿色生产技术采纳行为的影响程度有所不同，针对不同的社会化服务类型和程度，需要有针对性地制定和实施相关的政策措施，以更好地促进农业绿色发展和可持续发展。

2.2.3 非农就业市场的发育对农户绿色生产技术采纳行为的影响研究

改革开放以来，中国的工业化、城镇化和市场化进程不断加快，农业的发展环境发生了深刻变化，影响了可持续农业技术的推广与应用。这些深刻变化中突出的一点是，大量农村劳动力不断流向城市，从事非农工作（马瑞等，2010）。农村劳动力向城市转移，是一个社会发展到一定阶段的客观历史过程（陈钊、陆铭，2008；蔡昉，2018）。随着时间的推移和非农就业市场的不断发展，非农就业对农户的绿色生产技术采纳行为也产生了重要影响。非农就业对农户绿色生产技术采纳行为的影响是一个复杂的问题，已经有许多研究对此进行了探讨。现有文献关于非农就业对农户绿色生产技术采纳行为的影响研究主要呈现两种截然相反的观点。

一是非农就业促进农户的绿色生产技术采纳行为。可能的解释主要从经济和技术两方面展开。首先，非农就业可以提供经济支持，即非农就业可以提供更高的收入和更稳定的就业机会，从而为农户采纳绿色生产技术提供更多的经济支持。例如，Clay et al.（1998）构建了农户投资模型，利用热带高地的有关数据证明了非农收入对耕地保护性投资存在明显的促进作用。Issahaku 和 Abdul-Rahaman（2019）的研究结果表明，非农就业可以为家庭提供稳定的收入来源，降低家庭的贫困脆弱性，使其更容易承担采用可持续生产技术所需的成本。此外，非农就业还可以缓解农业季节性就业带来的经济压力，使农户更容易实施农业绿色生产措施（孙大鹏等，2022）。其次，非农就业可以提供技术支持，即非农就业人员往往拥有更高的受教育水平和更先进的技术知识，可以为农户提供技术支持，帮助其采用绿色生产技术。例如，Mesnard（2004）研究发现，非农就业人员往往拥有更高的受教育水平和更先进的技术知识，可以为农户提供技术指导和培训，帮助其采用绿色生产技术。类似地，石智雷、杨云彦（2011）的研究结果表明，非农就业（具体为外出务工经历）会促进农村劳动力的能力发展，从而提高其获取新技术的能力。

二是非农就业阻碍农户的绿色生产技术采纳行为。该观点主要认为非农就业机会的增加，可能导致农户对农业生产的关注度降低，使其缺乏足够的时间和精力，从而阻碍其学习和采纳绿色生产技术。并且，非农就业可能会提高家庭收入，从而减轻了农户在农业生产方面的压力，进一步降低了农户采用绿色生产技术的意愿。例如，马鹏红等（2004）利用江西的农户数据证实，农户会因为兼业化程度的提高而减少水土保护方面的投资。他们认为较高程度的兼业化使非农收入成为农户的主要收入来源，从而降低了农户对农业收入的依赖，这类农户仅仅是把土地作为一种最低的生活保障，不会指望通过土地来增加收入，因而不会注重保持土地的长期生产力。Huang 等（2020）基于黄土高原陕甘宁三地的农户调查数据，实证分析了非农就业对农户水土保持技术采纳行为的影响，研究发现非农就业限制了农户对水土保持技术的认知，进一步导致对其水土保持技术采纳行为的显著负向影响。邹杰玲等（2018）利用山东省和河南省的农户数据研究发现，劳动力外出务工会使农户采用可持续农业技术的概率显著降低。进一步地，他们还通过区分农户是否以务农收入为主和务工距离的不同来分析不同兼业程度下劳动力外出务工对农户采用可持续农业技术的影响。研究结果发现，外出务工对以非农收入为主的农户有负向影响，而对于以务农收入为主的农户，外出务工会促进其采用可持续农业技术。李胜楠、李坦（2022）利用冀、鲁、豫、皖四省的调研数据，从非农就业视角分析农户对绿肥的施用意愿，结果表明非农就业对农户施用绿肥有消极影响，且非农就业程度越高，农户施用绿肥的意愿越低。

综上，虽然已经有一些研究探讨了非农就业市场对农户绿色生产技术采纳行为的影响，但是仍然存在一些不足之处。首先，研究的时空尺度有限。现有研究大多仅关注在特定时期或地区的情况，不能完全代表非农就业市场的情况。同时，一些重要因素，如气候变化和市场因素等，密切影响着农业生产，因此也需要在研究中得到更多的考虑。其次，方法和指标具有多样性。现有研究使用的方法和指标各不相同，使得不同研究的结论难以比较和综合。需要建立更为一致的指标和方法，以便更好地评估非农就业市场对农户绿色生产技术采纳行为的影响。最后，忽视了不同农户之间的异质性。农户之间存在巨大的差异，如地理位置、文化背景、社会经济状况等方面的差异。现有研究忽视了这些差异对农户采纳绿色生产技术的影响，需要更好地理解这些因素如何影响不同类型的农户。

2.2.4　社会资本对农户绿色生产技术采纳行为的影响研究

如前文所述，研究者在剖析农户采纳绿色生产技术的影响因素时，更多地将农户视为孤立决策的"经济人"，往往忽略了农户的"社会人"属性，可能导致一定的估计偏误。而社会资本的概念最早兴起于社会学领域，它继人力资本之后又一次延伸了"资本"的概念，强调了行为主体的社会属性，引起了人们对社会中人与人之间互动关系的重视，极大地补充了经济学、管理学等诸多领域研究的不足。

在绿色生产技术扩散的相关研究中，不同学者基于社会资本视角对农户的绿色生产技术采纳行为开展了较多有意义的探讨。2017 年，Hunecke 等（2017）在对智利葡萄酒生产商绿色生产技术采纳行为的研究中发现，厂商对技术供应机构的信任程度决定了其是否愿意采用更环保的灌溉技术。Saptutyningsih 等（2020）发现农民采用绿色生产技术应对气候变化的意愿与社会资本强度高度相关。进一步地，也有学者解构了社会资本的不同内涵，并进行对比研究。例如，Njuki 等（2008）采用因子分析法将社会资本区分为结合型、桥接型和联系型社会资本，使用 Logit 模型验证了不同类型的资本对不同土壤管理方案使用行为的影响。Van Rijn 等（2012）在非洲国家的研究中发现，相比于社区内部的社会资本，社区外的社会资本在传播农业技术创新上发挥了更突出的作用。

在中国，较多的学者基于 Putnam 的社会资本理论，将社会资本划分为信任、互惠规范、社会网络三个子集（罗家德等，2014）。例如，颜廷武等（2016）认为在正式制度薄弱的农村地区，社会资本的三个子集都或强或弱地影响了农户的废弃物资源化利用意愿，并应用 Tobit 模型进行了实证研究。王玉等（2021）基于验证性因子分析法分析了苹果户的三类社会资本，指出这三类社会资本对农户以有机肥代替化肥的行为具有差异化的影响。杜维娜等（2021）沿用此分类方式，指出社会资本能够有效影响农户对化肥减量施用行为的认知与选择，并会减弱老龄化对这一行为的负向作用。除此之外，也有部分学者以某一子集来表征社会资本，开展焦点研究。在信任方面，何可等（2015）在沿袭 Luhmann（1979）信任分类的基础上，发现人际信任和制度信任在农户的农业废弃物资源化利用决策中都发挥显著促进作用。王璐瑶、颜廷武（2023）和陶源等（2022）指出，社会信任能通过影响农户的内在感知来提高其秸秆还田和施用有机肥的意愿。在社会规范方面，聂志平等（2022）在研究江西空巢小农的绿色生产行为后指出，自下而上的社会规范手段比自上而下的政府管制更能促进农户进行绿色生产。李昊等（2022）采用贝叶斯非线性结构方程模型探讨了在绿色认知对农户绿色生产行为的影响过程中社会规范的锁定效应及可能的化解路径。郭清卉等（2018）、赵秋倩和夏显力（2020）发现描述型社会规范和命令型社会规范会内化个人规范和道德责任，间接促进化肥减量施用。吕剑平、丁磊（2022）研究个体规范和描述性社会规范对农户绿色生产意愿与行为背离的影响。在社会网络方面，杨志海（2018）指出，社会网络能够通过帮工支持机制、信息获取机制和学习机制三条途径作用于农户的绿色生产技术采纳行为，并利用 1027 份农户数据和 Oprobit 模型验证了社会网络的突出作用。还有学者进一步采用不同标准划分社会网络，探讨不同类型社会网络对农户绿色生产技术采纳行为的作用。例如，何丽娟等（2021）按照交流对象将社会网络分为横向社会网络（与亲友邻里交流）、前向社会网络（与肥料零售商交流）、纵向社会网络（是否加入合作社）和后向社会网络（是否与收购商签订销售合同）；李玉贝等（2017）、耿宇宁等（2017）按照关系同质性将社会网络分为与亲朋好友间的同质性社会网络和与专业人士或机构间的异质性社会网络；李博伟和徐翔（2017）、胡海华（2016）借鉴差序格局理论，将社会网络分为"强关系"与"弱关系"网络；郭晓鸣等（2018）强调了父辈代际效应和邻里同群效应两种社会网络在农业绿色生产技术传播中的重要作用。

综上，社会资本理论是近年来社会科学研究中的新热点，它突破了传统的有形资本概念，将人们置于社会中进行分析，为促进农户采纳绿色生产技术提供了新思路。虽然国外的研究起步相对较早，但国内的研究模式也基本稳定，产出了丰富的成果。如今，在社会资本对农户绿色生产技术采纳行为的影响研究中存在两点不足：在研究方向上，已有研究着重关注社会网络对技术的扩散作用，对社会信任和社会规范的研究相对欠缺；在研究方法上，现有研究大多采用简单的 Logit 模型或 Tobit 模型，未采用更科学的方法处理内生性问题。

2.3　研究述评

综上所述，国内外学者从土地流转、社会化服务、非农就业和社会资本等层面对农户的绿色生产技术采纳行为展开了大量系统的研究，为推进农户采纳绿色生产技术提供了科学的理论支撑和方向指引，但现有研究仍存在着不足。

第一，从土地流转市场影响农户绿色生产技术采纳行为的相关研究来看，现有研究主要从土地流转行为、土地流转契约和土地流转规模三方面探讨了土地流转与农户绿色生产技术采纳行为之间的逻辑关联。这不仅从土地流转层面为推进农户采纳绿色生产技术提供了新视角和新方案，也为本书深入剖析农户的绿色生产技术采纳行为提供了重要的参考与借鉴。然而，关于土地流转行为和土地规模对农户绿色生产技术采纳行为的影响，学界并未得出一致结论，还需在现有研究基础上进一步梳理、总结与拓展。同时，现有关于土地流转契约影响农户绿色生产技术采纳行为的相关研究多从某个单一绿色生产技术展开，忽视了不同绿色生产技术的特殊属性和适用环境，难以全面深入地剖析不同情景下土地流转契约对不同绿色生产技术采纳行为的影响。

第二，从社会化服务市场影响农户绿色生产技术采纳行为的相关研究来看，学者们主要从是否采用某一具体的社会化服务和社会化服务程度及类型方面详细探讨了社会化服务对农户绿色生产技术采纳行为的影响机制。然而，随着社会化服务体系的日趋完善和服务组织类型的不断增多，社会化服务与农户绿色生产技术采纳行为之间的关系更为复杂，还需立足不同地区、不同类型的农业绿色生产实践，针对不同的社会化服务类型和程度，展开差异化的对比分析，对相关研究理论进行丰富和拓展，以更好地促进农业绿色发展和可持续发展。

第三，从非农就业市场影响农户绿色生产技术采纳行为的相关研究来看，已有大量研究从不同视角对非农就业与农户绿色生产技术采纳行为之间的关系进行了有益探讨，但囿于分析方法和指标的多样性以及农户群体的异质性，学者们并未得出一致结论。为更好地评估非农就业市场对农户绿色生产技术采纳行为的影响，必须在充分借鉴已有研究成果的基础上，立足不同的地理位置、文化背景、社会经济状况，选取更加科学合理的分析指标和方法探讨非农就业与农户绿色生产技术采纳行为之间的理论逻辑。

第四，从社会资本影响农户绿色生产技术采纳行为的相关研究来看，社会资本理论是近年来社会科学研究中的新热点，它突破了传统的有形资本概念，将人们置于社会之中进行分析，为促进农户采纳绿色生产技术提供了新的思路。尽管关于社会资本的研究起步较晚，但国内外已有不少学者尝试从社会资本视角剖析农户的绿色生产技术采纳行为，在理论和实证层面都进行了有益的探索。但整体来看，当前对社会资本与农户绿色生产技术采纳行为内在关联的研究还存在一定的不足。一方面，已有研究着重关注社会网络对技术的扩散作用，对社会信任和社会规范的研究相对欠缺；另一方面，现有研究大多采用简单的 Logit 模型或 Tobit 模型，未采用更科学的方法处理内生性问题。

第3章 农户绿色生产技术采纳的现状分析

3.1 农户绿色生产技术采纳总体现状

绿色生产技术是指以保障农产品质量安全、促进农业现代化发展、保护水土资源和健康环境为目标建立起来的可在农业生产中使用的各种技能和规则的技术体系。如表3.1所示，在1080个农户样本中，有91.85%的农户至少采纳了一种绿色生产技术，仅有88户（8.15）农户完全未采用任何绿色生产技术。采纳2种、3种绿色生产技术的农户占比较大，分别为23.33%（252户）和23.70%（256户）。161户（14.91%）农户采纳了1种绿色生产技术，182户（16.85%）农户采纳了4种绿色生产技术，79户（7.31%）农户采纳了5种绿色生产技术，35户（3.24%）农户采纳了6种绿色生产技术，20户（1.85%）农户采纳了7种绿色生产技术，7户（0.65%）农户采纳了8种绿色生产技术。

表3.1 绿色生产技术采纳程度分布情况

绿色生产技术采纳数量（种）	户数（户）	占比（%）
0	88	8.15
1	161	14.91
2	252	23.33
3	256	23.70

绿色生产技术采纳数量（种）	户数（户）	占比（%）
4	182	16.85
5	79	7.31
6	35	3.24
7	20	1.85
8	7	0.65

为了掌握绿色生产技术具体的使用情况，结合调研区绿色农业发展现状，根据技术所处的不同农业生产环节，本书将绿色生产技术分为产前绿色生产技术、产中绿色生产技术和产后绿色生产技术三大类。

（1）产前绿色生产技术：农户在正式播种作物前所使用的一系列保障农产品质量安全、促进农业现代化发展、保护水土资源和健康环境的技术体系，如少耕免耕、测土配方施肥等技术。

（2）产中绿色生产技术：农户在正式播种作物之后到收割作物之前的这段时间里所使用的一系列保障农产品质量安全、促进农业现代化发展、保护水土资源和健康环境的技术体系，如有机肥施用、节水灌溉等技术。

（3）产后绿色生产技术：农户在收割作物之后所使用的一系列保障农产品质量安全、促进农业现代化发展、保护水土资源和健康环境的技术体系，最常见的是秸秆还田技术——对秸秆进行资源化利用，增强土壤肥力、提高机械化利用率，并替代劳动力，从而增加社会福利。

如表3.2所示，在产前绿色生产技术中，采纳轮作技术的农户最多，其次是少耕免耕技术，再次是培育壮苗技术，最后为测土配方施肥技术。具体而言，587户（54.35%）农户采纳轮作技术，430户（39.81%）农户采纳少耕免耕技术，219户（20.28%）农户采纳培育壮苗技术，仅有34户（3.15%）农户采纳测土配方施肥技术。可能的原因是轮作技术由来已久且操作简便，而测土配方施肥技术所耗成本及门槛较高。在产中绿色生产技术中，采纳有机肥施用技术的农户最多，其次是节水灌溉技术，再次是病虫害理化诱控技术，最后是生物农药施用技术。具体而言，652 户（60.37%）农户采纳有机肥施用技术，175 户（16.20%）农户采纳节水灌溉技术。这可能与调研地区的地理资源条件有关，调研地区位于成都平原、川南和川北地区，河流分布较多，水源充足，对节水灌溉技术的需求较低。有 88 户（8.15%）农户采纳病虫害理化诱控技术，仅有 60 户（5.56%）农户采纳生物农药施用技术。这可能与该类技术的使用难度和农户的知识水平有关，农户更倾向于选择技术要求低、方便自身生产的技术方式。在产后绿色生产技术中，717 户（66.39%）农户采纳秸秆还田技术，这也是全生产环节中采纳度最高的技术。可能的原因是，焚烧秸秆会被罚款，而秸秆还田可获得政府补贴。

表 3.2　各生产环节绿色生产技术采纳情况

生产环节	绿色生产技术	采纳		未采纳	
		户数（户）	占比（%）	户数（户）	占比（%）
产前	培育壮苗	219	20.28	861	79.72
	测土配方施肥	34	3.15	1046	96.85
	少耕免耕	430	39.81	650	60.19
	轮作	587	54.35	493	45.65
产中	有机肥施用	652	60.37	428	39.63
	节水灌溉	175	16.20	905	83.80
	病虫害理化诱控	88	8.15	992	91.85
	生物农药施用	60	5.56	1020	94.44
产后	秸秆还田	717	66.39	363	33.61

3.2　土地流转市场与农户绿色生产技术采纳现状

日益活跃的土地流转优化了农地资源配置，这给农业绿色生产带来极大的影响。在 1080 户样本中，850 户（78.70%）农户流转了土地，

230 户（21.30%）农户未流转土地。如表 3.3 所示，相较于未流转土地的农户，流转土地的农户采纳绿色生产技术的程度更高。采纳 6 种、7 种、8 种绿色生产技术的农户均为流转了土地的农户。

表 3.3　土地流转与绿色生产技术采纳程度

绿色生产技术采纳数量（种）	流转土地		未流转土地	
	户数（户）	占比（%）	户数（户）	占比（%）
0	63	71.59	25	28.41
1	112	69.57	49	30.43
2	164	65.08	88	34.92
3	200	78.13	56	21.88
4	172	94.51	10	5.49
5	77	97.47	2	2.53
6	35	100.00	0	0.00
7	20	100.00	0	0.00
8	7	100.00	0	0.00

如表 3.4 所示，就培育壮苗技术而言，流转土地农户采纳该技术的比例（25.18%）远高于未流转土地农户的采纳比例（2.17%）。就测土配方施肥技术而言，两类农户的采纳比例均很低（分别为 3.88% 和 0.43%）。就少耕免耕技术而言，流转土地的农户采纳该技术的比例（44.00%）也远高于未流转土地的农户（24.35%）。就轮作技术而言，两类农户采纳该技术的比例相近（分别为 56.71% 和 45.65%）。就有机肥施用技术而言，两类农户采纳该技术的比例都较高，流转土地农户的采纳比例达到 62.47%，而未流转土地农户的采纳比例为 52.61%。就节水灌溉技术而言，未流转土地的农户中仅有 2 户（0.87%）农户采纳了该技术，流转土地的农户中有 173 户（20.35%）农户采纳了该技术。就病虫害理化诱控技术而言，未流转土地的农户中仅有 3 户（1.30%）农户采纳了该技术，而流转土地农户的采纳比例为 10.00%。就生物农药施用技术而言，两类农户采纳该技术的比例都很低（分别为 6.47% 和 2.17%）。就秸秆还田技术而言，两类农户采纳该技

术的比例都很高，且较为接近（分别为 67.29% 和 63.04%）。

综合上述描述性统计分析可见，与未流转土地的农户相比，流转土地的农户采纳绿色生产技术的比例更高。据此推测，土地流转作为农户耕地经营规模调整的必然途径，在缓解土地细碎化、实现规模化农业发展的同时，可有效促进农户在产前、产中和产后各环节采用绿色生产技术，实现农业可持续发展。

表 3.4　土地流转与各生产环节绿色生产技术采纳

生产环节	绿色生产技术		流转土地		未流转土地	
			户数（户）	占比（%）	户数（户）	占比（%）
产前	培育壮苗	采纳	214	25.18	5	2.17
		未采纳	636	74.82	225	97.83
	测土配方施肥	采纳	33	3.88	1	0.43
		未采纳	817	96.12	229	99.57
	少耕免耕	采纳	374	44.00	56	24.35
		未采纳	476	56.00	174	75.65
	轮作	采纳	482	56.71	105	45.65
		未采纳	368	43.29	125	54.35
产中	有机肥施用	采纳	531	62.47	121	52.61
		未采纳	319	37.53	109	47.39
	节水灌溉	采纳	173	20.35	2	0.87
		未采纳	677	79.65	228	99.13
	病虫害理化诱控	采纳	85	10.00	3	1.30
		未采纳	765	90.00	227	98.70
	生物农药施用	采纳	55	6.47	5	2.17
		未采纳	795	93.53	225	97.83
产后	秸秆还田	采纳	572	67.29	145	63.04
		未采纳	278	32.71	85	36.96

3.3　社会化服务市场与农户绿色生产技术采纳现状

在国家政策的引导与支持下，农业社会化服务快速发展，已成为实现小农户与现代农业有机衔接的重要途径。在 1080 户样本中，746 户

（69.07%）农户获得过社会化服务，334 户（30.93%）农户未获得过社会化服务。如表 3.5 所示，在获得过社会化服务的农户中，仅有 35 户未采纳绿色生产技术。然而，在未获得过社会化服务的农户中，未采纳绿色生产技术的农户达到 53 户。

表 3.5　社会化服务与绿色生产技术采纳程度

绿色生产技术采纳数量（种）	获得过社会化服务		未获得过社会化服务	
	户数（户）	占比（%）	户数（户）	占比（%）
0	35	39.77	53	60.23
1	84	52.17	77	47.83
2	196	77.78	56	22.22
3	194	75.78	62	24.22
4	142	78.02	40	21.98
5	54	68.35	25	31.65
6	23	65.71	12	34.29
7	11	55.00	9	45.00
8	7	100.00	0	0.00

　　如表 3.6 所示，若获得社会化服务，农户可能提高绿色生产技术采纳程度。就培育壮苗技术而言，在获得过社会化服务的农户中，采纳该项技术的农户占比为 21.31%；而在未获得过社会化服务的农户中，采纳该项技术的农户占比仅为 17.96%。就测土配方施肥技术而言，两类农户的采纳比例均很低。就少耕免耕技术而言，获得过社会化服务农户的采纳比例（41.15%）远高于未获得过社会化服务农户的采纳比例（36.83%）。就轮作技术而言，获得过社会化服务农户的采纳比例（59.65%）也高于未获得过社会化服务农户的采纳比例（42.51%）。就有机肥施用技术而言，获得过社会化服务农户的采纳比例为 65.55%，而未获得过社会化服务农户的采纳比例仅有 48.80%。就节水灌溉技术而言，与获得过社会化服务的农户相比，未获得过社会化服务农户的采纳比例更高。就病虫害理化诱控技术和生物农药施用技术而

言，两类农户采纳这两种技术的比例相近。就秸秆还田技术而言，获得过社会化服务的农户采纳该技术的比例达到 72.12%，远高于未获得过社会化服务的农户采纳该技术的比例（53.59%）。

表 3.6　社会化服务与各生产环节绿色生产技术采纳

生产环节	绿色生产技术		获得过社会化服务		未获得过社会化服务	
			户数（户）	占比（%）	户数（户）	占比（%）
产前	培育壮苗	采纳	159	21.31	60	17.96
		未采纳	587	78.69	274	82.04
	测土配方施肥	采纳	24	3.22	10	2.99
		未采纳	722	96.78	324	97.01
	少耕免耕	采纳	307	41.15	123	36.83
		未采纳	439	58.85	211	63.17
	轮作	采纳	445	59.65	142	42.51
		未采纳	301	40.35	192	57.49
产中	有机肥施用	采纳	489	65.55	163	48.80
		未采纳	257	34.45	171	51.20
	节水灌溉	采纳	103	13.81	72	21.56
		未采纳	643	86.19	262	78.44
	病虫害理化诱控	采纳	60	8.04	28	8.38
		未采纳	686	91.96	306	91.62
	生物农药施用	采纳	42	5.63	18	5.39
		未采纳	704	94.37	316	94.61
产后	秸秆还田	采纳	538	72.12	179	53.59
		未采纳	208	27.88	155	46.41

3.4　非农就业市场与农户绿色生产技术采纳现状

随着工业化、城市化的推进，农村劳动力大量转移到非农部门就业。非农就业增加了农户家庭收入、改变了农户认知，同时也减少了农户对农业生产的依赖，对其绿色生产技术采纳行为产生了影响。在1080户农户中，647户（59.91%）农户家中有人非农就业，433户（40.09%）农户家中无人无非农就业。如表3.7所示，家中有人非农就业而未采纳绿色生产技术的农户有62户，家中无人非农就业而未采纳绿色生产技术的农户有26户。这可能意味着，非农就业抑制了农户采纳绿色生产技术。

表 3.7 非农就业与绿色生产技术采纳程度

绿色生产技术采纳数量（种）	家中有人非农就业		家中无人非农就业	
	户数（户）	占比（%）	户数（户）	占比（%）
0	62	70.45	26	29.55
1	105	65.22	56	34.78
2	158	62.70	94	37.30
3	154	60.16	102	39.84
4	91	50.00	91	50.00
5	45	56.96	34	43.04
6	19	54.29	16	45.71
7	9	45.00	11	55.00
8	4	57.14	3	42.86

如表3.8所示，家中无人非农就业的农户采纳绿色生产技术的比例整体更高。就培育壮苗技术而言，家中有人非农就业的农户中，采纳该项技术的农户占比为16.07%，而家中无人非农就业的农户中，采纳该项技术的农户占比达到26.56%。就测土配方施肥技术而言，两类农户的采纳比例均很低，家中有人非农就业的农户的采纳比例略高。就少耕免耕技术而言，家中有人非农就业的农户的采纳比例（37.56%）低于家中无人非农就业的农户的采纳比例（43.19%）。就轮作技术而言，家中有人非农就业的农户的采纳比例（51.93%）低于家中无人非农就业的农户的采纳比例（57.97%）。就有机肥施用技术而言，家中有人非农就业的农户的采纳比例为58.27%，而家中无人非农就业的农户的采纳比例为63.51%。就节水灌溉技术而言，与家中有人非农就业的农

户相比，家中无人非农就业的农户的采纳比例更高（分别为 15.30% 和 17.55%）。就病虫害理化诱控技术和生物农药施用技术而言，两类农户采纳这两种技术的比例相近。就秸秆还田技术而言，家中有人非农就业的农户采纳该技术的比例为 63.99%，低于家中无人未非农就业的农户采纳该技术的比例（69.98%）。

表 3.8　非农就业与各生产环节绿色生产技术采纳

生产环节	绿色生产技术		家中有人非农就业		家中无人非农就业	
			户数（户）	占比（%）	户数（户）	占比（%）
产前	培育壮苗	采纳	104	16.07	115	26.56
		未采纳	543	83.93	318	73.44
	测土配方施肥	采纳	23	3.55	11	2.54
		未采纳	624	96.45	422	97.46
	少耕免耕	采纳	243	37.56	187	43.19
		未采纳	404	62.44	246	56.81
	轮作	采纳	336	51.93	251	57.97
		未采纳	311	48.07	182	42.03
产中	有机肥施用	采纳	377	58.27	275	63.51
		未采纳	270	41.73	158	36.49
	节水灌溉	采纳	99	15.30	76	17.55
		未采纳	548	84.70	357	82.45
	病虫害理化诱控	采纳	48	7.42	40	9.24
		未采纳	599	92.58	393	90.76
	生物农药施用	采纳	37	5.72	23	5.31
		未采纳	610	94.28	410	94.69
产后	秸秆还田	采纳	414	63.99	303	69.98
		未采纳	233	36.01	130	30.02

3.5　社会资本与农户绿色生产技术采纳现状

社会信任是社会资本的关键因素。本书主要考察不同人际信任与制度信任下农户绿色生产技术采纳的现状。按照农户对邻居的信任程度，将非常不信任和不信任划分为信任程度低，将一般信任划分为信任程度中，将比较信任和非常信任划分为信任程度高。按照农户对当地政府的信任程度，采取同样的划分标准，得到制度信任低、中、高三个层次。在 1080 户农户中，26 户（2.41%）农户对邻居的信任程度低，135 户（12.50%）农户对邻居的信任程度中，919 户（85.09%）对邻居的信任程度高。35 户（3.24%）农户对当地政府的信任程度低，97 户（8.98%）对当地政府的信任程度中，948 户（87.78%）农户对当地政府的信任程度高。

如表 3.9 所示，对不同的绿色生产技术，不同人际信任程度的农户的采纳情况不一致，但大多数人际信任程度低的农户采纳绿色生产技术的比例更高。就培育壮苗技术而言，随着人际信任程度的提高，该项技术的采纳比例反而降低。就测土配方施肥技术而言，人际信任程度中的农户未采纳该项技术。就少耕免耕技术而言，人际信任程度高的农户采纳该技术的比例最高，达到 42.11%。就有机肥施用、节水灌溉、病虫害理化诱控和生物农药施用四类产中绿色生产技术而言，人际信任程度低的农户采纳这些技术的比例反而最高，分别为 65.38%、19.23%、11.54% 和 7.69%。秸秆还田技术也有类似的特征，人际信任程度低的农户采纳该项技术的比例最高，为 84.62%。

如表 3.10 所示，对不同的绿色生产技术，不同制度信任程度的农户的采纳情况不一致。然而，与人际信任的情况相反，大多数制度信任程度高的农户采纳绿色生产技术的比例也更高。就培育壮苗、测土配方施肥、少耕免耕和轮作四种产前绿色生产技术而言，制度信任程度高的农户的采纳比例最高，分别为 20.78%、3.38%、41.56% 和 54.75%。就节水灌溉技术和病虫害理化诱控技术而言，制度信任程度高的农户采纳这两类技术的比例也最高。就产后的秸秆还田技术而言，随着制度信任的程度升高，采纳该技术的农户比例逐步增加。

表 3.9　人际信任与各生产环节绿色生产技术采纳

生产环节	绿色生产技术		人际信任程度低		人际信任程度中		人际信任程度高	
			户数（户）	占比（%）	户数（户）	占比（%）	户数（户）	占比（%）
产前	培育壮苗	采纳	10	38.46	27	20.00	182	19.80
		未采纳	16	61.54	108	80.00	737	80.20
	测土配方施肥	采纳	2	7.69	0	0.00	32	3.48
		未采纳	24	92.31	135	100.00	887	96.52
	少耕免耕	采纳	8	30.77	35	25.93	387	42.11
		未采纳	18	69.23	100	74.07	532	57.89
	轮作	采纳	15	57.69	76	56.30	496	53.97
		未采纳	11	42.31	59	43.70	423	46.03
产中	有机肥施用	采纳	17	65.38	70	51.85	565	61.48
		未采纳	9	34.62	65	48.15	354	38.52
	节水灌溉	采纳	5	19.23	12	8.89	158	17.19
		未采纳	21	80.77	123	91.11	761	82.81
	病虫害理化诱控	采纳	3	11.54	10	7.41	75	8.16
		未采纳	23	88.46	125	92.59	844	91.84
	生物农药施用	采纳	2	7.69	8	5.93	50	5.44
		未采纳	24	92.31	127	94.07	869	94.56
产后	秸秆还田	采纳	22	84.62	82	60.74	613	66.70
		未采纳	4	15.38	53	39.26	306	33.30

表 3.10　制度信任与各生产环节绿色生产技术采纳

生产环节	绿色生产技术		制度信任程度低		制度信任程度中		制度信任程度高	
			户数（户）	占比（%）	户数（户）	占比（%）	户数（户）	占比（%）
产前	培育壮苗	采纳	6	17.14	16	16.49	197	20.78
		未采纳	29	82.86	81	83.51	751	79.22
	测土配方施肥	采纳	1	2.86	1	1.03	32	3.38
		未采纳	34	97.14	96	98.97	916	96.62
	少耕免耕	采纳	7	20.00	29	29.90	394	41.56
		未采纳	28	80.00	68	70.10	554	58.44
	轮作	采纳	19	54.29	49	50.52	519	54.75
		未采纳	16	45.71	48	49.48	429	45.25

续表

生产环节	绿色生产技术		制度信任程度低		制度信任程度中		制度信任程度高	
			户数（户）	占比（%）	户数（户）	占比（%）	户数（户）	占比（%）
产中	有机肥施用	采纳	22	62.86	47	48.45	583	61.50
		未采纳	13	37.14	50	51.55	365	38.50
	节水灌溉	采纳	4	11.43	9	9.28	162	17.09
		未采纳	31	88.57	88	90.72	786	82.91
	病虫害理化诱控	采纳	1	2.86	8	8.25	79	8.33
		未采纳	34	97.14	89	91.75	869	91.67
	生物农药施用	采纳	4	11.43	5	5.15	51	5.38
		未采纳	31	88.57	92	94.85	897	94.62
产后	秸秆还田	采纳	19	54.29	59	60.82	639	67.41
		未采纳	16	45.71	38	39.18	309	32.59

第二篇　土地流转市场的发育
　　　　与绿色生产技术采纳

第4章 农地规模与绿色生产技术采纳

4.1 问题提出

近年来，中国经济已由高速发展转向高质量发展。但在农业生产中，仍存在与高质量发展脱节的现象，如化学投入品过量使用和农业废弃物不合理处置所导致的农业面源污染日益严重（Li et al.，2020），这威胁农产品的品质安全，阻碍农业的健康可持续发展。转变农业发展观念，推进农业绿色发展，是解决这一问题的关键（Cabral et al.，2022）。中国政府先后出台了一系列政策措施，如《关于创新体制机制推进农业绿色发展的意见》和《"十四五"全国农业绿色发展规划》，以绿色高质高效行动为抓手，力推绿色生产技术，促进农业转型升级。然而，实际上，农户采纳绿色生产技术的积极性普遍较低（杨志海，2018；Li et al.，2020；Qing et al.，2023）。因此，有必要分析影响农户采纳绿色生产技术的因素，以期为促进农业绿色发展提供有效建议。

现有研究主要从两大角度探讨农户绿色生产技术采纳行为的影响因素：一是内部因素，集中于农户的禀赋特征、生态环境认知和生产经营特征，如年龄（杨志海，2018）、绿色认知（Guo et al.，2022）、风险感知（仇焕广等，2020）、家庭经营规模（Ju et al.，2016；Ren et al.，2019a；高晶晶等，2019）和劳动力结构等；二是外部因素，聚焦于政府推广，如技术培训（Pan and Zhang，2018）、农业补贴（Kurkalova et al.，2006）和社会化服务（Qing et al.，2023）等。其中，农地规模的影响颇受关注。一些研究认为，在规模经济的影响下，大规模农户更可能采纳绿色生产技术，即农地规模与绿色生产技术采纳行为之间呈正向关系（Ju et al.，2016；Ren et al.，2019a；高晶晶等，2019；Yu et al.，2023）。但也有一些研究持不同的意见，其中一部分学者认为农地规模与绿色生产技术采纳行为之间呈负向关系（田云等，2015）或呈倒 U 形关系（纪龙等，2018；张露、罗必良，2020），另一部分学者则认为，农地规模与绿色生产技术采纳行为之间没有显著关系（Gong et al.，2016）。可见，关于绿色生产技术采纳行为与农地规模的关系，目前学界存在较大分歧。

原因可能源于以下两方面，一是对农地规模的界定不一致。主流文献中农地规模通常是指农户的耕地面积或实际耕种的总面积（张露、罗必良，2020），但实际上，农地规模有多种形式，包括农户层面的经营面积、实际种植面积（徐志刚等，2018）和地块层面的地块面积、连片种植面积（梁志会等，2020a；张露、罗必良，2020）等，不同的规模形式所蕴含的规模经济不同，对绿色生产技术采纳行为的影响可能也不同。二是未考虑不同作物类别下农地规模对不同属性的技术行为具有影响差异。例如，一般来说，与粮食作物相比，经济作物面临较强的劳动力约束，生产作业机械化的难度较大（钟甫宁等，2016），采纳绿色生产技术的劳动成本较高。在这样的情况下，经济作物和粮食作物的种植面积对劳动密集型技术的影响可能不一致。

基于此，本章选择技术采纳同质性较高的稻农为研究对象，从农户层面和地块层面分别探析经营规模和地块规模对绿色生产技术采纳行为的影响机制和中介路径，以及不同连片集中度和不同技术类型下对绿色生产技术采纳行为影响的差异。与现有文献相比，本章从以下方面进行了扩展：第一，在考虑作物特征的基础上，将农地规模分为总种植规模（农户经营规模）和地块规模两种情形，分类辨析两种规模对绿色生产技术采纳行为的影响机制，有助于更清晰、更全面地认识农地规模与绿色生产技术采纳行为之间的关系；第二，以往文献大多关注农地规模对绿色生产技术采纳行为的直接影响，并未深入探索其中的作用路径，本章从商品化率、时间偏好和机械投资三个中介变量出发探讨农地规模对绿色生产技术采纳行为的间接影响，为农户绿色生产技术采纳行为研究或农业绿色发展研究提供了一个新的视角。

4.2 理论分析与研究假设

从经济学原理出发，农户之所以扩大农地规模，主要是基于现有资源约束下增加土地的成本收益比较，即潜在的农地规模经济（王兴稳、钟甫宁，2008）。农地规模经济是指在其他生产要素不变的前提下，扩大农地规模促使平均成本降低、经济效益提高的现象。总体来说，农地规模经济可分为内部规模经济和外部规模经济两大类。内部规模经济的产生通常是因为达到规模门槛和实现效率提升（梁志会等，2020a），但其本质在于生产要素的不可分性（姚洋，1998）。只有当农地规模处于合理范围时，才能有效实现某些生产要素的优化配置，从而降低成本、提升效率。外部规模经济主要源于市场集聚与产业关联（蔡昉、李周，1990），如农户通过联合化或大批量地采购生产资料来节约交易成本。

如前文所述，农地规模的形式多样。参考相关文献（王建英等，2015；张露、罗必良，2020），从农户和地块两个维度出发，本章将农地规模分为以下两个层面。其一，经营规模。大多数文献（Carletto et al，2011；Chen et al.，2011）将其定义为耕地面积或耕种面积，但未考虑土地复种的影响（王建英等，2015），也未考虑不同作物在农业生产活动中表现出的异质性特征。本章将复种的影响和作物的特征考虑在内，以农户种植水稻的总面积来表示经营规模，避免错估经营规模对绿色生产技术采纳行为的影响。随着水稻经营规模的扩张，农业专用资产的利用率提高，有利于农户采用边际产出率更高的要素或技术来代替边际产出率低的要素或技术（郭阳等，2019），提高生产效率，降低单位面积的绿色生产技术采纳成本；同时，农户种植专业化程度加深，可以积累生产、管理经验和提升科技水平，产生人力资本积累效应和学习效应（梁志会等，2020b），促进稻田绿色生产、科学管理。

其二，地块规模。现有文献一般将其表达为平均地块面积（Wang et al.，2020b；梁志会等，2020a）或最大地块面积（王建英等，2015；张露、罗必良，2020）。前者可以反映土地的细碎化程度，却存在两个问题：一是对于平原地区（样本区域以平原地形为主），虽然稻田会因田埂的适当分割而表现出地块数量增多、细碎化程度加深的现象，但由于田埂边形效应的存在（王兴稳、钟甫宁，2008），这种土地细碎化对地块规模经济的影响可能并不明显；二是受到土地制度的影响，大部分农户经营的地块面积并不均匀，平均地块面积并不能代表实际地块面积，尤其是在平均地块面积小于规模门槛而最大地块面积达到规模门槛的情形下，这二者蕴含的规模经济差别很大。后者以最大地块面积表示地块规模，可以反映地块连片度、集中度。因此，本章借鉴后者，以最大的水稻地块面积（CLES数据把紧挨在一起的地算作一块地）来表达地块规模。一方面，地块规模经营不仅节省了地块间生产要素的转移成本，也为机械化作业提供了便利（张露、罗必良，2020），使农户更有动力学习绿色生产技术；另一方面，水稻地块集中连片具有集聚效应，有利于绿色生产技术外溢扩散（杜丽永等，2022），从而促进绿色生产技术采纳行为。

农地规模不同使农户的经营目标、行为偏好和要素配置存在差异，进而诱发不同的技术匹配策略。因此，本章认为经营规模和地块规模可能通过以下三条路径影响绿色生产技术采纳行为。

一是商品化率。在农业生产中，商品化率是表达经营目标的重要指标（赵宁等，2023）。随着水稻经营规模和地块规模的扩大，农户家庭可以产出更多的剩余粮食流向市场，其经营目标由自给自足转向商品化生产。在小农向新型经营主体和职业农民过渡的过程中，农产品商品化率不断提高（刘勇等，2018）。将绿色生产技术应用到水稻生产中，有利于土壤培肥、增加粮食产量（刘乐等，2017），更重要的是，有利于节约资源、提高粮食的附加值和经济效益。自然而然，随着稻谷商品化率的提高，稻农采纳绿色生产技术的概率增加。

二是时间偏好。从本质上讲，农户偏好当期收益而不是未来收益（Mao et al.，2021），小农户尤为如此。因此，一些具有收益分期、技术见效慢等特点的绿色生产技术，如秸秆还田、以有机肥替代化肥，不受小农户的青睐（徐志刚等，2018）。然而，随着经营规模和地块规模的扩大，农户的禀赋和比较优势发生变化，其对长期投入决策的偏好也发生变化（杨钰莹、司伟，2022）。与小农户相比，规模农户的金融资本充裕，对当期收益的时间偏好程度低；同时，规模农户未来收益的量级效应大（徐志刚等，2018），也就是说，规模农户对其大额收益的贴现率低。因此，他们对未来的高收益更加敏感，更可能采纳绿色生产技术。

三是机械投资。当农地规模超过家庭劳动力限度时，农户通过雇佣劳动力或使用机械来替代劳动力来缓解生产约束（Aryal et al.，2021）。然而，受限于雇佣劳动力短缺、价格高昂和监管困难等问题（Chang et al.，2011；Wang et al.，2016；Qiao，2017），使用机械来替代劳动力便成为农户的理性选择（Qian et al.，2022）。其中，农业机械投资的沉没成本相对较高，资本有限的小农户通常更倾向于购买机械外包服务（Zhang et al.，2017）。但随着农地规模的持续扩大，农户所面临的服务市场的风险和监督困难也将增大，此时农户若转向自购机械，在规模经济和农机购置补贴（Fang and Huang，2019）的综合影响下，自购农业机械的机会成本和闲置率将会降低（Wang et al.，2020a）。换句话说，规模农户使用自购机械比仅购买外包服务更具有成本效益（Qian et al.，2022）。规模农户通过自有机械的投入来缓解绿色生产劳动力不足的问题，从而促进绿色生产技术采纳行为。

基于上述分析，本章构建理论框架（图4.1），并提出以下研究假说。

H1：经营规模正向影响绿色生产技术采纳行为。

H2：地块规模正向影响绿色生产技术采纳行为。

H3：商品化率在经营规模影响绿色生产技术采纳行为的过程中具有中介效应。

H4：商品化率在地块规模影响绿色生产技术采纳行为的过程中具有中介效应。

H5：时间偏好在经营规模影响绿色生产技术采纳行为的过程中具有中介效应。

H6：时间偏好在地块规模影响绿色生产技术采纳行为的过程中具有中介效应。

H7：机械投资在经营规模影响绿色生产技术采纳行为的过程中具有中介效应。

H8：机械投资在地块规模影响绿色生产技术采纳行为的过程中具有中介效应。

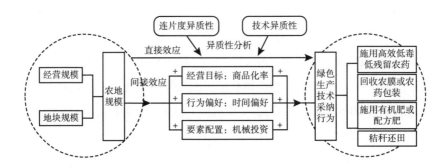

图 4.1　土地规模与绿色生产技术采纳研究框架

4.3　数据来源、模型构建与变量选择

4.3.1　数据来源

本章数据来自南京农业大学人文社科处和金善宝农业现代化研究院于 2021 年在江苏省开展的中国土地经济调查（CLES）。该调查采用 PPS 抽样方法，调查范围覆盖江苏省 12 个市、24 个区县和 48 个行政村，调查内容涵盖农户基本信息、资源禀赋、土地市场、农业生产、乡村产业以及人居环境等内容。江苏省位于中国大陆东部沿海中部，省内

地势平坦，降水丰富，农业生产条件得天独厚。它不仅是我国南方最大的粳稻生产省份，也是推广绿色生产技术的重点区域。因此，将其作为研究区域具有较好的代表性。本章选择水稻种植户为重点研究对象，经过数据处理，剔除关键信息缺失的样本，最终得到 774 户有效样本。

4.3.2　变量定义及描述

1. 被解释变量

被解释变量是绿色生产技术采纳行为，包括农户绿色生产技术采纳行为和地块绿色生产技术采纳行为两个层面。农业绿色生产是一个综合范畴，涉及许多技术，如化学品的减量使用和农业废弃物的再利用（UNEP，2011）。本章重点关注稻农施用高效低毒低残留农药、回收农膜或农药包装、施用有机肥或配方肥和秸秆还田 4 种绿色生产技术，将每种技术设定为二元变量，若稻农采纳该技术赋值为 1，否则赋值为 0。然后，借鉴 Willy 和 Holm-Müller（2013）、杨志海（2018）的研究，将稻农采纳绿色生产技术的数量作为衡量其总体采纳行为的指标，0 表示未采纳任何技术，1 表示采纳 1 种技术，2 表示采纳 2 种技术，3 表示采纳 3 种技术，4 表示采纳 4 种技术。稻农对不同绿色生产技术的采纳情况见表 4.1。

表 4.1　稻农对不同绿色生产技术的采纳情况

采纳类型	户数（户）	占比（%）	采纳水平	户数（户）	占比（%）
施用高效低毒低残留农药	489	63.18	采纳 0 种绿色生产技术	189	24.22
回收农膜或农药包装	266	34.37	采纳 1 种绿色生产技术	166	21.45
施用有机肥或配方肥	37	4.78	采纳 2 种绿色生产技术	269	34.75
秸秆还田	373	48.19	采纳 3 种绿色生产技术	139	17.96
采纳上述任意一种技术	585	75.58	采纳 4 种绿色生产技术	11	1.42

注：为节省篇幅，表 4.1 仅汇报了农户层面的绿色生产技术采纳情况。

如表 4.1 所示，稻农最常采纳的绿色生产技术是施用高效低毒低残留农药，采纳率为 63.18%，随后是秸秆还田和回收农膜或农药包装，采纳率分别是 48.19% 和 34.37%，而采纳率最低的是施用有机肥或配方肥，仅为 4.78%。尽管 75.58% 的稻农采纳过绿色生产技术，但其中大部分稻农仅采纳 1 种技术（21.45%）或 2 种技术（34.75%），少部分稻农采纳 3 种技术（17.96%）或 4 种技术（1.42%）。可见，样本地区稻农的绿色生产技术采纳行为并不积极，亟须实施相应措施以促进其对绿色生产技术的采纳。

2. 核心解释变量

核心解释变量是经营规模和地块规模。参考梁志会等（2020a）的研究，本章将当年稻农种植水稻的总面积作为经营规模的测度指标，并将水稻种植地中最大地块的面积作为地块规模的测度指标。

3. 中介变量

中介变量是商品化率、时间偏好和机械投资。商品化率以稻谷销量占稻谷产量的比例来衡量（赵宁等，2023）。时间偏好以"对于以下投资，您会倾向于选择哪一个？A. 我只注重当下收益，不管未来如何；B. 我同时看重当下及未来的收益；C. 我仅看重未来收益，不看重现在"来表征，选项 A、B、C 分别赋值为 1、2、3。机械投资以"您家自有机械作业费用合计（元/亩）"来表征，为了避免稻农之间费用差异较大，对其进行取对数处理。

4. 控制变量

参考已有研究，本章控制了个人特征、家庭特征、土地特征以及地区虚拟变量。首先，在农户特征方面，选取性别、年龄、受教育年限、健康状况和环保认知 5 个变量。其次，在家庭特征方面，选取农业劳动力占比、非农工资收入和种植业补贴 3 个变量。再次，在土地特征方面，选取土壤肥力和距离 2 个变量。最后，加入地区虚拟变量以控制地区差异。各变量的含义、赋值和描述性统计结果见表 4.2。

4.3.3　模型设置

由于被解释变量是有序变量，故本章采用 Oprobit 模型，公式如下：

$$Behavior_i^* = \beta_0 + \beta_1 Scale_i + \beta_2 Controls_i + \mu_i \tag{1.1}$$

式（1.1）中，$Behavior_i^*$ 表示不可观测的潜变量；$Scale_i$ 表示经营规模或地块规模；$Controls_i$ 为一系列控制变量；β_0、β_1、β_2 为待估计系数；μ_i 为随机扰动项。可观测的稻农绿色生产技术采纳行为变量 $Behavior_i$ 和不可观测的潜变量 $Behavior_i^*$ 之间的关系如下：

$$Behavior_i = \begin{cases} 0, & \text{if } Behavior_i^* \leqslant r_0 \\ 1, & \text{if } r_0 < Behavior_i^* \leqslant r_1 \\ 2, & \text{if } r_1 < Behavior_i^* \leqslant r_2 \\ 3, & \text{if } r_2 < Behavior_i^* \leqslant r_3 \\ 4, & \text{if } Behavior_i^* > r_4 \end{cases} \tag{1.2}$$

式（1.2）中，r_0、r_1、r_2、r_3 和 r_4 为稻农绿色生产技术采纳行为的未知分割点，且 $r_0 < r_1 < r_2 < r_3 < r_4$。由此得到稻农未采纳、采纳 1 种、采纳 2 种、采纳 3 种和采纳 4 种绿色生产技术的概率，分别为：

$$P(Behavior_i = 0 \mid x) = \varphi(r_0 - \beta_1 Scale_i - \beta_2 Controls_i)$$
$$P(Behavior_i = 1 \mid x) = \varphi(r_1 - \beta_1 Scale_i - \beta_2 Controls_i) - \varphi(r_0 - \beta_1 Scale_i - \beta_2 Controls_i)$$
$$P(Behavior_i = 2 \mid x) = \varphi(r_2 - \beta_1 Scale_i - \beta_2 Controls_i) - \varphi(r_1 - \beta_1 Scale_i - \beta_2 Controls_i)$$
$$P(Behavior_i = 3 \mid x) = \varphi(r_3 - \beta_1 Scale_i - \beta_2 Controls_i) - \varphi(r_2 - \beta_1 Scale_i - \beta_2 Controls_i)$$
$$P(Behavior_i = 4 \mid x) = \varphi(r_4 - \beta_1 Scale_i - \beta_2 Controls_i) - \varphi(r_3 - \beta_1 Scale_i - \beta_2 Controls_i)$$
$$\tag{1.3}$$

式（1.3）中，φ 为标准正态分布的累计密度函数。

表 4.2　变量含义、赋值与描述统计（$N = 774$）

变量类型	变量名称	含义与赋值	均值	标准差
被解释变量	农户绿色生产技术采纳行为	水稻种植地上绿色生产技术采纳数量[a]	1.505	1.088
	地块绿色生产技术采纳行为	最大水稻地块上绿色生产技术采纳数量	1.499	1.085

变量类型	变量名称	含义与赋值	均值	标准差
解释变量	经营规模	家庭水稻种植面积对数	1.834	1.263
	地块规模	最大水稻地块面积对数	1.314	0.796
中介变量	商品化率	水稻销量占水稻产量的比例	0.496	0.421
	时间偏好	我只注重当下收益，不管未来如何＝1；我同时看重当下及未来的收益＝2；我仅看重未来收益，不看重现在＝3	1.739	0.693
	机械投资	自有机械作业费用对数	1.647	2.591
控制变量	年龄	年龄	63.28	9.774
	性别	男＝1；女＝0	0.940	0.237
	受教育年限	受教育年限	7.091	3.579
	健康状况	丧失劳动能力＝1；差＝2；中＝3；良＝4；优＝5	3.986	1.079
	环保认知	对自己环保行为的认知（不环保＝1；一般＝2；很环保＝3）	2.611	0.511
	农业劳动力占比	农业劳动力占家庭总劳动力的比例	0.579	0.481
	非农工资收入	非农工资收入对数	8.755	4.635
	种植业补贴	种植业补贴收入对数	5.218	2.936
	土壤肥力	差＝1；中＝2；好＝3	2.458	0.621
	距离	最大地块到最近硬化水泥路的距离	1.037	8.992
	地区虚拟变量	以11个城市为单位设置地区虚拟变量		

注：a 由于 CLES 数据中没有详细记录稻农在每一块水稻地上的绿色生产技术采纳情况，本章以最大的自有水稻地和转入水稻地上的绿色生产技术采纳情况代表整体水稻地绿色生产技术采纳情况。

4.4　实证分析

4.4.1　经营规模和地块规模对绿色生产技术采纳行为的影响

为避免异方差的影响并控制村庄差异，本章采用村庄聚类标准误的方法进行估计，结果见表 4.3。模型（1）和（2）显示，经营规模和地块规模都在 1% 的水平上正向影响农户的绿色生产技术采纳行为，并且，与地块规模相比，经营规模对农户绿色生产技术采纳行为的影响更显著。模型（3）和（4）运用了条件混合过程（CMP）方法，经营规模和地块规模的影响系数依然显著为正，且通过了似然比检验和 atanhrho_12 检验，表明农地规模对农户绿色生产技术采纳行为并不存在严重内生性问题。模型（5）和（6）进一步利用了 Ordinary Least Squares（OLS）模型估计结果，经营规模和地块规模对农户绿色生产技术采纳行为的正向影响依然显著，H1 和 H2 成立。

在控制变量中，年龄负向影响绿色生产技术采纳行为，农业劳动力占比、种植业补贴正向影响绿色生产技术采纳行为，这与已有研究（Gao et al.，2017，2018）的结论一致。

表 4.3 农地规模对绿色生产技术采纳行为影响的估计结果

变量	（1）	（2）	（3）	（4）	（5）	（6）
	Oprobit	Oprobit	CMP	CMP	OLS	OLS
经营规模	0.252***		0.553***		0.214***	
	(0.063)		(0.085)		(0.054)	
地块规模		0.237***		0.458***		0.201***
		(0.071)		(0.130)		(0.062)
年龄	-0.006	-0.009*	-0.002	-0.008*	-0.005	-0.008*
	(0.005)	(0.005)	(0.005)	(0.005)	(0.004)	(0.004)
性别	0.085	0.076	0.099	0.094	0.052	0.043
	(0.149)	(0.143)	(0.173)	(0.174)	(0.119)	(0.116)
受教育年限	-0.003	-0.005	-0.004	-0.007	-0.001	-0.002
	(0.014)	(0.014)	(0.012)	(0.013)	(0.011)	(0.012)
健康状况	-0.003	0.011	-0.035	-0.001	-0.002	0.011
	(0.038)	(0.035)	(0.040)	(0.039)	(0.031)	(0.029)
环保认知	0.069	0.078	0.010	0.073	0.062	0.071
	(0.106)	(0.108)	(0.083)	(0.082)	(0.086)	(0.089)

续表

变量	（1）	（2）	（3）	（4）	（5）	（6）
	Oprobit	Oprobit	CMP	CMP	OLS	OLS
农业劳动力占比	0.358***	0.379***	0.275***	0.347***	0.289***	0.311***
	（0.091）	（0.094）	（0.089）	（0.087）	（0.078）	（0.082）
非农工资收入	0.013	0.010	0.017*	0.010	0.010	0.008
	（0.008）	（0.008）	（0.009）	（0.009）	（0.007）	（0.007）
种植业补贴	0.055***	0.075***	0.004	0.061***	0.040**	0.057***
	（0.020）	（0.021）	（0.022）	（0.019）	（0.016）	（0.016）
土壤肥力	0.033	0.029	0.020	0.015	0.024	0.023
	（0.060）	（0.066）	（0.065）	（0.066）	（0.052）	（0.058）
距离	−0.004	−0.005	−0.003	−0.005	−0.001	−0.001
	（0.006）	（0.006）	（0.006）	（0.007）	（0.002）	（0.002）
地区虚拟变量	已控制	已控制	已控制	已控制	已控制	已控制
样本量	774	774	774	774	774	774
Pseudo R^2/ lnsig_2/R^2	0.147	0.136	−0.042*	−0.477***	0.338	0.314
Wald Chi^2/ F	329.627	300.016	1198.041	859.185	20.362	18.249
Log Pseudo Likelihood	−931.070	−942.357	−1971.689	−1651.938		

注：***、**、*分别代表在1%、5%、10%的统计水平上显著；括号中的数值为村庄聚类标准误。

4.4.2 稳健性检验

如表4.4所示，本章依次利用了限定子样本、替换回归模型和替换被解释变量三种方法进行稳健性检验。首先，考虑到老年人体能下降，且对新事物的接受度不高，不具有实施绿色生产技术的代表性，又考虑到农村老龄化现象严重（罗磊等，2022），因此，将80岁以上的样本剔除后进行回归，结果见模型（1）和（2）。与基础回归结果一致，经营规模和地块规模仍在1%的水平上正向影响稻农的绿色生产技术采纳行为。其次，在模型（3）和（4）中，以 Ordered Logit（Ologit）模型替换 Oprobit 模型，结果表明经营规模和地块规模依然会正向影响稻农的绿色生产技术采纳行为。最后，在模型（5）和（6）中将被解释变量"绿色生产技术采纳行为"替换为"是否至少采纳了一种绿色生产技术"，由于被解释变量由有序变量变为二分类变量，选用 Iv-Probit 模型进行估计，检验结果与前文结果相差不大。这三种方法都验证了经营规模和地块规模对绿色生产技术采纳行为具有促进作用，表明研究结果比较稳健可靠。

表 4.4 稳健性检验

变量	限定子样本		替换回归模型		替换被解释变量	
	（1）	（2）	（3）	（4）	（5）	（6）
	Oprobit	Oprobit	Ologit	Ologit	Iv-Probit	Iv-Probit
经营规模	0.249 ***		0.446 ***		0.891 ***	
	（0.063）		（0.118）		（0.177）	
地块规模		0.234 ***		0.411 ***		0.733 ***
		（0.070）		（0.120）		（0.268）
控制变量	已控制	已控制	已控制	已控制	已控制	已控制
地区虚拟变量	已控制	已控制	已控制	已控制	已控制	已控制
样本量	758	758	774	774	774	774
Pseudo R^2/ Wald Test of Exogeneity	0.144	0.132	0.148	0.137	11.44 ***	3.04 *
Wald Chi^2	306.404	272.194	339.291	294.597	375.341	422.872
Log Pseudo Likelihood	-915.977	-927.048	-930.576	-943.396	-1310.159	-994.257

注：*** 、** 、* 分别代表在 1%、5%、10% 的统计水平上显著；括号中的数值为村庄聚类标准误。

4.4.3 中介效应检验

借助 Bootstrap 方法检验中介效应，设定抽样次数为 1000 次，检验结果见表 4.5。结果显示，商品化率在经营规模和地块规模对绿色生产技术采纳行为影响中的间接效应为正，分别是 0.051 和 0.063，且在 95% 置信区间不含 0，中介效应显著。这表明存在 "扩大经营规模—提高商品化率—促进绿色生产技术采纳行为" 和 "扩大地块规模—提高商品化率—促进绿色生产技术采纳行为" 的传导机制，证实了 H3 和 H4。同样，时间偏好在经营规模和地块规模对绿色生产技术采纳行为影响中的间接效应为正，分别是 0.013 和 0.022，且在 95% 置信区间不含 0，中介效应显著。这表明存在 "扩大经营规模—提升对未来收益的偏好—促进绿色生产技术采纳行为" 和 "扩大地块规模—提升对未来收益的偏好—促进绿色生产技术采纳行为" 的传导机制，证实了 H5 和 H6。机械投资在经营规模和地块规模对绿色生产技术采纳行为影响中的间接效应分别为 0.037 和 0.066，且在 95% 置信区间不含 0，中介效应同样显著。这表明也存在 "扩大经营规模—引入机械投资—促进绿色生产技术采纳行为" 和 "扩大地块规模—引入机械投资—促进绿色生产技术采纳行为" 的传导机制，H7 和 H8 均得到验证。

此外，表 4.5 还显示了各中介效应的差异。在经营规模的解释效应中，商品化率的中介效应占比显著大于时间偏好和机械投资；而在地块规模的解释效应中，机械投资的中介效应占比显著大于时间偏好和商品化率。这意味着，针对不同形式的农地规模，我们不仅要重视规模扩大带来的直接效应，也要关注提高商品化率和引入机械投资所引起的间接效应，为促进农业绿色发展创造有利条件。

表 4.5　中介效应检验

中介变量	效应	经营规模		地块规模	
		系数	95%置信区间	系数	95%置信区间
商品化率	直接效应	0.162 *** (0.036)	[0.091, 0.234]	0.138 *** (0.051)	[0.039, 0.237]
	间接效应	0.051 *** (0.015)	[0.022, 0.081]	0.063 *** (0.019)	[0.026, 0.101]
	中介效应占比	23.94%		31.34%	

续表

中介变量	效应	经营规模		地块规模	
		系数	95%置信区间	系数	95%置信区间
时间偏好	直接效应	0.201*** (0.036)	[0.131,0.271]	0.179*** (0.046)	[0.089,0.269]
	间接效应	0.013** (0.006)	[0.001,0.024]	0.022** (0.009)	[0.004,0.040]
	中介效应占比	6.07%		10.89%	
机械投资	直接效应	0.176*** (0.039)	[0.101,0.252]	0.135*** (0.048)	[0.040,0.230]
	间接效应	0.037** (0.015)	[0.007,0.067]	0.066*** (0.022)	[0.024,0.109]
	中介效应占比	17.37%		32.67%	

4.4.4 异质性分析

学界普遍认为，农户存在较大的资源禀赋差异（罗磊等，2022），因此应考虑到农户生产行为的异质性。本章以连片集中度（水稻地块规模/水稻经营规模）的均值为界限，将稻农划分为连片种植户和分散种植户，探讨不同连片集中度下经营规模和对地块规模对绿色生产技术采纳行为影响的异质性。如表 4.6 所示，在分散种植户中，地块规模对绿色生产技术采纳行为的影响更显著，而在连片种植户中，经营规模对绿色生产技术采纳行为的影响更显著。原因可能在于：在分散种植户中，水稻地块的连片集中度较低，经营规模和地块规模并非同步扩张，经营规模的进一步扩大难以有效提升规模经济（梁志会等，2020a），但如果最大地块的规模达到地块规模经济的规模门槛，则更能通过发挥地块规模经济的作用来降低绿色生产技术的采纳成本。在连片种植户中，水稻地块的连片集中度相对较高，经营规模和地块规模几乎同步扩张，此时经营规模的扩大不仅能加深水稻种植的专业化程度，便于稻农学习和应用绿色生产技术，甚至还能诱导区域内农业社会化服务组织的形成与发展,从另一方面引导稻农采纳绿色生产技术。

表 4.6　不同连片集中度下经营规模和地块规模对绿色生产技术采纳行为的影响

变量	分散种植户		连片种植户	
	(1)	(2)	(3)	(4)
经营规模	0.120 **		0.284 ***	
	(0.055)		(0.077)	
地块规模		0.220 ***		0.266 ***
		(0.077)		(0.082)
控制变量	已控制	已控制	已控制	已控制
地区变量	已控制	已控制	已控制	已控制
样本量	383	383	391	391
Pseudo R^2	0.055	0.057	0.210	0.207
Log Pseudo Likelihood	−461.894	−460.509	−397.116	−398.571

注:***、**、*分别代表在1%、5%、10%的统计水平上显著;括号中的数值为村庄聚类标准误。

前文检验了经营规模和地块规模对绿色生产技术采纳行为的促进作用,但没有区分其是否因绿色生产技术类型的差异而存在异质性影响。从类型上看,施用高效低毒低残留农药、回收农膜或农药包装、施用有机肥或配方肥具有资本投入少、劳动力投入多的特点,属于稳资-增劳-控险型技术;相对而言,秸秆还田具有劳动投入少、资本投入多、风险大的特点,属于增资-节劳-增险型技术(郑旭媛等,2018)。因此,本章在保持其他变量不变的前提下,将4种技术分为两大类,分别进行 Probit 模型估计,结果见表4.7。

总体而言,经营规模和地块规模对4种绿色生产技术采纳行为均有促进作用,表明无论稻农采纳何种绿色生产技术都会受到经营规模和地块规模的正向影响,再次验证了前文的假设。然而,经营规模和地块规模对不同绿色生产技术的影响略有差异。模型(1)至模型(6)显

表 4.7　不同技术类型下经营规模和地块规模对绿色生产技术行为采纳的影响

变量	稳资－增劳－控险型技术						增资－节劳－增险型技术	
	施用高效低毒低残留农药		回收农膜或农药包装		施用有机肥或配方肥		秸秆还田	
	(1)	(2)	(3)	(4)	(5)	(6)	(7)	(8)
经营规模	0.233***		0.177***		0.150*		0.216***	
	(0.072)		(0.060)		(0.085)		(0.082)	
地块规模		0.254***		0.184**		0.185*		0.159*
		(0.089)		(0.073)		(0.099)		(0.085)
控制变量	已控制	已控制	已控制	已控制	已控制	已控制	已控制	已控制
地区变量	已控制	已控制	已控制	已控制	已控制	已控制	已控制	已控制
样本量	774	774	774	774	774	774	774	774
Pseudo R^2	0.258	0.246	0.097	0.088	0.125	0.120	0.219	0.207
Wald Chi^2	422.246	428.132	176.291	196.486	63.323	86.557	694.206	565.397

注：***、**、*分别代表在1%、5%、10%的统计水平上显著；括号中的数值为村庄聚类稳健标准误。

示，对于稳资-增劳-控险型技术，即对于施用高效低毒低残留农药、回收农膜或农药包装、施用有机肥或配方肥，地块规模的促进作用更显著；而模型（7）和（8）显示，对于增资-节劳-增险型技术，也就是对于秸秆还田，经营规模的促进作用更显著。原因可能在于：稳资-增劳-控险型技术偏向于劳动密集型技术，技术含量相对较低，可借助农业机械操作来节省劳动投入，而地块规模的扩大有利于农业机械操作，对这类绿色生产技术的影响自然更显著。秸秆还田虽然是一种劳动节约型技术，但当前我国秸秆还田技术并不十分成熟（刘乐等，2017），会增加产出的不确定性。例如，粉碎后的秸秆无法在短时间内完全沤烂入土，可能导致产生大量热量和有毒气体，甚至出现"烧苗"现象，因此，理性的农户在特别大的地块上会谨慎采纳秸秆还田技术。

4.5　小结

本章利用中国土地经济调查中的 774 户稻农数据，从农户层面和地块层面检验了农地规模对绿色生产技术采纳行为的影响。结果表明：第一，经营规模和地块规模均显著正向影响绿色生产技术采纳行为；第二，经营规模和地块规模通过提高商品化率、提升对未来收益的偏好、引入机械投资三条路径间接影响绿色生产技术采纳行为；第三，经营规模和地块规模对绿色生产技术采纳行为的影响存在异质性。在连片集中度异质性方面，对于分散种植户，地块规模对绿色生产技术采纳行为具有更显著的影响，而对于连片种植户，经营规模对绿色生产技术采纳行为具有更显著的影响。在技术异质性方面，对于实施高效低毒低残留农药、回收农膜或农药包装、施用有机肥或配方肥三种稳资-增劳-控险型技术，地块规模具有更显著的正向影响；对于秸秆还田这种增资-节劳-增险型技术，经营规模具有更显著的正向影响。

研究隐含的政策含义有以下三点。第一，持续推进农地规模经营。政府应积极推动土地流转，加强高标准农田建设，推进农地规模经营和机械化生产，鼓励连片化种植，发挥规模效应，从而降低绿色生产技术采纳成本。第二，健全农业要素市场和商品市场。政府应建立完善的要素市场，针对价格过高的要素，如农业机械，适当提供补贴，激发农民购买农机的积极性；同时，政府应加强粮食流通基础设施建设，健全粮食市场体系，提高粮食商品化率。第三，关注农户资源禀赋和技术需求的异质性。农户的资源禀赋不同，对技术的需求和采纳行为也不同，这与绿色生产技术的属性具有较大的关系，政府对绿色生产技术的支持政策应根据技术的属性特点加以调整和优化。

第5章 土地流转与绿色生产技术采纳

5.1 问题提出

在新时代背景下，国家高度重视农业可持续发展和生态文明建设。其中，环境保护与资源利用是关乎我国农业可持续发展的重要命题。据统计，我国每年农业废弃物产出量约为50亿吨，其中秸秆近9亿吨（张野等，2014）。农作物秸秆作为农业生产的主要废弃物之一，具有数量大、种类多、分布广的特点，是一种"用则利，弃则废"的生物质资源（田宜水等，2011）。近年来，随着农业生产生活方式和能源消费结构的改变，秸秆资源出现区域性、季节性、结构性的过剩问题（石祖梁，2018）。对此，自2016年起，中央一号文件连续强调推进秸秆资源化利用。随着秸秆资源化利用技术的完善，以秸秆肥料化、饲料化、新型能源化为主的综合利用逐渐受到各界关注（刘旭凡等，2013）。相较于焚烧、丢弃等粗放的处理方式，秸秆资源化利用具有明显的减碳效应和生态环境效应（盖豪等，2018；张伟明等，2019），对改善农业生态环境、建设资源节约型和环境友好型社会具有重要意义。

在已有的微观研究中，学者们对农户秸秆资源化利用行为的影响因素进行了大量的考察，主要涉及以下几个方面。一是个人及家庭特征。户主的文化程度、年龄以及农户家庭是否从事非农产业、兼业化程度、家庭收入和农户人均耕地面积等因素都会对农户的秸秆处理方式产生影响（吕杰等，2015；吕凯、李建军，2021；漆军等，2016；姚科艳等，2018）。二是动机与认知。张童朝等（2019）利用态度与行为一致性理论探究农民秸秆资源化利用意愿与行为相背离的原因，他提出动机的加强、机会的增多和能力的提升对农民将秸秆资源化的意愿转化为行为具有促进作用。吴月丰等（2021）发现农户的技术认知水平越高，秸秆资源化利用意愿越强。张嘉琪等（2021）从价值感知出发，提出感知有用性、感知易用性及环境责任意识的提高有利于促进农户开展秸秆资源化利用行为。另外，农户对秸秆还田不同福利的认知也会对其秸秆处理决策产生不同程度的影响（郭利京、赵瑾，2014；颜廷武等，2017）。三是外部环境，主要是指村落环境和政府政策。就村落环境而言，当地公共基础设施完善程度和村与县城或集贸市场的距离对农户处置秸秆的方式有显著影响（韩枫、朱立志，2016；姚科艳等，2018）。另外，尚燕等（2020）发现公共信任有利于促进农户的生产行为向秸秆资源化利用等绿色方向转变。就政府政策而言，资金激励和约束手段也在不同程度上对农民的秸秆资源化利用决策产生影响（尚燕等，2018；Sun et al.，2019）。

在农业市场化逐步推进的过程中，土地规模化经营成为一种趋势，经营规模的异质性开始影响农民的行为决策（江鑫等，2018；刘乐等，2017）。然而值得注意的是，土地规模化经营背后土地流转所带来的秸秆利用行为的转变却较少被人关注。据统计，截至 2019 年，家庭承包耕地流转面积增长至 5.55 亿亩以上，流转比例增长至 35.9%。土地流转市场的发展为土地资源的优化配置提供了条件，给农业生产带来极大的影响（龙云、任力，2017）。已有研究表明，土地流转对农户秸秆处理行为有显著影响，但结论并不一致。曹美娜等（2018）发现土地流转能够减少秸秆等生物质燃烧量。Cao 等（2020）通过对宁夏地区秸秆还田的研究发现，土地转入对农民的亲环境农业实践有积极影响，而土地转出对其具有负向影响。Gao 等（2018）基于河南农户调查数据发现，农户在转入土地上采用秸秆还田的可能性比在自有土地上降低了一半。杨柳等（2017）基于黑龙江、河南、浙江和四川四省的农户调查数据发现，农户在转入地上进行秸秆还田保护性耕作投资的行为比在自有地上少。

基于此，本章利用四川省 540 户农户的实地调查数据，实证分析土地流转（土地转入和土地转出）对秸秆资源化利用的影响及作用路径，以期为优化我国秸秆资源化利用的相关政策提供一定的参考。本章的边际贡献主要包括：第一，有限的研究大多只针对秸秆还田这一单一秸秆利用方式，缺乏对秸秆资源化利用的关注，本章在一定程度上能够丰富该领域的相关研究；第二，现有研究仅考虑了土地流转对秸秆利用的影响，但对两者之间的影响过程并不清楚，本章在此基础上对中介机制进行了深入分析。

5.2　理论分析与研究假设

农业技术采用行为是对关键经济变量变动的一种内生反应，必然受到耕地规模这一重要的物质资源的影响（刘乐等，2017；朱启荣，2008）。土地流转作为农户耕地经营规模调整的必然途径，在缓解土地细碎化、实现农业规模化发展的同时，也能有效促进农户采用秸秆还田等有利于改善土壤环境、实现农业可持续发展的中长期投资行为（Cao et al.，2020；He et al.，2020）。就土地转入方而言，其农业生产规模较大且具有长期性，具有更高的消除技术风险或承担新技术成本的能力，会更多地考虑土地保护和可持续利用（徐志刚等，2018；张朝辉、刘怡彤，2021），因此更愿意实施秸秆资源化利用以期能保护土地。而转出土地并从事非农工作的农民在农业方面具有较低的比较优势，对农田的依赖性较小（Long et al.，2016），因此他们往往会忽视中长期投资（Abdulai et al.，2011），不太可能实施秸秆的资源化利用。因此，本章提出以下假设，研究框架如图 5.1 所示。

H1：土地转入会促进农户的秸秆资源化利用。

H2：土地转出会抑制农户的秸秆资源化利用。

计划行为理论认为，个体行为不仅受行为意向的影响，还受到个体内在认知的限制（Wossink，2003），同时土地流转带来的规模差异会导致农户生产经营行动和管理方式的分化（张朝辉、刘怡彤，2021）。首先，农户作为"理性经济人"，是否采纳某项技术是其对该技术的经济效益与机会成本进行比较的结果（钱忠好、崔红梅，2010）。当农户认为实施秸秆资源化利用具有经济效益时，他们会考虑实施以实现长期利润最大化。一般而言，进行土地转入的大规模农户具有更积极的市场思维和更强的绿色理念，因此会具有较高水平的经济认知，更倾向于采纳秸秆资源化利用技术。而进行土地转出的农户多为兼业化生产甚至不从事农业经营，采纳秸秆资源化利用技术会增加成本，因此会负向影响其经济认知，进而抑制其对秸秆的资源化利用。其次，自我效能是指对个人取得特定成就所需能力的信念（高杨等，2017；Bandura et al.，1997），本章表现为农户主观上认为采用秸秆资源化利用技术自身所需付出的程度。农户会根据自身经验与能力判断技术是否适用，若适用，则更倾向于进行秸秆的资源化利用。土地流转带来的适合农村家庭的适度规模经营，促使资本、土地和劳动力等生产要素优化配置，有助于提升土地流转双方对技术采纳的效能认知，从而实现秸秆的资源化利用。因此，本章认为土地流转能影响农户的效能认知，进而促进秸秆的资源化利用。具体假设如下。

H3：土地转入影响农户对绿色技术的经济认知，进而促进农户的秸秆资源化利用。

H4：土地转出影响农户对绿色技术的经济认知，进而抑制农户的秸秆资源化利用。

H5：土地转入影响农户对绿色技术的效能认知，进而促进农户的秸秆资源化利用。

H6：土地转出影响农户对绿色技术的效能认知，进而促进农户的秸秆资源化利用。

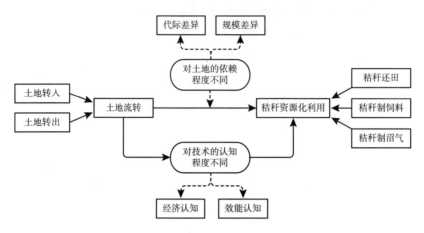

图 5.1 土地流转与秸秆资源化利用研究框架

5.3 数据来源、模型构建与变量选择

5.3.1 数据来源

四川省作为农业大省，秸秆资源丰富，是秸秆分布的主要地区之一（郭冬生、黄春红，2016）。自 2008 年起，四川省政府开始大力推行秸秆还田，并于 2017 年开始秸秆综合利用试点建设。因此，在该区域选择样本研究农户的秸秆资源化利用具有较强的代表性。本章数据选用 2021 年 10 月课题组在四川省泸县、邛崃市和南江县 3 县（市）所做的问卷调研。调研内容涵盖家庭基本情况、低碳农业技术感知及采纳等方面，采取分层抽样和等概率随机抽样相结合的方法确定调研样本，具体过程如下。根据人均工业总产值的高低将四川省 183 个县（市、区）分成 3 组，每组随机抽取 1 个，得到 3 个样本县（市）。其次，通过同样的方法，将每个样本县（市）所有乡镇随机分 3 组，每组随机抽取 1 个乡镇，得到 9 个样本乡镇。再次，根据乡镇内各村庄的经济发展水平差异以及与乡镇政府中心的距离等指标将每个样本乡镇内的村庄分为

好、中、差 3 类，然后从每类村庄中随机选取 1 个作为样本村庄，共得
到 27 个村庄。样本村庄确定后，前站队员从村干部处获得样本村庄的
农户花名册，并根据事先设定好的随机数表从每个样本村庄中随机抽取
20 户农户作为样本农户。最后，受过严格培训的调研员在村干部带领
下到农户家中进行一对一面对面访谈，每份问卷访谈时间为 1～1.5 小
时，最终共获得 3 县（市）9 乡镇 27 村 540 户农户的调查问卷。

5.3.2 指标选取

1. 因变量

秸秆资源化利用方式包括秸秆直接还田、秸秆做工业原料和秸秆综
合化利用（梅付春，2008），刘旭凡等（2013）将其具体化为能源化、饲
料化、肥料化、基料化和工业原料化 5 种模式。由于本章的研究主体为
小农户，因此选取秸秆还田、秸秆制饲料和秸秆制沼气 3 种利用方式进行
表征（见表 5.1）。在模型构建过程中，是否进行秸秆资源化利用是本章的
因变量，若农户采用一种及以上秸秆利用方式取值为 1，否则取值为 0。

图 5.2 为农户秸秆资源化利用情况。在 3 项秸秆资源化利用技术
中，秸秆还田的采纳率最高（84.3%），其次为秸秆制饲料（15.7%），
秸秆制沼气的采纳率最低，仅为 1.3%。

表 5.1 秸秆资源化利用分类

变量	分类	均值	标准差	样本量
	秸秆还田（采纳 =1,未采纳 =0）	0.843	0.365	540
秸秆资源化利用	秸秆制饲料（采纳 =1,未采纳 =0）	0.157	0.365	540
	秸秆制沼气（采纳 =1,未采纳 =0）	0.013	0.113	540

2. 自变量

本章的自变量为土地流转，具体分为土地转入和土地转出。问卷中
以"2020 年，您家是否转入耕地"和"2020 年，您家是否转出耕地"
进行表征。若农户回答"是"，取值为 1，否则取值为 0。

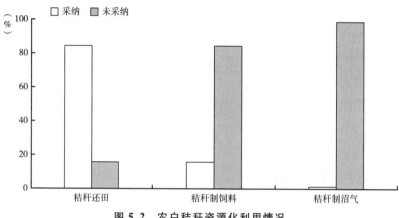

图 5.2　农户秸秆资源化利用情况

3. 控制变量

参考杨雪涛等（2020）、张朝辉和刘怡彤（2021）等相关研究，本章从户主特征、家庭特征和土地资源禀赋 3 个方面选取控制变量，包括户主性别、户主年龄、户主受教育年限、家庭人均收入、家庭劳动力人数、家庭人均经营耕地面积和地形特征。

4. 中介变量

为了深入分析土地流转对农户秸秆资源化利用的影响路径，本章借助中介效应模型进行分析，中介变量包括经济认知和效能认知。问卷中以"您认为秸秆还田等绿色生产技术具有经济效益吗"和"您认为您能做到农业绿色生产吗"进行表征，问题采用李克特量表方式提出，"1"代表非常不同意，"5"代表非常同意。各变量的定义、赋值及描述性统计如表 5.2 所示。

5.3.3　研究方法

1. 基础回归模型

本章主要探讨土地流转对农户秸秆资源化利用的影响，被解释变量属于二分类变量，故选择基于微观层面的二元 Probit 模型进行回归。模型设定为：

$$P(Recycling_i = 1) = \Phi(\beta_0 + \beta_1 Transfer_i + \beta_2 Control_i + \varepsilon_i) \tag{5.1}$$

式（5.1）中，β_0 为常数项，β_1、β_2 为待估计参数；$Recycling_i$ 表示农户 i 是否将秸秆进行资源化利用；$Transfer_i$ 表示农户 i 的土地流转行为，具体分为土地转入和土地转出；$Control_i$ 表示农户 i 的相关控制变量；ε_i 为随机扰动项。

考虑到土地流转与秸秆资源化利用之间可能会因为双向因果的关系而造成内生性问题，本章进一步使用工具变量法来解决该问题。参考 Xu 等（2019）的处理思路，本章选取"本村中转入土地的样本农户数占村庄总体样本农户数的比例"作为土地转入的工具变量，选取"本村中转出土地的样本农户数占村庄总体样本农户数的比例"作为土地转出的工具变量。之所以采用该变量，基于如下考虑：第一，村庄的土地流转比例在一定程度上反映了该地区土地流转市场的发展情况，会影响家庭的土地流转行为；第二，村庄的土地流转比例是客观存在的，不会直接对本家庭的秸秆资源化利用产生影响，即该变量对于秸秆资源化利用而言是外生变量。因此，该工具变量在理论逻辑上满足工具变量对相关性和外生性的要求。

2. 中介效应模型

参照温忠麟、叶宝娟（2014）的中介效应检验步骤，本章拟采用逐步回归法检验和解释农户的土地流转对秸秆资源化利用"怎样起作用"的问题。具体估计方程如下：

$$Mediator_i = \gamma_0 + \gamma_1 Transfer_i + \gamma_2 Control_i + \mu_i \tag{5.2}$$

$$P(Recycling_i = 1) = \Phi(\rho_0 + \rho_1 Transfer_i + \rho_2 Mediator_i + \rho_3 Control_i + \tau_i) \tag{5.3}$$

以上式子中，γ_0、ρ_0 为常数项，γ_1、γ_2、ρ_1、ρ_2、ρ_3 为待估计参数；$Mediator_i$ 是中介变量，代表农户 i 的经济认知或效能认知；μ_i、τ_i 为随机扰动项；其他变量含义与式 5.1 相同。

5.4　实证分析

由表 5.2 可知，有 76.5% 的农户进行了秸秆资源化利用，表明农户对秸秆资源化利用技术的采纳程度较高。就土地流转而言，有 27.2% 的农户转入了土地，有 25.9% 的农户转出了土地。就控制变量而言，被访家庭户主大多为男性，占比为 91.9%，户主平均年龄为 56 岁，平均受教育年限为 7.352 年。家庭中 16~64 岁的劳动力人数平均为 3 人，家庭人均经营耕地面积平均为 3.99 亩，平均家庭人均收入为 33640 元。就中介变量而言，效能认知的均值为 3.531，经济认知的均值为 3.637。

表 5.2　变量设置与描述性统计

变量		含义与说明	均值	标准差	样本量
秸秆资源化利用		是否进行秸秆资源化利用(是 = 1,否 = 0)	0.765	0.425	540
土地转入		是否转入土地(是 = 1,否 = 0)	0.272	0.446	540
土地转出		是否转出土地(是 = 1,否 = 0)	0.259	0.439	540
户主性别		男 = 1,女 = 0	0.919	0.274	540
户主年龄		单位:岁	56.487	9.920	540
户主受教育年限		单位:年	7.352	3.106	540
家庭人均收入		单位:元	33639.985	99254.933	540
家庭劳动力人数		16~64 岁的劳动力人数	3.085	1.552	540
家庭人均经营耕地面积		单位:亩	3.990	26.682	540
地形特征	平原	平原 = 1;非平原 = 0	0.333	0.472	540
	丘陵	丘陵 = 1;非丘陵 = 0	0.333	0.472	540
	山区	山区 = 1;非山区 = 0	0.333	0.472	540
经济认知		您认为秸秆还田等绿色生产技术具有经济效益吗?(1~5 代表从非常不同意到非常同意)	3.637	1.135	540
效能认知		您认为您能做到农业绿色生产吗?(1~5 代表从非常不同意到非常同意)	3.531	1.199	540
村庄内土地转入的比例		本村中转入土地的样本农户数占村庄总体样本农户数的比例	0.272	0.174	540
村庄内转出土地的比例		本村中转出土地的样本农户数占村庄总体样本农户数的比例	0.259	0.241	540

5.4.2　回归结果分析

表 5.3 为土地流转与秸秆资源化利用的基础回归结果。在模型 1 和模型 3 中，分别使用 Probit 模型考察土地转入和土地转出对农户秸秆资源化利用的影响。从表 5.3 中可见，土地转入能显著促进农户进行秸秆资源化利用，而土地转出与秸秆资源化利用不存在相关关系。就控制变量而言，户主性别与秸秆资源化利用正相关。

与此同时，本章采用工具变量法来解决内生性偏误问题。结果如模型 2 和模型 4 所示。土地转入（转出）是一个内生变量，弱工具变量检验结果拒绝了弱工具的原假设，证实了选取 "本村中转入（转出）土地的样本农户数占村庄总体样本农户数的比例" 作为家庭土地转入（转出）的工具变量是合适的。其次，Wald 检验显示，模型 2 和模型 4 的 P 值分别为 0.0914 和 0.0027，说明工具变量在 1% 的水平上拒绝了外生性的原假设，代表有理由采用该工具变量来克服内生性问题。同时，AR 检验的 P 值分别为 0.0166 和 0.0014，表明拒绝存在弱工具变量的原假设，排除了弱工具变量的问题。由工具变量法得到的估计结果可知，土地转入与秸秆资源化利用依旧正相关，H1 得到验证，说明土地转入方更倾向于增加对农田质量保护的中长期投资，进行秸秆的资源化利用。同时，与 H2 相反，土地转出也与秸秆资源化利用正相关。这与 Cao 等（2020）的研究结果并不完全一致。对此可能的解释是，转出土地的农户虽然可能出于成本的考虑而将秸秆闲置，但也有可能会出于高效配置资源的考虑将秸秆进行资源化利用（杨雪涛等，2020）。此外，土地流转市场的发展促进了资金、人才和信息的流动，有助于降低农户的信息搜寻成本，帮助农户了解更多关于秸秆资源化利用的有用信息，促进其进行秸秆资源化利用。另外，就控制变量而言，户主性别也是影响农户秸秆资源化利用的重要因素，在模型 1 至模型 4 中，户主性别均与秸秆资源化利用正相关。

表 5.3 基础回归结果

	秸秆资源化			
	Probit	IV−Probit	Probit	IV−Probit
	模型 1	模型 2	模型 3	模型 4
土地转入	0.377 **	1.438 **		
	(0.167)	(0.560)		
土地转出			0.149	0.847 ***
			(0.151)	(0.261)
户主性别	0.441 **	0.431 **	0.458 **	0.563 ***
	(0.210)	(0.204)	(0.211)	(0.201)
户主年龄	0.012	0.012 *	0.011	0.006
	(0.007)	(0.007)	(0.007)	(0.007)
户主受教育年限	−0.019	−0.017	−0.021	−0.029
	(0.022)	(0.022)	(0.022)	(0.022)
家庭人均收入(取对数)	0.037	0.059	0.023	−0.003
	(0.050)	(0.050)	(0.051)	(0.052)
家庭人均经营耕地面积(取对数)	−0.074	−0.405 **	0.067	0.214 **
	(0.099)	(0.187)	(0.097)	(0.109)
家庭劳动力人数	0.020	−0.025	0.036	0.045
	(0.041)	(0.045)	(0.041)	(0.039)
平原	−0.154	0.085	−0.250	−0.339 **
	(0.154)	(0.196)	(0.153)	(0.149)
丘陵	−0.090	−0.050	−0.129	−0.194
	(0.160)	(0.158)	(0.159)	(0.157)
N	540	540	540	540
Pseudo R^2	0.0338		0.0270	
Wald 检验(P 值)		2.85		9.01
		(0.0914)		(0.0027)
AR 检验(P 值)		5.74		10.22
		(0.0166)		(0.0014)

注：*** 、** 、* 分别代表在 1%、5%、10%的统计水平上显著。

5.4.3 稳健性检验

为了检验估计结果的稳健性，本章采用 CMP 方法再次估计土地转入和土地转出对农户秸秆资源化利用的影响。该模型由 Roodman（2011）提出，首先估计工具变量与内生变量的相关性，再将结果代入基准模型进行回归。当 atanhrho_12 显著异于 0 时，说明存在内生性问题，此时以 CMP 估计结果为准。如表 5.4 所示，atanhrho_12 参数均显著，说明 CMP 估计结果更为准确。结果表明，土地转入和土地转出都与秸秆资源化利用正相关，说明本章结果具有稳健性。

表 5.4 稳健性检验

	秸秆资源化	
	CMP	CMP
土地转入	1.438 *** (0.551)	
土地转出		0.847 *** (0.252)
atanhrho_12	−0.448 * (0.262)	−0.347 *** (0.110)
控制变量	已控制	已控制
N	540	540

注：***、**、* 分别代表在 1%、5%、10%的统计水平上显著。

5.4.4 异质性分析

已有研究发现，代际差异和规模差异是影响秸秆资源化利用的重要因素（杨雪涛等，2020；郓建功、颜廷武，2021）。为了检验土地流转对秸秆资源化利用的影响是否存在代际差异和规模差异，本节按照户主年龄和家庭经营规模进行分组，进一步分析土地流转对秸秆资源化利用的影响的代际差异和规模差异。

1. 代际差异

借鉴钱龙等（2019）的划分方法，以户主年龄是否大于 50 岁来划分老一代和新生代农户，并在代际差异分析中剔除户主年龄这一控制变量，结果如表 5.5 所示。土地转入对秸秆资源化利用的影响存在代际差异，土地转出对秸秆资源化利用的影响不存在代际差异。具体而言，土地转入对新生代农户的秸秆资源化利用有显著正向影响，而对老一代农户的秸秆资源化利用没有显著影响。对这一结果合理的解释是，与老一代相比，新生代一般更具有人力资本优势，更易于接受和采纳秸秆资源化利用技术。因此，土地转入对秸秆资源化利用的影响存在代际差异。

表 5.5　代际差异分析

	土地转入与秸秆资源化利用		土地转出与秸秆资源化利用	
	新生代	老一代	新生代	老一代
土地转入	0.874 ** (0.362)	0.212 (0.190)		
土地转出			0.186 (0.270)	0.138 (0.183)
控制变量	已控制		已控制	
Pseudo R^2	0.0926	0.0183	0.0605	0.0169
N	143	397	143	397

注：*** 、 ** 、 * 分别代表在 1%、5%、10% 的统计水平上显著。

2. 规模差异

根据家庭经营规模是否大于样本均值将样本分为大规模和小规模两个层次，为使结果更加准确，剔除家庭经营规模大于 10 亩的样本。

如表 5.6 所示，土地转出对农户秸秆资源化利用的影响不存在规模差异，而土地转入对农户秸秆资源化利用的影响存在规模差异，土地转入对大规模农户的秸秆资源化利用有显著正向影响，而对小规模农户的秸秆资源化利用没有显著影响。对这一结果合理的解释是，小规模农户由于农业收入有限，往往不关心秸秆资源化利用（如秸秆还田）的好处，而大规模农户具有更高的生产能力和抗风险能力，更愿意对土地进行长期投资（Lu et al.，2020）。因此，秸秆资源化利用作为一种环境友好型技术，更容易被大规模农户采用。

表 5.6　规模差异分析

	土地转入与秸秆资源化利用		土地转出与秸秆资源化利用	
	小规模	大规模	小规模	大规模
土地转入	0.432 (0.392)	0.462** (0.220)		
土地转出			0.274 (0.201)	0.031 (0.294)
控制变量	已控制		已控制	
Pseudo R^2	0.0391	0.0571	0.0415	0.0385
N	265	220	265	220

注：***、**、*分别代表在1%、5%、10%的统计水平上显著。

5.4.5　机制分析

如前所述，土地转入和土地转出可能通过经济认知和效能认知影响农户的秸秆资源化利用决策。第一，检验经济认知在土地转入和土地转出影响农户秸秆资源化利用过程中的中介作用，结果如表5.7所示。就土地转入而言，首先，土地转入能够分别正向影响秸秆资源化利用和经济认知；其次，将土地转入和经济认知同时纳入秸秆资源化利用回归方程后发现，两者均与秸秆资源化利用正相关，说明经济认知在土地转入和秸秆资源化利用中存在中介效应，且属于部分中介（机制1）。由此，H3得到验证。就土地转出而言，土地转出能够正向影响秸秆资源化利用，但是与经济认知不存在相关关系，因此，经济认知在土地转出与秸秆资源化利用之间不存在中介效应。对此，合理的解释是，对于进行土地转出的小规模农户而言，其秸秆产量低，更有可能是出于资源配置的考虑和政府政策的约束而进行秸秆资源化利用。同时，土地转出的农户务农时间少，在采用秸秆还田等资源化利用技术时的机会成本更高，而政府一系列补贴和激励政策的出现，使得这部分群体对秸秆资源化利用的经济效益缺乏敏感性。

表 5.7　经济认知的中介机制分析

	机制 1:土地转入→经济认知→秸秆资源化利用			机制 2:土地转出→经济认知→秸秆资源化利用		
	秸秆资源化利用	经济认知	秸秆资源化利用	秸秆资源化利用	经济认知	秸秆资源化利用
土地转入	1.438 ** (0.560)	0.239 * (0.133)	1.415 ** (0.568)			
土地转出				0.847 *** (0.261)	0.111 (0.114)	0.785 *** (0.271)
经济认知			0.176 ** (0.070)			0.205 *** (0.056)
控制变量	已控制			已控制		
N	540			540		
Pseudo R^2	—	0.0657		—	0.0639	
Wald 检验（P 值）	2.85 (0.0914)	— —	2.72 (0.0993)	9.01 (0.0027)	—	7.62 0.0058

注：***、**、*分别代表在1%、5%、10%的统计水平上显著。

第二，检验效能认知在土地转入和土地转出影响农户秸秆资源化利用过程中的中介作用，结果如表 5.8 所示。就土地转入而言，首先，土地转入能够分别正向影响秸秆资源化利用和效能认知；其次，将土地转入和效能认知同时纳入秸秆资源化利用回归方程后发现，两者均与秸秆资源化利用正相关，说明效能认知在土地转入和秸秆资源化利用中存在中介效应，且属部分中介（机制 3）。由此，H5 得到验证。同理，土地转出也能通过正向影响效能认知进而促进秸秆资源化利用（机制 4），且效能认知具有部分中介效应，H6 得到验证。

表 5.8　效能认知的中介机制分析

	机制 3:土地转入→效能认知→秸秆资源化利用			机制 4:土地转出→效能认知→秸秆资源化利用		
	秸秆资源化利用	效能认知	秸秆资源化利用	秸秆资源化利用	效能认知	秸秆资源化利用
土地转入	1.438 ** (0.560)	0.232 * (0.127)	1.508 *** (0.531)			

续表

	机制 3:土地转入→效能认知→秸秆资源化利用			机制 4:土地转出→效能认知→秸秆资源化利用		
	秸秆资源化利用	效能认知	秸秆资源化利用	秸秆资源化利用	效能认知	秸秆资源化利用
土地转出				0.847 ***	0.355 ***	0.669 **
				(0.261)	(0.110)	(0.277)
效能认知			0.205 ***			0.222 ***
			(0.066)			(0.055)
控制变量	已控制			已控制		
N	540			540		
Pseudo R²	—	0.0470	—	—	0.0507	—
Wald 检验	2.85	—	3.53	9.01	—	6.04
(P 值)	(0.0914)	—	(0.0601)	(0.0027)	—	(0.0139)

注：*** 、** 、* 分别代表在 1%、5%、10% 的统计水平上显著。

5.5　小结

农业绿色发展是新时代我国农业可持续发展、生态文明建设的必然需求，是实现农业高质量发展的唯一路径。近年来，对作物秸秆等农业废弃物的循环利用和有效管理逐渐成为各界关注的热点问题。本章利用四川省 540 户农户的微观调研数据，采用工具变量法实证分析了土地转入和土地转出对农户秸秆资源化利用的影响及作用路径，得出以下结论。第一，土地转入和土地转出都能显著促进农户的秸秆资源化利用。第二，异质性分析表明，土地转入对农户秸秆资源化利用的影响存在代际差异和规模差异，而土地转出不存在代际差异和规模差异。具体而言，土地转入对新生代和大规模农户的秸秆资源化利用有正向显著影响。第三，土地转入能够通过提升农户的经济认知和效能认知进一步促进其进行秸秆资源化利用，土地转出能够通过提升农户的效能感知进一步促进其进行秸秆资源化利用。

基于此，本章提出以下建议。一是加强对农村土地的确权登记，保障土地"三权"稳定性，做到权属清、面积准、位置明，积极鼓励农户延长土地流转期限。二是完善土地流转市场，引导农户有序开展土地流转，加快培育专业大户、农业合作社等新型农业经营主体，促进农业适度规模经营，为秸秆资源化利用技术的推广提供资源基础。三是加大对秸秆资源化利用技术的宣传力度，优化推广体系，如定期开展关于秸秆处置的农业生产培训、展示秸秆资源化利用技术及相关成果，让农户充分了解技术带来的预期效益，促使其建立起积极的价值认知，从而实现自然资源利用效率最大化。四是创优政策环境，一方面，聚焦秸秆资源化利用政策本身，在分区域探索不同层次农户秸秆资源化利用差异化补贴政策的同时，加大对秸秆焚烧的查处力度，做到奖惩结合；另一方面，聚焦其他政策，加强农村基础设施建设，完善对秸秆加工和回收企业、秸秆资源化利用技术研发主体的扶持制度，推动更多的主体参与秸秆资源化利用。

本章重点关注是否进行土地流转（土地转入和土地转出）对秸秆资源化利用的影响，而土地的流转规模、流转期限、流转租金可能会对农户的秸秆资源化利用决策产生影响，未来仍需要更进一步的研究。

第6章 土地流转与绿色生产技术支付意愿

6.1 问题提出

2015 年 9 月，联合国提出"确保可持续消费和生产（SDG12）"。全球小麦、玉米和水稻等谷物产量不断创新高，随之产生的秸秆等农业废弃物数量也急剧增长。庞大的秸秆量对环境造成了巨大压力，甚至对土壤和空气产生负面影响。农作物秸秆曾是农村地区取暖、做饭和喂养家禽家畜的宝贵资源，有巨大的潜在利用价值。但随着农村居民生活水平的提高，农村地区供电和供气等基础能源设施的逐步完善，以及农民散养牲畜数量的减少，很少再有农民回收再利用秸秆。大量秸秆被就地遗弃或露天焚烧，比如，2002 ~ 2006 年，印度有 62%的水稻秸秆都在田间烧毁（Gadde et al.，2009）。在中国，就地遗弃或露天焚烧的秸秆占 20%（Huang et al.，2019）。这种行为不仅不符合可持续农业生产的要求，而且会排放大量温室气体，加重气候变化（Singh et al.，2021）。有研究指出，秸秆资源化利用是农业环境约束趋紧和追求碳达峰背景下的必由之路（He et al.，2020）。因此，如何将农作物秸秆投入循环再利用成为各个国家都关心的问题。丹麦建造农作物秸秆发电厂，将当地丰富的废弃秸秆转化为清洁电能，被联合国列为重点推广项目（Venturini et al.，2019）；美国和巴西等国家将秸秆中的纤维素转化为乙醇，用提纯后的秸秆乙醇代替汽油等化石燃料，实现了秸秆的商业化利用（Ren et al.，2019b）；加拿大将超过 2/3 的秸秆直接还田（孙宁等，2016）。中国作为农业大国，秸秆资源非常丰富。2017 年，中国产生了 8.05 亿吨秸秆，可收集资源量为 6.74 亿吨（中华人民共和国生态环境部，2020）。中国政府在 2017~2021 年的中央一号文件中均明确提出要推进秸秆综合利用，包括秸秆肥料化、秸秆饲料化、秸秆能源化、秸秆基料化和秸秆原料化利用。

秸秆还田属于秸秆肥料化利用中的一种，这种技术已经在中国推广了 20 余年，是目前秸秆综合利用的主要方式（Lu et al.，2020）。学术界关于农作物秸秆还田的研究主要集中以下几个方面。一是肯定了秸秆还田的好处。秸秆还田是最具成本效益的方法（Li et al.，2018），不仅减少了污染物排放（Ren et al.，2019b），还被证明能够增加土壤的有机碳积累和改善土壤质量（Liu et al.，2014），甚至可以增加后续作物产量（Jiang et al.，2021）。二是探讨了影响秸秆还田的因素，包括信息渠道、资源禀赋、环境认知和政府规制等多种因素（Jiang et al.，2021；Huang et al.，2019；Lu et al.，2020；Powlson et al.，2008）。三是研究了秸秆还田的应用前景。规模化实施秸秆还田还存在关键工艺有待突破、投入产出比低和政府补贴力度不够等障碍（Huang et al.，2019）。秸秆还田需要租用粉碎机、耕地机等机械设备（Liu et al.，2014；Huang et al.，2019），增加了农户的生产成本。同时，秸秆还田具有外部经济性，即农户实施秸秆还田带来的环境改善成效被社会共享，却无法获得相应的报酬（夏佳奇等，2019）。按照 Pigou（1920）提出的福利经济学理论，政府提供了部分现金补贴作为经济报酬，以激励农民实施秸秆还田（Sun et al.，2019）。尽管这种方式有效，但已有学者研究了中国农户秸秆还田的受偿意愿，结果显示目前政府提供的补贴额低于农民心中期望的受偿额（Huang et al.，2019）。政府显然无法全额承担农户秸秆还田的所有花费，农户必须自己承担大部分成本。因此，研究农户对秸秆还田的支付意愿（WTP）及意愿支付金额（WTP value）至关重要。这一成果可以帮助政府更好地制定相关政策，同时对提供秸秆还田服务的企业来说也是有用的客户调查。

事实上，人的选择通常受自身或家庭资源禀赋的约束，而土地是农业中最基本的生产资料，也是保障农户生计的重要资源。中国土地的基本格局是"人多地少"，由政府按照"远近搭配、肥瘦均匀"的原则分配给农户使用。因此，农户分得的土地往往是小规模、分散和细碎的。2002年左右，中国开放了农村土地使用权流转。随着市场经济的发展，年轻且具备非农就业能力的农户有更多机会到城市谋生。为避免土地抛荒和增加收入，他们将土地经营权出租给亲朋好友或有经营能力的农户。2018年，中国确定了与其他国家截然不同的"三权分立"的土地产权制度，分为所有权、承包权和经营权，以期放活土地经营权，促进土地流转。截至2019年底，中国家庭承包耕地流转面积为5.5亿亩，土地流转率达到36%（中华人民共和国农业农村部，2021）。2021年，中国制定出台了《农村土地经营权流转管理办法》来规范土地流转。日益活跃的土地流转优化了农地资源配置，给农业生产带来极大的影响。部分研究指出，与其他农户相比，转入土地的大规模农户采取可持续农业生产技术的平均成本更低且经济效益更高（Li and Shen，2021）。通过土地流转实现规模经营可以激励农户支持绿色生产（Cao et al.，2020）。然而，也有研究认为，经营者为了追求土地短期租入情境下的产量最大化，会大量施用农药、化肥等（Bambio and Agha，2018）。同时，由于流转土地的使用权并不如自有土地稳定，农户可能不愿意在转入土地上实施秸秆还田（Gao et al.，2018）。转出土地的农户多从事非农就业或兼业，与其他农户相比，他们并不依赖农业生产，这可能抑制其开展可持续农业投资行为（Cao et al.，2020）。可见，土地流转如何影响农户的秸秆还田行为，现有研究尚未达成一致。

基于以上分析，本章旨在探讨土地流转对农户秸秆还田支付意愿的影响。与其他研究相比，本章独特的贡献有三点。第一，有限的研究仅关注了土地流转对秸秆还田的影响，鲜有研究进一步关注农户的秸秆还田支付意愿。本章搭建了系统的理论分析框架，详细探讨了土地流转

（是否流转、土地转入和土地转出）与秸秆还田支付意愿和意愿支付金额的关系。第二，本章利用中国四川省水稻主产区 1080 户农户的微观调研数据检验理论分析框架并估算农户的秸秆还田支付意愿区间，还做了机制分析及异质性分析。第三，已有研究多采用简单的实证方法，忽视了农户行为决策中的内生性问题，得到的结果可能存在偏差，本章则通过 IV - Probit 和 IV - Tobit 模型引入工具变量来克服潜在的内生性问题。

6.2　理论分析与研究假设

理性小农理论认为，农户是理性经济人，会通过衡量边际收益和边际成本做出是否出钱实施秸秆还田的决策，并追求经营利润最大化和风险最小化。如果农户出钱实施秸秆还田的收益大于成本，那么他就有支付意愿。土地细碎化是阻碍农户采取可持续生产技术的关键因素（Deininger and Jin, 2005；Li et al., 2021）。中国政府大力推行的土地流转政策在缓解土地细碎化、实现农业规模化发展的同时，可有效促进农户实施秸秆还田等有利于改善土壤环境、实现农业可持续发展的中长期投资行为（Cao et al., 2020；Li and Shen, 2021；He et al., 2020）。第一，根据规模经济理论，转入土地的农户扩大了生产规模，面对秸秆还田服务提供方更有议价能力，长期平均总成本减少，因此实施秸秆还田会更加具有经济效益（Ye, 2015）。第二，土地流转市场引导土地流向具有资金、技术或劳动力优势的农业生产大户或种粮能手。他们对农业生产的依赖性更大，因而更愿意实施秸秆还田（刘乐等，2017）。第三，土地流转降低了土地细碎化程度，不仅可减少劳动力在各个地块间来回奔波导致的劳动效率损失，减少水稻生产管理过程中的劳动投入（Li and Shen, 2021），还有助于秸秆粉碎机等先进机械设备的使用，便于达到机械设备的经营规模门槛（梁志会等，2020b）。第四，活跃的土地转出市场使农户对土地的中长期投资行为的风险降低（贾蕊、陆迁，2018）。因为尽管秸秆还田改善土壤的作用需要长时间才能体现，但农户可以溢价出让土地使用权，打消了农户对秸秆还田投资无法收回的顾虑。与之相反的是，转出土地的农户可分为两种：一种是出让全部土地不再耕种，另一种是仅出让部分土地继续耕种。就第一种农户而言，他们不再继续从事农业活动，自然不会再为秸秆还田出资。就第二种农户而言，他们往往从事着兼业工作，对农业的依赖性不大（Li and Shen，2021），可能不愿意为秸秆还田出资。同时，他们的农业生产规模较小，从秸秆还田中获取的利润有限，因此不愿意采用该技术（Arslan et al.，2017）。

基于以上分析，本章提出以下假说。

H1：土地流转对农户的支付意愿与意愿支付金额有正向激励作用。

H2：土地转入对农户的支付意愿与意愿支付金额有正向激励作用。

H3：土地转出对农户的支付意愿与意愿支付金额有负向激励作用。

秸秆还田的收益是空气质量改善、土壤环境改善和农业增产，这些收益具有回报周期长和外部经济性的特点（Ren et al.，2019b）。在实际的农业生产中，农户的理性是有限的（杨福霞、郑欣，2021）。他们仅能依靠自身认知和有限的信息做出决策，因此秸秆还田所带来的长期收益难以被农户感知，这将弱化土地流转对秸秆还田支付意愿及意愿支付金额的影响。农户对秸秆还田的感知进一步可分为价值感知与自我效能感知。价值感知由 Valarie（1988）提出，是指个体权衡服务的收益和成本后对服务效果的主观评价。自我效能感知由 Bandura（1997）提出，是指个体对自身能否完成某项工作的自信程度。有大量研究将价值感知和自我效能感知用于分析农户的行为与意愿。例如，杨福霞、郑欣（2021）发现提升农户的价值感知水平能够强化生态补偿对农户可持续生产行为的激励作用；McGinty 等（2008）探讨了巴西农民的自我效能感知对采用农林复合经营的影响，发现二者显著相关。由于本章关注的是秸秆还田支付意愿及意愿支付金额，同时，农户往往更关注农业生产行为所带来的经济收益，只有让农户感知到自己能负担得起秸秆还田的价格，且秸秆还田是有经济收益的，才能提升其支付意愿及意愿支付金额。所以本章将农户对秸秆还田的经济价值感知作为其价值感知的表征，将农户对秸秆还田的支付效能感知作为其自我效能感知的表征。

计划行为理论指出，个体的行为意图受到行为态度、主观规范和感知行为控制的影响（Ajzen，1991）。具体到本章，土地流转在对农户秸秆还田支付意愿产生直接影响的同时，还会通过改变农户对秸秆还田的经济价值感知和支付效能感知间接影响其支付意愿。首先，土地流转通常发生在亲戚朋友及邻里之间，少部分依靠政府、企业或合作社等中介组织（Cao et al.，2020）。流转过程涉及获取流转信息、商定流转细节和支付流转租金等步骤（Li and Shen，2021）。能顺利流转土地说明农户有一定的社会关系网络来传递信息，且具有思考和鉴别的能力。农户对秸秆还田的认知除了来自电视、网络等媒体渠道，更多的是来自其自有的社会关系网络（Jiang et al.，2021）。其次，转入土地的农户往往是种粮大户或能人，具有这种身份特性的个人更加注重对农业生产技术的学习，也是政府推广秸秆还田技术的主要对象（Lu et al.，2020）。基于这两个原因，流转土地的农户可能对秸秆还田的成本和收益有更准确的认知，更能够感知到秸秆还田技术的经济价值。产权理论分析认为，土地流转实现了农户土地、资本、劳动力等生产要素的配置合理化，转入土地的农户与转出土地的农户都能进一步从事其优势职业，进而提高双方的收入水平（Deininger and Jin，2005）。这会提升农户负担秸秆还田价格的自信心，即提升其支付效能感知。

基于以上分析，本章提出以下假说。

H4：土地流转影响农户的秸秆还田经济价值感知，进而提升其支付意愿与意愿支付金额。

H5：土地转入影响农户的秸秆还田经济价值感知，进而提升其支付意愿与意愿支付金额。

H6：土地转出影响农户的秸秆还田经济价值感知，进而抑制其支付意愿与意愿支付金额。

H7：土地流转影响农户的秸秆还田支付效能感知，进而提升其支付意愿与意愿支付金额。

H8：土地转入影响农户的秸秆还田支付效能感知，进而提升其支付意愿与意愿支付金额。

H9：土地转出影响农户的秸秆还田支付效能感知，进而抑制其支付意愿与意愿支付金额。

本章的理论框架如图 6.1 所示。

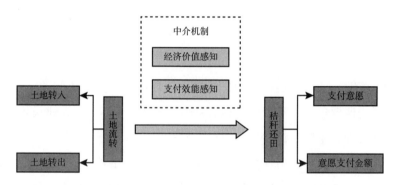

图 6.1　土地流转与秸秆还田支付意愿理论框架

6.3　数据来源、模型构建与变量选择

6.3.1　数据来源

本章数据来源于课题组 2021 年 7～10 月对四川省水稻主产区农户的微观调查。四川省位于中国西南部，全年温暖湿润，是中国的粮食主产区之一。当地农民因地制宜，在山区和深丘地带开垦梯田种植水稻，可一年两熟，因此水稻秸秆资源丰富。同时，早在 2008 年四川政府就提出了大力推广秸秆还田，包括腐熟还田、覆盖还田和机械化粉碎还田。四川省环保厅开展"秸秆禁烧督察巡查"工作，市、县、乡、村层层包联到田块。四川政府还给予农民财政支持政策，给予相关企业税收优惠和

金融支持政策，试图为中国的秸秆综合利用提供四川样本。因此，在该区域选择样本研究农户的秸秆还田支付意愿具有较强的代表性。

本章的样本选取结合了分层抽样与等概率随机抽样。首先，根据经济发展水平与地形地貌差异选定 6 个样本县（市、区）。其次，根据经济发展水平与离县（市、区）政府的远近在每个县（市、区）选 3 个乡镇，共选定 18 个乡镇。再次，根据经济发展水平在每个乡镇选 3 个村，共选定 54 个村。最后，根据每个村村干部提供的农户花名册，随机抽选 20 户农户进行一对一问卷调查，共选定 1080 个农户。调查内容包括农户个人及家庭特征、土地经营情况、秸秆综合利用情况等。为保证农户能正确理解调查问卷中的问题，课题组首先将初步设计的问卷进行了小范围预调研，根据预调研情况，结合农民实际修改问卷。同时，调研员为课题组高年级本科生和研究生。在开始调研前，调研员均接受过严格培训，了解访谈技巧和问卷内容。

在样本农户中，男性被访者占 62%，平均年龄约为 57 岁，受教育年限平均为 6.94 年，呈现男性多、年龄大和受教育程度低的特征，基本符合中国农村居民的情况（He et al.，2020；Huang et al.，2019），表明本章的数据具有一定的代表性。

6.3.2 变量定义

本章关注的因变量有 2 个。一是农户秸秆还田支付意愿，二是意愿支付金额。农户秸秆还田支付意愿通过询问农户"您是否愿意出钱雇人秸秆还田"来测度。若农户回答"否"，则赋值为 0；回答"是"，则赋值为 1，并进一步询问农户的意愿支付金额。问卷调研中相应的问题是"您愿意出多少元/亩·季？［A：1～10 元；B：11～20 元；C：21～30 元；D：31～40 元；E：41～50 元；F：51～60 元；G：61～70元；H：71～80 元；I：81～90 元；J：91～100 元；K：其他（填出具体值）］"，在纳入模型时，本章用 0 表示拒绝支付，分别用 1、2、3……11 代表问卷中 A～K 共 11 个层次的意愿支付金额。

　　本章关注的自变量是土地流转，根据流转方向，可进一步分为土地转入和土地转出。问卷调研中相应的问题分别是"您家是否转入耕地"与"您家是否转出耕地"。若农户回答"是"，则赋值为 1；反之，赋值为 0。

　　参考 Gadde 等（2009）、He 等（2000）和 Sun 等（2019）关于秸秆资源再利用的相关文献，本章从被访者个体特征、家庭特征和土地资源禀赋三个方面选取控制变量。具体而言，包括被访者的性别、年龄、受教育年限、家庭总收入、家庭劳动力数量和土地经营面积（见表 6.1）。

表 6.1　变量定义

变量	含义	样本量（个）	均值	标准差
支付意愿	您是否愿意出钱雇人秸秆还田？（否 = 0，是 = 1）	1080	0.376	0.484
意愿支付金额	您愿意出多少元/亩·季？〔A：1～10 元；B：11～20 元；C：21～30 元；D：31～40 元；E：41～50 元；F：51～60 元；G：61～70 元；H：71～80 元；I：81～90 元；J：91～100 元；K：其他（填出具体值）〕	1080	2.866	4.292
土地流转	您家是否流转耕地？（否 = 0，是 = 1）	1080	0.535	0.499
土地转入	您家是否转入耕地？（否 = 0，是 = 1）	1080	0.331	0.471
土地转出	您家是否转出耕地？（0 = 否，1 = 是）	1080	0.239	0.427
性别	被访者性别（0 = 女，1 = 男）	1080	0.620	0.486
年龄	被访者年龄	1080	57.11	11.22
受教育年限	被访者受教育年限	1080	6.942	3.338
家庭总收入	被访者家庭总收入	1080	110460.8	257204
家庭劳动力数量	被访者家庭劳动力数量	1080	2.856	1.518
土地经营面积	您家经营的土地总面积是多少	1080	9.486	61.849
村级土地流转率	除农户自身外，2020 年本村中流转土地的样本农户数占村庄总样本农户数的比例	1080	53.52%	0.235

续表

变量	含义	样本量(个)	均值	标准差
村级土地转入率	除农户自身外,2020 年本村中转入土地的样本农户数占村庄总样本农户数的比例	1080	33.06%	0.202
村级土地转出率	除农户自身外,2020 年本村中转出土地的样本农户数占村庄总样本农户数的比例	1080	23.89%	0.232

6.3.3　研究方法

本章讨论土地流转与秸秆还田支付意愿，包括是否愿意支付及意愿支付金额。考虑到是否愿意支付是 0-1 变量，因此采用 Probit 模型估计农户秸秆还田支付意愿的影响因素。考虑到有 62.41% 的农户拒绝支付，即在构建农户秸秆还田支付意愿的影响因素模型中，有远超过 10% 的被解释变量数值为 0，普通的 OLS 估计会导致结果偏差，因此用下限为 0 的 Tobit 模型进行考察。潜在的模型可以设置为：

$$WTP_i = \beta_0 + \beta_1 Transfer_i + \beta_2 Control + \varepsilon_i \tag{6.1}$$

$$WTP_i = \beta_0 + \beta_1 Transfer\_in_i + \beta_2 Control + \varepsilon_i \tag{6.2}$$

$$WTP_i = \beta_0 + \beta_1 Transfer\_out_i + \beta_2 Control + \varepsilon_i \tag{6.3}$$

$$WTP\_value_i = \beta_0 + \beta_1 Transfer_i + \beta_2 Control + \varepsilon_i \tag{6.4}$$

$$WTP\_value_i = \beta_0 + \beta_1 Transfer\_in_i + \beta_2 Control + \varepsilon_i \tag{6.5}$$

$$WTP\_value_i = \beta_0 + \beta_1 Transfer\_out_i + \beta_2 Control + \varepsilon_i \tag{6.6}$$

式（6.1）中，WTP_i 表示农户 i 的秸秆还田支付意愿，$Transfer_i$ 表示农户 i 的土地流转行为，$Control_i$ 表示农户 i 的控制变量，ε_i 为随机扰动项，β_0 为常数项，β_1、β_2 为回归系数。式（6.2）和式（6.3）中，

Transfer_in$_i$ 表示农户 i 的土地转入行为，*Transfer_out*$_i$ 表示农户 i 的土地转出行为。式（6.4）、（6.5）和（6.6）中，*WTP_value*$_i$ 表示农户 i 的秸秆还田意愿支付金额。

内生性问题是研究农户行为决策及其影响因素的一大挑战（Mao et al.，2021）。具体到本章，除了土地流转会影响农户的秸秆还田支付意愿及意愿支付金额，农户还可能通过秸秆还田取得收益，因而更愿意流转土地以实现规模经营，以此进一步增加收益，即土地流转与农户秸秆还田支付意愿之间可能存在互为因果的关系。因此，本章参考 Xu 等（2019）的研究，引入村级土地流转率、村级土地转入率和村级土地转出率分别作为土地流转、土地转入、土地转出的工具变量，以控制内生性。3 个工具变量的定义分别是：除农户自身外，2020 年本村中流转土地的样本农户数占村庄总样本农户数的比例；除农户自身外，2020 年本村中转入土地的样本农户数占村庄总样本农户数的比例；除农户自身外，2020 年本村中转出土地的样本农户数占村庄总样本农户数的比例。村级土地流转率、转入率和转出率代表了土地流转市场的发育状况，会对农户的土地流转行为产生影响，满足相关性要求。同时，这些比例并不会直接影响农户的秸秆还田支付意愿及意愿支付金额，满足外生性要求。

6.4 实证分析

6.4.1 秸秆还田意愿支付区间估计

本章通过条件价值评估法（CVM）估算农户的秸秆还田意愿支付区间。这种方法利用问卷调查，考察被访者在假设性市场里的经济行为，得到被访者的意愿支付金额后进行计算。

农户的秸秆还田意愿支付区间分布如图 6.2 所示。总体而言，农户的秸秆还田支付意愿较低，在 1080 个样本农户中，有 674 名农户没有支付意愿，约占 62.41%。仅有 406 名农户具有支付意愿，约占 37.59%。可能的原因是农户经济能力有限。此外，秸秆还田带来的环境利益是共享的，焚烧和丢弃秸秆的农户也能无偿享受他人秸秆还田的好处。这种外部经济性可能会降低农户的支付意愿。在具有支付意愿的农户中，各个意愿支付区间均有农户分布。其中分布最多的是高于 100元的区间，其次是 91~100 元的区间，这两个区间约占有投资意愿农户的 54.43%。可以发现，虽然具有支付意愿的农户较少，但其意愿支付金额较高。

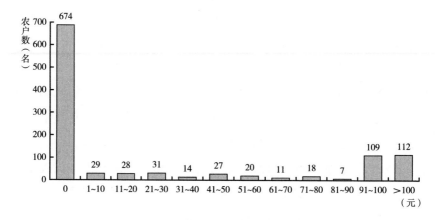

图 6.2　农户秸秆还田意愿支付区间分布

本章采用如下公式估算农户的秸秆还田意愿支付区间：

$$E(WTP\_value)_{Upper\ limit} = \sum_{i=1}^{n} P_i A_i \qquad (6.7)$$

$$E(WTP\_value)_{Lower\ limit} = E(WTP\_value)_{Upper\ limit} \times (FWTP/Famers) \qquad (6.8)$$

根据式（6.7）可计算出农户秸秆还田意愿支付金额的上限。其中，A_i 表示农户 i 的意愿支付金额水平值，P_i 表示农户 i 选择该金额的概率（选择该金额的农户数/样本总数）。根据式（6.8）可计算农户秸秆还田意愿支付金额的下限，*FWTP* 表示具有支付意愿的农户数量，*Famers* 表示样本总数。

本章借鉴张童朝等（2019）的做法，用各区间的中值代替农户的意愿支付金额，对于">100元"这一区间，参照农户的实际填写情况归类，据此得到农户的秸秆还田意愿支付金额分布（见表6.2）。按照上述公式，结合表6.2的数据可计算得到，农户秸秆还田意愿支付金额的上限是34.41元/亩·季，下限是12.94元/亩·季。值得注意的是，这个意愿支付金额远低于中国的秸秆还田市场价格。

表6.2 农户的秸秆还田意愿支付金额分布

意愿支付金额（元/亩·季）	频数（人）	频率（%）	调整后频率（%）
5	29	2.69	7.14
15	28	2.59	6.90
25	31	2.87	7.64
35	14	1.30	3.45
45	27	2.50	6.65
55	20	1.85	4.93
65	11	1.02	2.71
75	18	1.67	4.43
85	7	0.65	1.72
95	109	10.09	26.85
120	22	2.04	5.42
130	6	0.56	1.48
150	28	2.59	6.90
175	7	0.65	1.72
200	30	2.78	7.39
210	6	0.56	1.48
300	13	1.20	3.20
愿意支付（意愿支付金额>0）	406	37.59	100.00
拒绝支付（意愿支付金额=0）	674	62.41	—
总计	1080	100.00	—

6.4.2　回归结果分析

表 6.3 报告了基准回归分析结果。其中，模型 1 和模型 2 是土地流转层面的分析，模型 3 和模型 4 是土地转入层面的分析，模型 5 和模型 6 是土地转出层面的分析。为便于分析，报告的所有结果都是边际效应结果。

模型 1 和模型 2 的结果显示，土地流转对农户的秸秆还田支付意愿和意愿支付金额均有显著的正向影响。在其他条件不变的情况下，土地流转增加一个单位，秸秆还田支付意愿增加 5.6%，秸秆还田意愿支付金额增加 58%。模型 3 和模型 4 的结果显示，土地转入对农户的秸秆还田支付意愿和意愿支付金额也有显著的正向影响。在其他条件不变的情况下，土地转入增加一个单位，秸秆还田支付意愿增加 8%，秸秆还田意愿支付金额增加 90.2%。这表明土地流转和土地转入有助于提高农户的秸秆还田支付意愿，并且能进一步提高意愿支付金额。这个结果验证了 H1 和 H2，与 Cao 等（2020）、刘乐等（2017）和 Huang 等（2019）的发现类似。土地流转尤其是土地转入扩大了农业生产规模，降低了土地细碎化程度，使秸秆还田更具经济效益。转入土地的家庭更容易实现规模经营，为了达到规模效益，他们会投资秸秆还田以期改善土壤质量。同时，种粮大户受到普通农户的关注，他们更重视自己的声誉，担心焚烧秸秆会遭到政府处罚和其他农户的批评。在模型 5 和模型 6 中，土地转出与农户的秸秆还田支付意愿及意愿支付金额并不存在显著的相关关系。这个结果与 Cao 等（2020）的发现不一致，否定了 H3。可能的解释是，转出土地的农户更倾向于非农就业如外出务工、创业等，家庭收入可观，因此有经济实力为秸秆还田付钱。同时，转出土地后自身经营的土地面积减少，秸秆还田的总成本降低，这可能增加其支付意愿。但是，转出土地也可能意味着农户对农业生产的依赖性降低，从秸秆还田中获得的收益减少（Arslan et al.，2017；Cao et al.，2020），这可能抑制其支付意愿。增加作用和减少作用综合，使得土地转出变量变得无关紧要。

　　在控制变量中，被访者的性别与秸秆还田支付意愿及意愿支付金额显著负相关，表明女性比男性更愿意为秸秆还田付钱。可能的解释是，中国农村的农业生产模式逐渐转变为"男工女耕"，即男性从事非农或兼业工作，女性从事农业生产。被访者的年龄与秸秆还田意愿支付金额显著正相关，表明被访者的年龄越大，越愿意为秸秆还田支付更多的钱。可能是因为年老的农户没有足够的体力去人工收割、切碎和翻耕秸秆，更依赖机械化秸秆还田。被访者的受教育年限与秸秆还田支付意愿及意愿支付金额显著正相关，表明随着农户受教育年限的增加，他们更能准确意识到秸秆还田给空气质量、土壤环境和农作物产量带来的好处，因此更愿意为秸秆还田付钱。已有许多研究也证实了教育对绿色生产行为的影响（Huang et al.，2019；Li and Shen，2021）。

表 6.3　基准回归分析结果

	支付意愿	意愿支付金额	支付意愿	意愿支付金额	支付意愿	意愿支付金额
	模型 1	模型 2	模型 3	模型 4	模型 5	模型 6
土地流转	0.056* (0.029)	0.580*** (0.194)				
土地转入			0.080*** (0.031)	0.902*** (0.219)		
土地转出					−0.007 (0.034)	−0.130 (0.225)
性别	−0.124*** (0.030)	−0.695*** (0.203)	−0.123*** (0.029)	−0.684*** (0.202)	−0.128*** (0.029)	−0.744*** (0.204)
年龄	0.001 (0.001)	0.018* (0.010)	0.001 (0.001)	0.019* (0.010)	0.001 (0.001)	0.021** (0.010)
受教育年限	0.010** (0.005)	0.067** (0.032)	0.010** (0.005)	0.074** (0.032)	0.010** (0.005)	0.069** (0.032)
家庭总收入（取对数）	0.015 (0.012)	0.094 (0.076)	0.017 (0.012)	0.116 (0.076)	0.016 (0.013)	0.110 (0.076)

续表

	支付意愿	意愿支付金额	支付意愿	意愿支付金额	支付意愿	意愿支付金额
	模型 1	模型 2	模型 3	模型 4	模型 5	模型 6
家庭劳动力数量	-0.010	0.011	-0.011	0.002	-0.010	0.010
	(0.011)	(0.070)	(0.011)	(0.974)	(0.011)	(0.070)
土地经营面积	0.000	0.002	0.000	0.001	0.001	0.002*
	(0.000)	(0.001)	(0.000)	(0.070)	(0.000)	(0.001)
Pseudo R²	0.0245	0.0058	0.0266	0.0074	0.0220	0.0044
N	1080	1080	1080	1080	1080	1080

注：***、**、*分别代表在1%、5%、10%的统计水平上显著。

这一部分主要使用 IV-Probit 和 IV-Tobit 来克服内生性问题（见表6.4）。模型7、模型9和模型11分别是用 IV-Probit 来检验土地流转、土地转入和土地转出对秸秆还田支付意愿的影响。模型8、模型10和模型12分别是用 IV-Tobit 来检验土地流转、土地转入和土地转出对秸秆还田意愿支付金额的影响。

与基准回归结果一致，土地流转、土地转入变量对农户秸秆还田支付意愿及意愿支付金额仍然有显著的正向影响。这一结果说明，在考虑内生性的情况下，土地流转和土地转入能够有效增加农户为秸秆还田付钱的意愿，还能有效增加意愿支付金额。此外，土地转出并不能影响农户的秸秆还田支付意愿或意愿支付金额。

表 6.4　IV-Probit 和 IV-Tobit 回归结果

	支付意愿	意愿支付金额	支付意愿	意愿支付金额	支付意愿	意愿支付金额
	模型 7	模型 8	模型 9	模型 10	模型 11	模型 12
土地流转	0.551***	4.859***				
	(0.206)	(1.860)				
土地转入			0.584**	6.602***		
			(0.254)	(2.249)		

续表

	支付意愿	意愿支付金额	支付意愿	意愿支付金额	支付意愿	意愿支付金额
	模型 7	模型 8	模型 9	模型 10	模型 11	模型 12
土地转出					0.061	-0.262
					(0.190)	(1.615)
控制变量	YES	YES	YES	YES	YES	YES
Wald χ^2	39.65***	34.16***	37.55***	35.91***	30.06***	28.26***
内生 Wald χ^2	4.12**	3.36*	2.19	3.78*	0.24	0.00
N	1080	1080	1080	1080	1080	1080

注：***、**、*分别代表在 1%、5%、10%的统计水平上显著。

上述结果是基于全样本农户的分析，尚未考虑到不同农户之间土地流转对秸秆还田支付意愿及意愿支付金额影响的差异性。已有研究发现，代际差异和土地规模差异是影响农户秸秆还田的重要因素（Cao et al.，2020；Li and Shen，2021；夏佳奇等，2019）。同时，不同代和不同土地规模的农户在土地流转决策上可能存在差异（贾蕊、陆迁，2018）。

就代际差异而言，老一代与新生代农户处于生命周期的不同阶段，成长的时代特征也不尽相同，因此其受教育经历、消费偏好、对新事物的接受程度都存在明显差别，这些都会影响农户的行为决策（谢花林、黄萤乾，2021）。本章借鉴杨志海（2018）的做法以及国际公认的老龄人口划分标准，将样本中被访者年龄在 60 岁及以上的定义为老生代，被访者年龄在 60 岁以下的定义为新生代，将控制变量中的年龄剔除后做异质性分析。

就土地规模而言，土地规模不同的农户，生产能力、抗风险能力、资源禀赋均不同。比如大规模农户具有示范效应，有能力进行长期投资，期望通过秸秆还田以保护土地，进而实现规模效益和农业可持续发展（Lu et al.，2020）。而小规模农户的农业收入有限，不关心秸秆还田的好处（Lu et al.，2020）。本章将样本等分为小规模农户、中规模农户和大规模农户三个层次，将控制变量中的土地经营面积剔除后做异质性分析。

农户代际差异的异质性分析结果如表 6.5 所示，土地转出的结果均不显著，为节省篇幅，没有在表格中报告。研究发现，土地流转对农户秸秆还田意愿支付金额的影响存在代际差异，土地转入对农户秸秆还田支付意愿及意愿支付金额的影响存在代际差异。土地流转能够显著提高新生代农户的秸秆还田意愿支付金额，但不对老一代农户发挥作用。土地转入能显著提高新生代农户的秸秆还田支付意愿及意愿支付金额，但对老一代农户不发挥作用。可能的原因是，新生代农户与老一代农户的经营目标以及农业资源获取方式不同，他们的秸秆还田支付行为逻辑也不同（Fraser et al.，2015）。比如，新生代农户更期望改善土壤质量以提高长期产量。而老一代农户对秸秆还田了解较少，还停留在传统的"靠天吃饭"的阶段（贾蕊、陆迁，2018）。

如表 6.6 所示，只有大规模农户流转土地才能提高秸秆还田支付意愿及意愿支付金额，小规模农户与中规模农户的结果均不显著。另外，土地转入对秸秆还田支付意愿的提升作用也仅限于大规模农户，而土地转入对秸秆还田意愿支付金额的提升作用包括大规模农户和中规模农户。这些结果表明，只有土地经营面积达到一定规模，土地流转与土地转入才能发挥作用。

对秸秆还田支付意愿及意愿支付金额的研究需要建立在农业生产有秸秆的基础上，对不从事农业耕种的农户或农业耕种不产生秸秆的农户只能设想，这可能会使结果产生偏差。从调研情况来看，从事农业耕种的农户大多还在种植水稻，会产生水稻秸秆。因此，本章剔除土地经营规模为 0 的农户再次重复回归以检验结论的稳健性。稳健性检验结果如

表 6.5　不同代农户的土地流转与秸秆还田支付意愿回归结果

变量	土地流转与支付意愿		土地流转与意愿支付金额		土地转入与支付意愿		土地转入与意愿支付金额	
	新生代农户	老一代农户	新生代农户	老一代农户	新生代农户	老一代农户	新生代农户	老一代农户
土地流转	0.149	0.163	1.036***	0.397				
	(0.105)	(0.126)	(0.325)	(0.426)				
土地转入					0.271**	0.189	1.490***	0.762
					(0.113)	(0.143)	(0.381)	(0.508)
控制变量	已控制	已控制	已控制	已控制	已控制	已控制	已控制	已控制
Pseudo R²	0.0257	0.0258	0.0065	0.0065	0.0301	0.0259	0.0085	0.0071
N	630	450	630	450	630	450	630	450

注：***、**、* 分别代表在 1%、5%、10% 的统计水平上显著。

表 6.6 不同土地规模农户的土地流转与秸秆还田支付意愿回归结果

	土地流转与支付意愿			土地流转与意愿支付金额			土地转入与支付意愿			土地转入与意愿支付金额		
	小规模农户	中规模农户	大规模农户	小规模农户	中规模农户	大规模农户	小规模农户	中规模农户	大规模农户	小规模农户	中规模农户	大规模农户
土地流转	0.185 (0.154)	0.076 (0.131)	0.339** (0.147)	0.673 (0.439)	0.661 (0.464)	1.446*** (0.431)						
土地转入							0.288 (0.298)	0.227 (0.146)	0.375** (0.146)	1.179 (1.016)	1.402** (0.542)	1.510*** (0.428)
控制变量	已控制			已控制			已控制			已控制		
Pseudo R^2	0.0117	0.2641	0.0727	0.0058	0.0046	0.0143	0.0105	0.0179	0.0755	0.0056	0.0069	0.0148
N	307	411	362	307	411	362	307	411	362	307	411	362

注：***、**、*分别代表在1%、5%、10%的统计水平上显著。

表 6.7 所示。土地流转、土地转入变量的显著性与显著方向并没有改变，土地转出变量仍不显著，说明本章的研究结果是稳健的。

表 6.7　剔除土地经营规模为 0 的样本农户的稳健性检验结果

	（1） 支付意愿	（2） 意愿支付金额	（3） 支付意愿	（4） 意愿支付金额	（5） 支付意愿	（6） 意愿支付金额
土地流转	0.069 ** （0.031）	0.692 *** （0.212）				
土地转入			0.066 ** （0.032）	0.764 *** （0.228）		
土地转出					0.029 （0.039）	0.173 （0.270）
控制变量	已控制	已控制	已控制	已控制	已控制	已控制
Pseudo R^2	0.0314	0.0070	0.0309	0.0072	0.0281	0.0051
N	961	961	961	961	961	961

注：边际效应结果在表中报告；*** 、** 、* 分别代表在 1%、5%、10% 的统计水平上显著。

6.4.3　机制分析

由理论分析部分可知，土地流转与土地转入可能通过两条路径影响农户的支付意愿与意愿支付金额。一是通过改变农户对秸秆还田的经济价值感知提升农户的支付意愿与意愿支付金额。流转土地尤其是转入土地的农户可能对秸秆还田的成本和收益有更准确的认知，更能够感知到秸秆还田技术的经济价值，进而提升了支付意愿与意愿支付金额。二是通过提升农户的支付效能感知进而提升其支付意愿与意愿支付金额。具体而言，通过问卷中"您认为秸秆还田等绿色生产技术具有经济效益吗（1＝非常不同意，5＝非常同意）"来衡量其经济价值感知，通过问卷中"您认为您具有秸秆还田等绿色生产技术的支付能力吗（1＝非常不同意，5＝非常同意）"来衡量其支付效能感知。

本章用 Baron 和 Kenny（1986）提出的逐步回归法检验上述路径是否存在。这种方法的模型表达式为：

$$Y = cX + \varepsilon_1 \tag{6.9}$$

$$M = \alpha X + \varepsilon_2 \tag{6.10}$$

$$Y = c^{'}X + \beta M + \varepsilon_3 \tag{6.11}$$

其中，X 是土地流转与土地转入两个自变量，M 是经济价值感知和支付效能感知两个中介变量，Y 表示秸秆还田支付意愿与意愿支付金额两个因变量。

如表 6.8 所示，土地流转正向影响农户的秸秆还田支付意愿与意愿支付金额，验证了前文分析。土地流转正向影响农户的经济价值感知。加入经济价值感知这一中介变量后，土地流转对农户秸秆还田支付意愿的影响方向不变，系数由 0.151 下降到 0.133，中介效应占比约为 12.29%；土地流转对农户秸秆还田意愿支付金额的影响方向不变，系数由 0.775 下降到 0.712，中介效应占比约为 8.29%。土地转入正向影响农户的秸秆还田支付意愿与意愿支付金额，验证了前文分析。土地转入正向影响农户的经济价值感知。加入经济价值感知这一中介变量后，土地转入对农户秸秆还田支付意愿的影响方向不变，系数由 0.217 下降到 0.202，中介效应占比约为 8.91%；土地转入对农户秸秆还田意愿支付金额的影响方向不变，系数由 1.206 下降到 1.153，中介效应占比约为 4.84%。这一结果与 Yang 等（2022）相似，农户采用秸秆还田等低碳技术受到其行为态度的影响。

如表 6.9 所示，土地流转正向影响农户的支付效能感知。加入支付效能感知这一中介变量后，土地流转对农户秸秆还田支付意愿的影响方向不变，系数由 0.151 下降到 0.148，但支付效能感知并不影响秸秆还田支付意愿，说明中介效应不存在；土地流转对农户秸秆还田意愿支付金额的影响方向不变，系数由 0.775 下降到 0.727，中介效应占比约为 5.03%。而土地转入与支付效能感知的相关关系并不显著，说明土地

表 6.8　以经济价值感知为中介变量的回归结果

	(1) 支付意愿	(2) 经济价值感知	(3) 支付意愿	(4) 意愿支付金额	(5) 经济价值感知	(6) 意愿支付金额	(7) 支付意愿	(8) 经济价值感知	(9) 支付意愿	(10) 意愿支付金额	(11) 经济价值感知	(12) 意愿支付金额
土地流转	0.151* (0.080)	0.204*** (0.066)	0.133* (0.080)	0.775*** (0.259)	0.204*** (0.066)	0.712*** (0.259)						
土地转入							0.217*** (0.084)	0.191*** (0.073)	0.202** (0.085)	1.206*** (0.291)	0.191*** (0.073)	1.153*** (0.292)
经济价值感知			0.091** (0.036)			0.315*** (0.115)			0.091** (0.036)			0.308*** (0.113)
控制变量				已控制					已控制			
Pseudo R²	0.0245	0.0174	0.0290	0.0058	0.0174	0.0070	0.0266	0.0166	0.0310	0.0074	0.0166	0.0086
N	1080	1080	1080	1080	1080	1080	1080	1080	1080	1080	1080	1080

注：***、**、* 分别代表在 1%、5%、10% 的统计水平上显著。

109

表 6.9　以支付效能感知为中介变量的回归结果

	(1) 支付意愿	(2) 支付效能感知	(3) 支付意愿	(4) 意愿支付金额	(5) 支付效能感知	(6) 意愿支付金额	(7) 支付意愿	(8) 支付效能感知	(9) 支付意愿	(10) 意愿支付金额	(11) 支付效能感知	(12) 意愿支付金额
土地流转	0.151* (0.080)	0.191*** (0.066)	0.148* (0.080)	0.775*** (0.259)	0.191*** (0.066)	0.727*** (0.258)						
土地转入							0.217*** (0.084)	0.059 (0.071)	0.216** (0.084)	1.206*** (0.291)	0.059 (0.071)	1.190*** (0.290)
支付效能感知			0.011 (0.031)			0.204* (0.105)			0.014 (0.031)			0.219** (0.104)
控制变量	已控制						已控制					
Pseudo R²	0.0245	0.0469	0.0245	0.0058	0.0469	0.0065	0.0266	0.0447	0.0267	0.0074	0.0447	0.0082
N	1080	1080	1080	1080	1080	1080	1080	1080	1080	1080	1080	1080

注: ***、**、* 分别代表在 1%、5%、10% 的统计水平上显著。

转入并不是通过提升农户的支付效能进而提升其秸秆还田支付意愿与意愿支付金额的。但由（12）列的结果可知，支付效能感知能够提升农户的秸秆还田意愿支付金额。这一结果与 McGinty 等（2008）相似，他也发现巴西农民的自我效能感知与其采用农林复合经营显著正相关。

6.5　小结

中国一直在推动土地流转市场发育，旨在通过流转土地改变土地细碎化现状并实现规模经济（梁志会等，2020b）。大量土地流转影响了农户的生产经营决策，尤其是以秸秆还田为代表的长期投资决策。本章基于中国四川省 1080 户水稻种植户的数据，用条件价值评估法（CVM）估算农户的秸秆还田意愿支付区间，构建 IV-Probit 和 IV-Tobit 模型系统研究了土地流转对农户秸秆还田支付意愿及意愿支付金额的影响。研究结果表明以下几点。第一，只有 37.59% 的农户愿意为秸秆还田出钱，但他们的意愿支付金额较高。农户的意愿支付区间为 12.94~34.41 元/亩·季，远低于市场价格。第二，土地流转和土地转入对农户秸秆还田支付意愿与意愿支付金额的影响存在明显的代际差异和土地规模差异。第三，土地流转的部分提升作用是通过改善农户对秸秆还田的经济价值感知与支付效能感知实现的，而土地转入的提升作用仅通过改善经济价值感知实现。中国用世界 7% 的土地养活了世界 21% 的人口（王万茂、张颖，2004）。作为农业大国，中国农作物秸秆量、农业碳排放量都很高，因此中国是联合国实现可持续发展目标的关键。上述研究结论补充了现有文献，不仅为中国农业可持续发展和缓解气候变化提供新的思路，还可以为有类似土地资源禀赋特征的日本和韩国等东亚国家提供参考。相应的政策启示如下。第一，中国政府鼓励农户将土地转出给家庭农场、农民合作社和农业社会化服务组织等各类新型农业经营主体，以实现规模经济效益，促进农业生产提效增效。但是，本章的结果表明，农户转出土地后可能减少对耕种土地的关注，这对增加秸秆还田等中长期投资无益。因此，在关注大规模农户的同时，也应保持对转出土地农户的关注。第二，土地流转尤其是土地转入对秸秆还田支付意愿有促进作用，因此要持续推进土地流转，尤其是要鼓励通过连片化流转减少土地细碎化问题对秸秆还田等长期投资行为的负面影响，比如鼓励农户租入邻近土地。与此同时，也要注意土地流转规范性问题，引导农户在流转土地时签订具有法律效应的书面合同，以确保流转安全性和稳定性。第三，土地流转可以提升农户对秸秆还田的经济价值感知和支付效能感知，通过影响主观感知对秸秆还田支付意愿产生影响。因此，通过网络、广播、电视和宣传栏等进行广泛宣传提高农户对秸秆还田的正确认知是有必要的。可针对大规模农户、新生代农户以及受教育程度较高的农户开展适当的培训，鼓励他们争当秸秆还田示范户，树立一些先进典型，从而发挥带动作用。第四，完善扶持政策，降低秸秆还田价格。目前农户对秸秆还田的支付意愿还较弱，心理价格预期也远低于市场价格。因此，可在用地和用电方面为秸秆还田服务方提供支持，培育有实力的经营主体并适当给予税收优惠，以降低企业经营成本，从而降低秸秆还田价格。同时，应加快秸秆还田关键技术设备创新，这是从根本上降低秸秆还田成本的方法。

需要注意的是，本章只关注了秸秆还田的支付意愿，虽然有代表性，但结果不能直接应用到其他绿色生产技术，只能作为参考。因为不同绿色生产技术的价格、效果和使用条件存在巨大的差异。此外，尽管本章将土地流转分为转出和转入，但在同一流转方向中，不同流转面积的效果可能也不同，下一步的研究可以加入对其他绿色生产技术、流转面积或流转比例的讨论。

第7章 土地流转契约 与绿色生产技术采纳

7.1 问题提出

我国秸秆产量高、分布广泛，各大作物秸秆每年产量可达 8 亿吨（肖健等，2023）。长期以来，农作物秸秆曾经是农村家庭取暖、做饭和饲养禽畜的主要资源之一（刘文志，2015）。随着中国经济的不断发展、农业结构的逐步优化和农村生活水平的持续提高，农作物秸秆在农村生产生活中的重要性逐渐降低（盖豪等，2021）。不少农户放弃了秸秆的收集，对秸秆的处理方式改为丢弃、堆积甚至焚烧填埋（赵晓颖等，2022）。秸秆焚烧既造成了大量农业资源的浪费，又急剧加速了全球气候恶化的趋势，对城乡居民的身体健康、公共交通的运营和生态环境造成了严重影响（姚科艳等，2018），也与当前保护生态环境和实现可持续发展的基本理念不相适应（李守华，2022）。

秸秆还田是农业废弃物资源化利用的主要途径之一，兼具节约农业资源、抑制耕地退化、提高农作物产量等经济效益和改善大气质量、减少火灾风险等环境效益（江鑫等，2018）。相对于其他农作物秸秆利用方式，秸秆还田成本更低且更为方便快捷。我国从 20 世纪 70 年代起开始推广秸秆还田等保护性耕作技术，但受制于当时经济、技术等条件的限制，推广效果并不理想。进入 21 世纪后，各项配套技术日渐完善，秸秆还田技术也随之得到了各地政府的重视（安芳等，2022）。2021

年，全国秸秆直接还田量为 4.02 亿吨，秸秆还田率达 54.7%（严东权等，2023），但与较发达国家相比仍有较大差距（吴成龙等，2022）。随着未来中国粮食产量的持续提高，秸秆产量也将会增长，因此，将来如何把农作物秸秆资源化、绿色化利用越来越受到社会各界的广泛关注（尹昌斌等，2016）。

目前，学术界对如何促进农作物秸秆还田及其影响因素的研究主要集中在两个层面。其一，由于农户采纳秸秆还田技术需要承担相应的风险与成本，且还田效果会受到气候条件、技术环境及生产过程的影响，因此，不少学者对农户自身行为是否会影响秸秆还田进行了研究。有学者对农户的社会信任关系、家庭兼业情况、互联网使用情况及大户示范作用等进行了研究（柯晶琳等，2022；姜维军等，2021；齐泽华等，2020），也有学者认为无论是经济补贴、技术支持还是政府监督，都是通过影响农户的自觉性影响秸秆还田行为（苏柳方等，2021；邹璠、周力，2019；徐志刚等，2018；王晓敏、颜廷武，2019），并且农业补贴的促进作用会受到政府宣传工作的影响（钱加荣等，2011）。此外，农民在秸秆还田决策中也会考虑秸秆还田的机械成本和当前地区家庭间的贫富差距（张国等，2017；童洪志、刘伟，2017）。其二，从土地端出发，主要考虑农户所经营土地的特征对秸秆还田的影响。在经营规模方面，截至 2019 年底，全国范围内人均耕地面积仍不足 2 亩（卢华等，2022），且仍有 2.1 亿户农户的户均经营耕地在 10 亩以下（冉清红等，2007）。有学者赞同规范化的农业生产经营模式能够明显提高耕地保护的环境效益（李昊等，2022），农户的秸秆还田行为也存在规模经营效应（刘丽等，2021）。但也有学者认为经营规模并非越大越好，农户经营地块大小与秸秆还田行为之间存在一种倒"U"形关系（刘乐等，2017）。在产权方面，农户土地权益的稳定性、长期性是影响其绿色生产技术采纳意愿的重要因素（钱龙等，2019；邹伟等，2020），明晰的土地产权关系可以在一定程度上抑制农户产生"种而不养"的耕作观念（曹志宏等，2008）。而在土地流转方面，据农业农村部经管司统计，截至 2017 年底，全国范围内流转面积占总经营耕地面积的比例已经达到了 37%（史常亮等，2020）。农业稳定、绿色的规模化发展依赖于土地流转契约严格、长期地执行（汪吉庶等，2014），农户可以通过土地流转对耕地进行重组，方便大规模机械化经营及绿色生产技术的应用（陈园园等，2015；范红忠、周启良，2014；郑沃林，2020）。但也有研究表明，由于转入的土地在产权性质、经营期限与流转稳定性方面都与农户原本承包的耕地存在一定差异，所以可能会增加农户采纳相关农业生产技术的不确定性（Gao et al.，2018）。综上，已有研究虽然已经认识到了农户及土地的大部分特征在秸秆还田过程中所发挥的作用，但不同流转契约所发挥的作用各不相同，土地流转契约的规范性、稳定性和赢利性与秸秆还田意愿的关系尚不明确。

土地流转契约的规范性主要表征为农户是否以签订书面协议的方式来界定土地流转过程中的权益关系。土地产权的强化是规范土地流转市场、提高农业生产效率的重要条件之一（崔益邻等，2022），我国也通过《关于完善农村土地所有权承包权经营权分置办法的意见》《农村土地承包经营权流转管理办法》等对土地流转合同的签订做出了相关指导（张露等，2021）。但据农业农村部统计，截至 2017 年底，我国土地流转合同签订率仍不足 70%，农村地区仍存在大量基于乡土人情的非正式契约。土地流转契约的稳定性主要表征为农户在土地流转的过程中是否约定了具体期限。如果没有明确的期限，农业经营主体难以做出合理的生产规划、形成稳定的经营预期，存在更大的投资风险（Higgins et al.，2018）。赢利性主要表征为农户通过签订契约获取土地流转租金的能力。2015 年中国家庭金融调查数据显示，我国土地流转市场中 40.8% 的契约期限在 1 年以内，且有 42.5% 的交易是无偿的。既然我国土地流转市场中广泛分布着大量无偿型、口头型、无固定期限的土地流转契约，那么不同契约类型对农户的秸秆还田意愿会产生什么样的影响？为厘清这一关系，本章将土地流转契约的规范性、稳定性和赢利性纳入同一理论框架中，利用 2020 年"中国乡村振兴综合调查"

（CRRS）数据库开展实证检验，研究土地流转契约中的关键因素对农户秸秆还田的影响。

7.2 理论分析与研究假设

我国家庭联产承包责任制实施之初，由于明晰的产权激励，农户的农业生产积极性和效率不断提高，但随着时间的推移，农户经营耕地零散琐碎、生产要素配置不均等问题造成了农业边际产出的降低，对农业进一步发展造成了阻碍。而土地流转可以实现农业生产要素的合理配置，是农业实现规模经营的必要途径。与一般的市场交易不同，土地流转契约的形成会受到地缘、血缘、人情等的影响（洪名勇等，2016；钟文晶、罗必良，2013），从而出现了在协议形式、出租期限、流转租金等方面的差异，在一定程度上影响了土地流转市场的规范化发展。

根据产权经济学理论，土地产权的界定是土地流转的基础，并持续影响着土地流转效率和经济效益。其中，土地经营权的转移依赖于农户间的土地流转契约。相较于口头契约，书面契约通常会对流转合同的各项条款、流转双方的权利与义务等做出相对详细的规定，避免了信息不对称现象的发生。一方面，书面契约可以在一定程度上提高流转合同的约束力和保障（周超等，2022），抑制流转双方的机会主义行为（高名姿，2018），如转入方肆意破坏土地，转出方随意提高租金、收回土地等行为。另一方面，规范且合法的书面契约可以保障土地产权的稳定和安全，扩大流转范围（李星光等，2018），有利于吸引种植大户、农业企业或家庭农场等经营主体参与流转过程，形成相对稳定的流转关系，实现农业生产的规模化经营，从而促进绿色合理的生产技术应用。由此，提出以下假说。

H1：相较于口头流转契约，采取书面契约转入土地的农户的秸秆还田技术采纳率更高。

　　转入土地能否长期稳定经营是农业生产主体决定是否对土地进行长期投资的关键因素。根据"理性人"和"经济人"理论，农户总是会在当前环境下采取最合理的经济行为去追求经营利润最大化。基于农业生产的长周期性特点，转入户在签订协议时更加看重农地经营权的稳定性、农业投资的风险与回报周期。但就转出户而言，土地一直是农村家庭的生存和收入保障，出于对未来生活的考虑，部分农户倾向于签订非固定期限协议（罗必良等，2017），方便其随时中断流转。如果流转双方未对土地流转期限做出具体约定，农地使用权的暂时性和不稳定性将导致转入方面临无法收回投资的风险（李承桧等，2015；Soule et al.，2000），最终使得转入方不愿意在该土地上进行长期投资，反而会提高其在短期内过度透支耕地地力的概率。只有土地流转契约规定了固定稳定的期限，才会提高经营主体对土地的经营预期，激发合理生产和长期投资的意愿（高立等，2019）。由此，提出以下假说。

　　H2：相较于非固定期限的土地流转契约，确定期限的土地流转契约能够促使农户采纳秸秆还田技术。

　　根据产权风险理论，农户在转让耕地使用权时往往会在流转收益与产权安全间进行抉择（胡霞、丁冠淇，2019）。由于我国乡村社会人情关系的存在，农户为了节约流转成本、避免交易风险，并出于人情交往的考虑（姚志、郑志浩，2020），往往会在亲友熟人之间采取无偿型土地流转。"人情租"的存在使得转出方难以对转入方的生产行为实施约束，转入方在经营过程中无须考虑流转成本，无须追求长期回报，往往会转入超过自身经营能力的耕地并根据以往经验进行生产，不利于农业资源的合理利用和生产技术的改进。有偿流转往往存在于陌生人或农业机构之间，交易双方遵循市场交易规则，由于流转成本的存在，转入方作为土地实际经营者需根据生产投入的边际成本与产出做出流转决策，因此不会盲目转入土地，且会根据经营规模合理安排生产来维持农业资源的可持续性，从而获取长期收益。由此，提出以下假说。

H3：相较于无偿转入户，有偿转入户更愿意采纳秸秆还田技术。

技术接受模型认为农户的行为决策同时受到感知有用性与感知易用性两方面的影响。土地是农业不可或缺的生产要素，农业生产高度依赖土地资源的优劣，农户会根据土地资源禀赋去分析秸秆还田行为的可行性与便捷性，对是否实施秸秆还田行为做出判断。一般情况下，若农户认为秸秆还田的难度较小、收益较高，那么秸秆还田行为的发生率就较高。就地形而言，相较于山地或丘陵地区，平原地区地势平坦，地块分散程度更低，进行各项农业劳动的难度较低（李庆、杨志武，2020），农户对秸秆还田行为的感知易用性也更高。而就土地经营规模而言，农业规模经营在一定程度上依赖于土地规模经营，农户的长期生产成本会随着土地经营规模的增加而降低（吕杰等，2020），随着土地经营规模的扩大，利用农业机械大规模作业的便捷性提高，秸秆还田的成本降低。此外，拥有较大经营规模的农户对农地的依赖性更大，对秸秆还田行为具有更强的感知有用性，因此更愿意实施秸秆还田行为。由此，提出以下假说。

H4：在平原地区，土地流转契约对秸秆还田的作用要强于丘陵和山地地区。

H5：农户的土地经营规模越大，土地流转契约对秸秆还田的影响越大。

综上，本章的理论逻辑框架见图7.1。

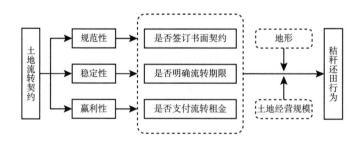

图7.1　土地流转契约与秸秆还田行为分析框架

7.3　数据来源、模型构建与变量选择

7.3.1　数据来源

本章主要基于 2020 年"中国乡村振兴综合调查"（CRRS）数据来评估土地流转契约的规范性、稳定性和赢利性对农户秸秆还田行为的影响。CRRS 是依托中国社会科学院重大经济社会调查项目"乡村振兴综合调查及中国农村调查数据库建设"进行的全国微观调查，其数据覆盖 10 省（自治区）、50 县（市、区）、156 乡（镇），共包括 300 余份村庄调查问卷和 3833 份农户调查问卷。经整理后，将涉及土地流转契约、秸秆还田和控制变量的缺失及异常数据剔除，最终得到 3828 个农户样本。

7.3.4　模型构建

基于理论分析，由于被解释变量为 0-1 变量，故本章采用二元 Logit 模型进行回归，表达式如下：

$$\text{Logit}(Y_i) = \alpha_0 + \alpha_1 Contract_i + \alpha_2 Tenancy_i + \alpha_3 Rent_i + \sum_{k=1} \alpha_4 Control_i + \mu_i \qquad (7.1)$$

式（7.1）中，Y_i 表示第 i 个农户是否采纳秸秆还田技术，0 表示该农户未采纳秸秆还田技术，1 表示该农户愿意并采纳秸秆还田技术；$Contract_i$ 表示第 i 个农户土地流转契约的规范性，包括书面和口头契约两种方式，0 表示该农户流转土地时采用口头流转契约，1 表示该农户采用书面流转契约；$Tenancy_i$ 为第 i 个农户土地流转契约的稳定性，包括固定期限和未明确期限两种方式，0 表示该农户转入土地时未明确流转租期，1 表示该农户明确了固定的流转期限；$Rent_i$ 代表第 i 个农户土地流转契约的赢利性，包括租金转入和无偿转入两种方式，0 表示该农户无偿转入了土地，1 表示该农户进行土地转入时支付了流转租金；

*Control*ᵢ代表控制变量，包括农户个人特征（户主性别、年龄和受教育程度）、家庭特征（家庭劳动力数量和家庭年收入）以及经营特征（经营面积、粮食种植比例和可灌溉比例）；μ_i表示随机扰动项。

7.3.5　变量定义

如表 7.1 所示，3828 份样本中的农户采纳秸秆还田技术的均值为 0.31，说明有 31% 的农户实施了秸秆还田行为。土地流转契约规范性的均值为 0.08，说明有 8% 的农户在土地转入时签订了书面契约。土地流转契约稳定性的均值为 0.08，说明有 8% 的农户在土地转入时约定了明确的期限。土地流转契约赢利性的均值为 0.17，说明样本中有 17% 的农户选择以支付租金方式有偿转入土地。全部受访农户中户主为男性的比例为 93%，户主的平均年龄为 56.93 岁，受教育程度平均为 2.76，家庭劳动力数量平均为 2.88 人，家庭年收入取对数后的均值为 10.67，经营面积平均为 20.12 亩，粮食种植比例平均为 30%，可灌溉比例平均为 62%。

表 7.1　变量描述性统计分析

变量	变量含义	均值	标准差
秸秆还田	农户是否采纳秸秆还田技术(0=否;1=是)	0.31	0.46
土地流转契约规范性	转入土地是否签订契约(0=否;1=是)	0.08	0.28
土地流转契约稳定性	转入土地是否约定了明确的期限(0=否;1=是)	0.08	0.27
土地流转契约赢利性	转入土地是否收取租金(0=否;1=是)	0.17	0.38
户主性别	户主性别(0=女;1=男)	0.93	0.25
户主年龄	户主年龄	56.93	11.33
户主受教育程度	户主受教育程度(1=未上学;2=小学;3=初中;4=高中;5=中专;6=职高;7=大学专科;8=大学本科)	2.76	1.08
家庭劳动力数量	该农户所在家庭劳动力人数	2.88	1.38
家庭年收入	该农户所在家庭一年总收入的对数	10.67	1.19
经营面积	该农户经营的土地总面积是多少	20.12	73.60

变量	变量含义	均值	标准差
粮食种植比例	该农户粮食作物种植面积占总经营农田面积的比例	0.30	0.40
可灌溉比例	农户可灌溉农田占总经营农田面积的比例	0.62	0.43

7.4　实证分析

7.4.1　回归结果分析

表 7.2 中模型 1 与模型 2 报告了土地流转契约规范性对农户秸秆还田技术采纳行为的影响，模型 3 与模型 4 报告了土地流转契约稳定性对农户秸秆还田技术采纳行为的影响，模型 5 与模型 6 报告了土地流转契约赢利性对农户秸秆还田技术采纳行为的影响。

在模型 1 与模型 2 中，土地流转契约规范性的系数皆在 1% 的水平上显著为正，表明相较于口头契约，书面契约凭借其保障性、合法性等优势可以有效促使规范化流转关系的形成，约束流转双方的违规行为，促进农户采纳秸秆还田技术。在模型 3 与模型 4 中，土地流转契约稳定性的系数皆在 1% 的水平上显著为正，表明明确了固定期限的流转契约可以保障农户做出长期投资规划，从而促使其采纳秸秆还田技术来维持农业资源的可持续利用。因此，H2 成立。在模型 5 与模型 6 中，土地流转契约赢利性的系数皆在 1% 的水平上显著为正，表明有偿转入土地的农户出于生产成本的考虑，其采纳秸秆还田技术的概率整体高于无偿转入土地的农户。因此，H3 成立。

在控制变量中，户主性别对秸秆还田技术采纳行为有明显的促进作用，表明男性比女性更愿意采纳秸秆还田技术。一个可能的解释是在中国农村的农业生产模式中，男性凭借体力优势在农业生产中处于主导地位。户主受教育程度也是影响秸秆还田行为的重要因素，户主受教育程度显著促进了秸秆还田技术的采纳。这表明随着农民受教育程度的提高，他们能够更准确地认识到秸秆还田在环境保护、农业生产等方面的好处，因此愿意进行秸秆还田。此外，粮食种植比例与可灌溉比例也会显著正向影响其采纳秸秆还田技术。而家庭年收入增加会降低农户采纳秸秆还田技术的概率，但影响系数相对较小，可能的原因是除部分农业大户外，大部分农业家庭收入的增加源于家庭劳动力向第二、第三产业的转移，对农业生产的依赖性逐渐降低，因此对秸秆还田技术的采纳积极性不高。

表 7.2　回归分析结果

	秸秆还田技术采纳行为					
	模型 1	模型 2	模型 3	模型 4	模型 5	模型 6
土地流转契约规范性	0.898*** (0.118)	0.946*** (0.149)				
土地流转契约稳定性			0.732*** (0.120)	0.644*** (0.152)		
土地流转契约赢利性					0.964*** (0.088)	0.898*** (0.111)
户主性别		0.416** (0.170)		0.429** (0.170)		0.355** (0.171)
户主年龄		0.006 (0.004)		0.004 (0.004)		0.007* (0.004)
户主受教育程度		0.138*** (0.036)		0.137*** (0.036)		0.147*** (0.037)
家庭劳动力数量		0.052* (0.029)		0.051* (0.029)		0.040 (0.030)
家庭年收入		-0.096*** (0.034)		-0.096*** (0.033)		-0.098*** (0.034)
经营面积		-0.001 (0.001)		-0.000 (0.000)		-0.001** (0.001)
粮食种植比例		2.011*** (0.093)		1.983*** (0.092)		1.955*** (0.094)

续表

	秸秆还田技术采纳行为					
	模型 1	模型 2	模型 3	模型 4	模型 5	模型 6
可灌溉比例		0.557 ***		0.584 ***		0.560 ***
		(0.095)		(0.094)		(0.095)
_cons	−0.892 ***	−2.158 ***	−0.874 ***	−2.071 ***	−0.994 ***	−2.210 ***
	(0.037)	(0.496)	(0.037)	(0.488)	(0.040)	(0.495)
chi^2	57.563	542.854	37.316	533.661	120.974	553.055
N	3828	3828	3828	3828	3828	3828

注：*** 、** 、* 分别表示在 1%、5% 和 10% 的水平上显著。

7.4.2　异质性分析

表 7.3 是不同地形下秸秆还田行为的回归结果。模型 7 至模型 15 依次是土地流转契约规范性、稳定性、赢利性分别在平原、丘陵和山地地形下对农户秸秆还田技术采纳行为的影响。三组回归结果显示，当土地为山地时，各核心解释变量对秸秆还田的促进作用均不显著，而在平原、丘陵地区，各核心解释变量对秸秆还田的促进作用均显著。可能的解释是，秸秆还田主要依靠机械化作业，而不同地形下机械化作业的难易度存在较大差异。相较于山地地区，平原、丘陵地区采取机械作业的难度与成本较低，农户的感知易用性更强，因此更适合进行大规模机械化作业。因此，平原、丘陵地区农户采纳秸秆还田技术的概率更大。

基于前文分析，目前我国户均、人均耕地面积分别在 10 亩、2 亩以下，由此本章以 2 亩、10 亩为界，划分小、中、大型经营规模。表7.4 是不同经营规模下秸秆还田行为的回归结果，模型 16 至模型 24 依次是土地流转契约规范性、稳定性、赢利性分别在小、中、大型经营规模下对秸秆还田技术采纳行为的影响。三组回归结果显示，土地流转契约规范性、稳定性在大型经营规模条件下的显著程度均高于中、小型经营规模，土地流转契约赢利性在大型及中型经营规模条件下的显著程度高于小型经营规模。表明随着农户家庭经营土地规模的扩大，其对农业

表 7.3 不同地形下秸秆还田行为的回归结果

控制变量	平原			丘陵			山地		
	模型 7	模型 8	模型 9	模型 10	模型 11	模型 12	模型 13	模型 14	模型 15
土地流转契约规范性	0.756*** (0.198)			1.142*** (0.294)			0.363 (0.469)		
土地流转契约稳定性		0.558*** (0.212)			0.597** (0.291)			0.205 (0.422)	
土地流转契约赢利性			1.101*** (0.154)			0.470* (0.260)			-0.064 (0.308)
控制变量	已控制	已控制	已控制	已控制	已控制	已控制	已控制	已控制	已控制
chi²	305.138	304.940	316.299	113.868	107.173	105.425	74.195	73.555	73.353
N	1679	1679	1679	829	829	829	1320	1320	1320

不同地形下的秸秆还田技术采纳行为

注：***、**、* 分别代表在 1%、5%、10% 的统计水平上显著。

表 7.4 不同经营规模下秸秆还田行为的回归结果

	小型经营规模			中型经营规模			大型经营规模		
	模型 16	模型 17	模型 18	模型 19	模型 20	模型 21	模型 22	模型 23	模型 24
土地流转契约规范性	1.527** (0.639)			0.589* (0.313)			0.755*** (0.161)		
土地流转契约稳定性		1.179 (0.836)			0.651* (0.351)			0.505*** (0.160)	
土地流转契约赢利性			1.391** (0.579)			0.526*** (0.204)			0.982*** (0.146)
控制变量	已控制	已控制	已控制	已控制	已控制	已控制	已控制	已控制	已控制
chi^2	194.852	191.326	191.181	195.387	193.657	196.152	110.608	104.117	124.621
N	1428	1428	1428	1320	1320	1320	1080	1080	1080

注：***、**、* 分别代表在 1%、5%、10% 的统计水平上显著。

生产的依赖性和重视程度也会随之提升，会更加追求农业资源的可持续利用，因而更愿意采纳秸秆还田技术。此外，大面积耕地适宜进行统一机械化作业，而在中、小型规模的耕地上农业机械化作业的平均成本较高。因此，大型经营规模对秸秆还田的促进作用更大。

7.5 小结

目前，我国农村土地流转市场中仍存在大量口头、非固定期限和无偿的流转契约，在一定程度上影响了农业的进一步发展。而以往研究主要关注不同契约形式对农户经营活动的影响，对流转期限、租金与农户秸秆还田行为的关系关注较少。本章将土地流转契约规范性、稳定性和赢利性纳入同一理论框架中，结合 2020 年 CRRS 数据开展实证检验，研究土地流转契约中的关键因素对农户秸秆还田行为的影响。

本章的结论主要包括以下几方面。第一，在土地流转契约规范性方面，书面契约由于对流转双方的行为进行了约束并规范，相较于口头契约更有利于促进土地转入户采纳秸秆还田技术。第二，在土地流转契约稳定性方面，在固定的流转期限下，转入方可以根据流转租期合理安排农业经营活动，在一定程度上减少了机会主义行为，相较于无固定期限的流转契约更有利于农户采纳秸秆还田技术。第三，在土地流转契约赢利性方面，亲友间的无偿流转由于受制于双方的关系与情面，难以对不合理的农业活动进行劝导，从而不利于转入农户采纳秸秆还田技术。第四，平原、丘陵地区由于地势平坦，方便各项农业劳动的开展，相较于山地地区更有利于农户采纳秸秆还田技术。第五，随着经营规模的扩大，农户经营的耕地更多，对农业的依赖性更强，对农业资源的保护和可持续利用更加重视，因此采纳秸秆还田技术的意愿更强。

本章的理论意义在于，以往学界主要关注产权制度、权益等对经营主体生产行为决策的影响，很少分析产权实施过程中各流程、要素的不同对生产决策的影响。同时，现有研究主要关注土地流转契约对农业生产、投资、收入及资源利用的影响，较少研究土地流转契约各要素对秸秆还田行为的影响。本章实证分析了土地流转契约规范性、稳定性和赢利性对农户秸秆还田的影响，为提高农户的秸秆还田率、推广资源友好型技术提供了实证依据和理论参考。

　　本章的实践意义在于以下四点。第一，土地产权的界定影响土地流转和农业生产的经济效益，因此不仅要保证土地流转过程中的产权界定清晰合理，也要重视流转过程中各项条件的设置，构建有效的产权实施机制。第二，口头、非固定期限和无偿的土地流转契约不利于农户采纳绿色生产技术，要关注并重视不同类型土地流转契约对农户行为的影响，合理劝导并调整农户的土地流转行为，提高土地流转契约对农户亲环境行为的积极影响。第三，灵活运用土地流转，通过合并、重组等方式降低农户耕地的细碎、分散程度，合理调整山地等地区的特殊耕地，促进农业适度规模经营，降低农业劳动的强度，提高农户对环境友好型生产技术的采纳率。第四，完善土地流转相关法律法规，促进土地流转的合同化、规范化，通过相关法律的监管和流转契约的约束保障流转双方的权利，降低交易成本，以此增加农户对土地的长期投资意愿，如用秸秆还田替代秸秆焚烧，从而获得作物增产、耕地保护、环境改善等多重收益。

第三篇　社会化服务市场的发育
与绿色生产技术采纳

第8章 外包机械服务 与绿色生产技术采纳

8.1 问题提出

目前，中国以破坏环境为代价的粗放式农业发展模式仍然存在，由此带来的环境污染和生态退化问题日益突出（于法稳，2018）。因此，转变农业发展观，实现农业绿色发展刻不容缓。农业绿色生产作为农业绿色发展的核心，得到了极大的关注。然而，现阶段我国农业绿色生产方式还不够普及，绿色生产技术采纳比率仍然偏低（杨志海，2018；高杨、牛子恒，2019）。在此背景下，引导农户积极开展绿色生产，对推进农业绿色发展具有重大意义。

农户的绿色生产行为决策引起了学术界的极大关注。已有研究证明，农户是否开展绿色生产的决定受到自身条件与一系列外部环境的制约。例如，李卫等（2017）发现户主个人禀赋和家庭禀赋对农户实施保护性耕作有显著影响。郅建功等（2020）发现农户家庭禀赋对其秸秆还田行为有正向影响，且家庭禀赋水平的提升有助于减少意愿与行为不一致的现象。余威震等（2019）发现技术使用的外部环境（对村干部的信任、亲朋邻里的影响）对农户持续施用有机肥有正向影响。伴随着交叉研究的发展，心理学、社会学等学科的不同理论也被用来分析农户的绿色生产行为，如计划行为理论、社会网络理论等（龚继红等，2019；张童朝等，2020；Wang et al.，2022）。

尽管学者们围绕影响农户绿色生产行为的因素开展了大量研究，但是以外包机械服务为代表的农业社会化服务对绿色生产行为的影响却被忽视。近年来，在国家政策的引导与支持下，农业社会化服务快速发展。第三次全国农业普查数据显示，截至2020年底，中国各类社会化服务主体已超过90万个，呈现蓬勃发展的良好势头。外包机械服务作为农业社会化服务的重要内容，在推动农业绿色增长方面起着重要作用。已有研究表明，外包机械服务有效地促进了农户绿色生产行为的发生。例如，朱建军等（2023）基于全国性大样本数据发现，外包机械服务对种粮户的亩均化肥支出具有显著的负向影响，外包机械服务有助于农户采纳化肥减量技术。张星、颜廷武（2021）利用湖北省农户调查数据分析了农户秸秆还田行为的影响因素，发现外包机械服务对农户采纳秸秆还田技术有正向影响。然而，以上研究多关注外包机械服务对某一种绿色生产行为的影响。农业生产是一个复杂的过程，包括耕整、田间管理、废弃物处理等多个环节（毛欢等，2021）。因此，仅针对某一种绿色生产行为进行探讨所得出的结论可能不适用于其他绿色生产行为。

8.2　理论分析与研究假设

大量农村劳动力向非农部门转移，造成了农村农业劳动力短缺现象较为普遍（蔡昉，2018）。为了解决劳动力不足问题，农户在理论上有两种选择：一是从农村劳动力市场雇用劳动力，二是采用农业机械以代替劳动力。然而，雇用劳动力成本变得越来越昂贵（邱海兰、唐超，2020）。根据全国农产品成本收益资料汇编，截至2020年，水稻雇工工价为146.81元/亩，较1998年上涨近7倍。理性小农理论认为，农户作为追求自身利益最大化的理性"经济人"，能对其所拥有的资源进行合理配置和有效运用。因此，在农业生产中，农户会理性选择任一生产要素的投入。在农业雇工工资持续上涨的情况下，增加农机投入成为农户的理性选择。随着我国农业社会化服务的逐步发展，农户实现农业机械化有两种方式：一是购买农业机械，二是购买外包机械服务（蔡键等，2017）。理性农户将基于成本和收益的比较对这两种方式进行选择。如果农户自置农机进行生产的作业质量与外包机械服务的作业质量无明显差别，那么农户倾向于选择成本更低的方式。在我国存在大量小农的背景下，农业机械投资对于家庭而言是一项较大的开支，并且面临较高的沉没成本（王新志，2015）。因此，购买农业机械对小农而言是不划算的，农户将选择购买外包机械服务以实现对劳动力要素的替代。同时，农业机械化还可以被视为一种技术进步，而非简单的资本投入。购买外包机械服务能够实现用资本替代劳动，使得资本要素生产效率的提升快于劳动要素生产效率的提升。根据"农业踏车理论"，技术进步的实现能够提高生产率，降低生产成本。此外，购买外包机械服务能够发挥社会化服务组织的专业化优势，合理配置生产要素，降低生产成本（孙小燕、刘雍，2019）。换言之，农户购买外包机械服务可实现农业生产成本的降低，缓解绿色生产能力不足的难题，最终促进绿色生产行为的发生。基于此，提出以下研究假说。

H1：外包机械服务有助于农户绿色生产行为的发生。

外包机械服务可以替代农户的传统劳动，解放农业劳动力，进而促进农户非农就业（罗明忠等，2021）。具体而言，外包机械服务可以直接节省农业劳动力，这部分剩余劳动力将倾向于向非农部门转移以实现家庭劳动要素的合理配置。再者，农户还可以通过购买外包机械服务完成部分生产环节，减轻自身劳动负担。由于农业劳动时间的缩短，出于收益最大化的考虑，农户可能将节省的劳动时间用于非农工作。非农就业机会的增加，可能导致农户对农业生产的关注度降低，从而阻碍其学习和采纳绿色生产技术（罗小娟等，2013）。另一方面，开展农业绿色生产往往需要投入大量资金（邹杰玲等，2018），非农就业带来的家庭收入增加能够提高农户的支付能力，从而促进其采纳绿色生产技术。基于此，提出以下研究假说。

H2：外包机械服务通过促进非农就业促进农户绿色生产行为的发生。

农户扩大土地经营规模以实现规模经营受到劳动力、技术和资金三方面的约束，外包机械服务能够在一定程度上缓解这些约束（杨子等，2019）。首先，农户可以从市场上购买外包机械服务，以解决家庭农业劳动力投入不足的问题，这一过程本质上是用资本要素替代劳动力要素，从而实现土地经营规模的扩大。其次，外包机械服务的过程有助于将先进技术导入农业生产中，科技的应用提高了农业收入，有利于土地经营规模的进一步扩大。最后，相比于自行购置农业机械，购买外包机械服务节省了一笔较大的支出，缓解了资金约束。因此，外包机械服务能通过以上三个方面帮助农民扩大农地规模。进一步，农民对绿色生产技术的学习是一种投入，随着农地规模的扩大，单位面积的学习成本下降，使得总收益增加（刘乐等，2017）。在这种情况下，理性的农民就会学习采纳绿色生产技术。并且，由于土地规模经济的存在，相比于小规模的水稻种植户，规模户对绿色生产技术的采纳成本可能更低，这也能提升农民的采纳意愿。基于此，提出以下研究假说。

H3：外包机械服务通过扩大土地经营规模促进农户绿色生产行为的发生。

8.3　数据来源、模型构建与变量选择

8.3.1 数据来源

本章的研究对象是四川省水稻种植户。研究对象的选取基于以下两点原因。其一，四川省是中国重要的稻作区。国家统计局数据显示，2020 年，四川省的水稻产量占四川省粮食总产量的 41.82%，水稻播种面积占粮食作物总面积的 29.56%。其二，相较于其他粮食作物，我国

水稻生产的机械化水平仍然较低，尤其是水稻栽插环节，难以适应现代农业发展的需要。同时，四川水稻生产机械化水平明显落后于全国平均水平。《2020 年全国农业机械化发展统计公报》显示，四川水稻生产机械化水平刚刚达到 63%，落后全国平均值 7 个百分点，比江苏、黑龙江等省份低了约 20 个百分点。本章所用数据来自 2021 年 7～10 月课题组在四川省水稻主产区开展的调查，调研的是农户 2020 年的生产状况。四川省每年主要种植一季中稻。因此，本章的生产期指的是一季中稻的生产期。调研内容主要包括水稻种植户的家庭特征、农地基本情况、绿色生产技术采纳情况以及农业社会化服务等方面。

四川省地形复杂，同时拥有平原、丘陵、山地 3 种地形。考虑到不同地形对农民使用机械的约束条件不同，首先根据地形差异将四川省 183 个县（市、区）进行分类，以平原为主的归为一类，以丘陵为主的归为一类，以山地为主的归为一类。区域内经济发展水平对农户的行为决策有重要影响。根据 Rozelle（1996）的研究，人均工业总产值指标比农村人均收入指标可以更准确、更可信地反映当地居民的生活水平和经济发展潜力。因此，在每类地形内，根据各县（市、区）人均工业总产值排序将其平均分成 2 组［人均工业总产值前 50% 的县（市、区）为第一组，其余为第二组］。然后从每组中随机选取 1 个县（市、区）作为样本县（市、区），得到邛崃市、夹江县、泸县、岳池县、高县和南江县 6 个样本县（市）。每个样本县（市）随机抽取 3 个乡镇作为样本乡镇，再在每个样本乡镇中各调查 3 个村落，最后在每村中随机调查 20 户农户。最终，共获得 6 县（市）18 乡镇 54 村 1080 份有效农户调查问卷。

8.3.2　模型构建

（1）基准回归模型

农户是否实施绿色生产行为是一个二分类变量，本章通过构建三个 Probit 模型来研究外包机械服务对农户少耕免耕技术、有机肥施用技术和秸秆还田技术采纳行为的影响。模型设定如下：

$$Y = P(Y_i = 1) = \Phi(\beta_0 + \beta_1 Service_i + \beta_2 Control_i + \theta_i + \varepsilon_i) \tag{8.1}$$

在式（8.1）中，Y 为因变量，表示农户对少耕免耕技术、有机肥施用技术和秸秆还田技术的采纳行为；Y_i 的取值为 1 或 0，表示农户 i 采纳或者未采纳某种绿色生产技术；$Service_i$ 为核心自变量外包机械服务；$Control_i$ 为控制变量，包括户主特征、家庭特征、土地特征和绿色认知；θ_i 表示农户 i 所在县（市）的虚拟变量，用来控制区域固定效应；β_0 为常数项；β_1、β_2 分别为各变量的回归系数；ε_i 为随机扰动项。

（2）内生性问题

如果农户是否购买外包机械服务是随机的，那么通过式（8.1）就能够准确估计出外包机械服务对农户绿色生产行为的影响。然而，在实际中农户是否购买外包机械服务这一决策并非随机，而是基于农户自身特征和预期收益等因素理性选择的结果。若直接进行回归，可能因"自选择"问题使估计结果存在偏误。为此，本章采用倾向得分匹配法（Propensity Score Matching，PSM）和处理效应模型（Treatment Effects Model）来纠正选择性偏误。

PSM 由 Rosenbaum 和 Rubin（1983）提出，具体步骤包括：首先，将样本按照是否采纳绿色生产技术分为处理组和对照组，计算倾向得分，即根据可观测到的变量，使用 Logit 模型预测农户采纳绿色生产技术的概率；其次，依据倾向得分将处理组和对照组进行匹配；最后，基于匹配样本，比较处理组和对照组绿色生产技术采纳率的平均差异，得到处理组平均处理效应（Average Treatment Effect on the Treated，ATT）。表达式如下：

$$
\begin{aligned}
ATT &= E(Y_{1i} - Y_{0i} \mid D_i = 1) \\
&= E\{E[Y_{1i} - Y_{0i} \mid D_i = 1, P(X_i)]\} \\
&= E\{E[Y_{1i} \mid D_i = 1, P(X_i)]\} - E\{E[Y_{0i} \mid D_i = 1, P(X_i)]\}
\end{aligned} \tag{8.2}
$$

在式（8.2）中，D_i 是二分类变量，反映个体 i 是否进入处理组，当 $D_i = 1$ 时，个体进入处理组，当 $D_i = 0$ 时，个体进入对照组；Y_{1i} 和 Y_{0i}

分别表示处理组和对照组的估计结果；$P(X_i)$ 为倾向得分。

可观测变量的影响可以通过 PSM 控制，然而，农户对外包机械服务的选择还可能受到不可观测因素的影响。处理效应模型能弥补 PSM 的缺陷。该方法基于 Heckman 两步法的思想，首先计算农户购买外包机械服务的概率，然后将其作为自变量引入绿色生产技术采纳方程，以纠正不可观测因素带来的自选择偏差（Maddala，1983）。具体步骤如下。

第一步，使用 Probit 模型构建农户购买外包机械服务的选择模型，由此计算出各样本值的逆米尔斯比率（Inverse Mill's Ratio，IMR），其表达式为：

$$S = P(S_i = 1) = \varphi(\alpha_0 + \alpha_1 Control_i + \alpha_2 Z_i + \theta_i + \varepsilon_i) \tag{8.3}$$

在式（8.3）中，S 是核心自变量外包机械服务，表示农户对外包机械服务的选择；S_i 取值为 1 或 0，表示农户 i 购买或未购买外包机械服务；$Control_i$ 为控制变量，与式（8.1）中的相应变量完全一致；Z_i 为工具变量，这里之所以称其为工具变量，是因为该变量要满足相关性与外生性要求，即与原回归方程中的核心自变量外包机械服务相关，与扰动项不相关；θ_i 用来控制区域固定效应；α_0 为常数项；α_1、α_2 分别为各变量的回归系数；ε_i 为随机扰动项。

第二步，在原回归方程的控制变量中引入式（8.3）估计得到的 IMR，探讨外包机械服务是否有利于农户采纳绿色生产技术，其表达式为：

$$Y = P(Y_i = 1) = \Phi(\beta_0 + \beta_1 Service_i + \beta_2 Control_i + \beta_3 IMR_i + \theta_i + \varepsilon_i) \tag{8.4}$$

在式（8.4）中，只是增加了 IMR_i 及其系数 β_3，其他变量的意义与式（8.1）相同。如果 IMR 的估计系数显著，说明自选择问题不可忽视，应该采用处理效应模型。此时核心自变量 $Service_i$ 的系数 β_1 就是考虑了自选择偏差后的估计结果。

（3）中介效应模型

为验证非农就业和土地经营规模是否在外包机械服务与农户绿色生产行为之间发挥中介作用，本章借鉴 Baron 和 Kenny（1986）提出的逐步回归法，构建如下中介效应模型：

$$P(Y_i = 1) = \Phi(\beta_0 + \beta_1 Service_i + \beta_2 Control_i + \theta_i + \varepsilon_i) \qquad (8.5)$$

$$Mediator_i = \gamma_0 + \gamma_1 Service_i + \gamma_2 Control_i + \theta_i + \mu_i \qquad (8.6)$$

$$P(Y_i = 1) = \Phi(\rho_0 + \rho_1 Service_i + \rho_2 Mediator_i + \rho_3 Control_i + \theta_i + \tau_i) \qquad (8.7)$$

以上式子中，$Mediator_i$ 是中介变量，其他变量含义与式（8.1）相同。在式（8.5）和式（8.7）中，因变量是农户是否开展绿色生产，Probit 模型仍然被用来估计参数。在式（8.6）中，因变量是中介变量。当中介变量为非农就业时，采用 Probit 模型，因为它是一个二分类变量；当中介变量为土地经营规模时，采用普通最小二乘方法，因为它是一个连续变量。

8.3.3 变量选择

（1）因变量

农业绿色生产被普遍认为是一种可持续发展模式，包括少耕或免耕、有机肥和有机农药施用、土壤保护以及废弃物资源利用等多样化生产技术（UNEP，2011）。根据水稻的生产阶段，本章从技术采纳的角度将农户绿色生产行为表征为对少耕免耕技术（产前）、有机肥施用技术（产中）和秸秆还田技术（产后）的采纳。在本章中，少耕免耕技术是指用播种机将种子和肥料置入地里，在满足水稻生长条件的基础上尽量不扰动土壤的耕作技术（仇焕广等，2020）；有机肥施用技术是指施用经过标准化生产的商品有机肥，与传统粪肥相比，此类有机肥养分配比更加合理、更加无害（曾杨梅等，2019）；秸秆还田技术是指在作物收割后将其秸秆直接粉碎还入耕地，以增强土壤肥力（盖豪等，2020）。总的来说，1080 名受访者中有 91.57% 采纳了一种或多种绿色生产技术。而在采纳了绿色生产技术的农户中，秸秆还田技术的采纳率最高，为 72.50%，其次为少耕免耕技术和有机肥施用技术，采纳率分别为 43.48% 和 37.71%。

（2）核心自变量

上述三种绿色生产技术的载体是保护性耕作农机具，因此，本章的外包机械服务是指农业机械装备服务。参考朱建军等（2023）的研究，外包机械服务购买情况以农户在水稻生产过程中是否租赁农业机械来判断。当农户租赁农业机械的支出额不为 0 时，表示购买了外包机械服务，取值为 1；当农户租赁农业机械的支出额为 0 时，表示未购买外包机械服务，取值为 0。

（3）中介变量

为了深入分析外包机械服务对农户绿色生产行为影响的路径，本章借助中介效应模型进行分析，中介变量包括非农就业和土地经营规模。非农就业使用农业劳动力是否从事非农工作来衡量（张梦玲等，2023），土地经营规模使用水稻经营总规模来衡量。

（4）控制变量

为避免因遗漏变量而导致的模型估计偏误，本章引入以下四类控制变量。第一，户主特征，包括户主年龄、性别和受教育年限；第二，家庭特征，包括家庭农业劳动力人数、家庭总收入、是否雇工和是否有农机；第三，农地特征，包括地块数和土壤肥力；第四，绿色认知，包括对绿色生产技术的风险认知和效益认知。此外，考虑到具体的地区措施可能影响农户的绿色生产行为，本章通过设置地区虚拟变量来控制地区效应，以减弱地区因素不统一所造成的回归分析误差。各变量的定义、赋值及描述性统计如表 8.1 所示。

表 8.1　变量定义与描述统计

变量类型	变量名称	定义	平均值	标准差
因变量	少耕免耕技术	是否采纳少耕免耕技术（1＝是；0＝否）	0.40	0.49
	有机肥施用技术	是否采纳有机肥施用技术（1＝是；0＝否）	0.35	0.48
	秸秆还田技术	是否采纳秸秆还田技术（1＝是；0＝否）	0.66	0.47

续表

变量类型	变量名称	定义	平均值	标准差
核心自变量	外包机械服务	水稻生产是否租赁农用机械(1=是;0=否)	0.41	0.49
中介变量	非农就业	农业劳动力是否从事非农工作(1=是;0=否)	0.32	0.47
	土地经营规模	水稻经营总规模(取对数)	1.45	0.93
控制变量	户主年龄	2020年户主年龄	57.71	10.55
	户主性别	户主性别(1=男,0=女)	0.51	0.50
	户主受教育年限	户主实际受教育年限	7.05	3.15
	家庭农业劳动力人数	家庭中从事农业劳动力人数	1.35	1.05
	家庭总收入	家庭总收入(取对数)	10.90	1.22
	是否有农机	家庭是否拥有农业机械(1=是;0=否)	0.50	0.50
	是否雇工	水稻生产是否雇用劳动力(1=是;0=否)	0.08	0.28
	地块数	水稻地块数	13.65	50.79
	土壤肥力	农户对自家农地土壤的质量评价(用1~5来衡量;1=非常不好;5=非常好)	3.19	1.05
	风险认知	是否认为农业绿色生产存在风险(1=是;0=否)	0.41	0.49
	效益认知	是否认为农业绿色生产具有经济效益(1=是;0=否)	0.58	0.49
	地区虚拟变量	以县(市)为单位设置虚拟变量	—	—

8.4 实证分析

8.4.1 基准回归分析

本章应用Stata15.0软件,分别估计外包机械服务对农户三种绿色生产技术采纳行为的影响。模型的估计结果如表8.2所示。从回归1到回归3可以看出,核心自变量外包机械服务均在1%的水平上显著,且系数为正。与未购买外包机械服务的农户相比,购买外包机械服务的农户采纳少耕免耕技术、有机肥施用技术和秸秆还田技术的概率分别增加了 15.3%、9.6% 和 11.8%。联系前文的理论分析，这说明外包机械服务整体上提升了农户的绿色生产实施率，由此验证了 H1。

表 8.2 外包机械服务对农户绿色生产行为影响的回归结果

	回归 1:少耕免耕技术		回归 2:有机肥施用技术		回归 3:秸秆还田技术	
	系数	标准误	系数	标准误	系数	标准误
外包机械服务	0.153***	0.030	0.096***	0.030	0.118***	0.032
户主年龄	0.002	0.002	0.000	0.002	0.005***	0.002
户主性别	-0.052	0.047	0.009	0.045	-0.042	0.046
户主受教育年限	0.001	0.005	0.012**	0.005	0.005	0.005
家庭农业劳动力人数	0.016	0.014	0.034**	0.014	0.021	0.015
家庭总收入	0.006	0.012	-0.016	0.012	0.005	0.012
是否有农机	-0.048	0.030	0.084***	0.029	0.128***	0.030
是否雇工	-0.011	0.050	0.130***	0.048	0.008	0.054
地块数	-0.002*	0.001	0.000	0.000	-0.000	0.000
土壤肥力	0.011	0.014	0.006	0.014	-0.008	0.014
风险认知	-0.062*	0.033	0.001	0.033	-0.009	0.034
效益认知	0.035	0.028	0.034	0.028	0.040	0.029
地区虚拟变量	已控制		已控制		已控制	

注：***、**、* 分别表示估计结果在 1%、5%、10% 的水平上显著；报告结果为边际效应。下同。

8.4.2 稳健性检验

本章在基准回归模型的基础上选用变量替换法进行稳健性检验。参考杨高第等（2020）的研究，本章将核心自变量外包机械服务替换为机械租赁费用占水稻生产总成本的比重，重新进行回归，结果如表8.3所示。机械租赁费用占水稻生产总成本的比重对农户的三种绿色生产技术采纳行为均具有显著正向影响，其他变量的估计结果也和原模型保持一致。由此，可以说明研究得到的结果是稳健的。

表 8.3　替换核心自变量后的估计结果

	回归 4:少耕免耕技术		回归 5:有机肥施用技术		回归 6:秸秆还田技术	
	系数	标准误	系数	标准误	系数	标准误
机械租赁费用占水稻生产总成本的比重	0.433***	0.086	0.182**	0.080	0.307***	0.088
控制变量	已控制		已控制		已控制	
地区虚拟变量	已控制		已控制		已控制	

8.4.3　内生性讨论

（1）倾向得分匹配法

农户对外包机械服务的购买是自选择结果，因此上述讨论存在由自选择偏误导致的内生性问题。为此，本章采用 PSM 以便在一定程度上缓解这一偏误。本章选择 1∶4 近邻匹配、半径匹配和核匹配三种方法进行分析。在匹配结束后，还需要对匹配效果进行诊断。检验结果显示，匹配后，各匹配变量的均值在统计学意义上不存在显著差异，其标准化偏差都小于 10%，通过了平衡性检验。表 8.4 报告了 PSM 的估计结果。结果表示，在避免了样本间可观察到的系统差异后，外包机械服务对农户绿色生产行为具有显著正向影响，能够促进农户的绿色生产行为，这也进一步验证了前文结果的稳健性。

表 8.4　PSM 估计结果

因变量	匹配方法	处理组	对照组	ATT	标准误	T 值
少耕免耕技术	1：4 近邻匹配	0.474	0.355	0.119 ***	0.040	2.97
	半径匹配	0.472	0.366	0.107 ***	0.038	2.77
	核匹配	0.474	0.359	0.115 ***	0.037	3.08
有机肥施用技术	1：4 近邻匹配	0.427	0.323	0.104 ***	0.039	2.71
	半径匹配	0.424	0.325	0.099 ***	0.037	2.66
	核匹配	0.427	0.339	0.088 **	0.036	2.42
秸秆还田技术	1：4 近邻匹配	0.736	0.596	0.140 ***	0.039	3.58
	半径匹配	0.736	0.611	0.126 ***	0.037	3.37
	核匹配	0.736	0.599	0.137 ***	0.036	3.80

（2）处理效应模型

由于 PSM 只控制了可观测因素对估计结果的影响，为了避免不可观测因素的影响，本章采用处理效应模型检验农户购买外包机械服务与其绿色生产行为之间的关系。在农户购买外包机械服务的选择模型中，至少要有一个工具变量不出现在原回归方程中，根据区域层面的汇总数据寻找工具变量被认为是可行的。因此，本章将村级外包机械服务购买率（不包含本户）作为外包机械服务的工具变量。结果显示，在第一阶段的选择方程中，工具变量村级外包机械服务购买率显著为正，说明工具变量的选择是有效的。[①] 表 8.5 显示了第二阶段回归的估计结果。IMR 的系数在回归 7 到回归 9 中均显著，表明基准回归模型中的自选择偏差不能忽视。核心自变量外包机械服务的系数显著为正。与未购买外包机械服务的农户相比，购买外包机械服务的农户采纳三种绿色生产技术的概率分别增加 36.2%、26.6% 和 36.9%。其中，少耕免耕技术的结

[①] 由于篇幅的限制，确定各因素对农户购买外包机械服务的影响并不是本章的重点，所以第一阶段的 Probit 回归结果未报告。

果大约是基准回归结果的 2.4 倍，有机肥施用技术的结果大约是基准回归结果的 2.8 倍，而秸秆还田技术的结果大约是基准回归结果的 3.1 倍。这说明在未考虑自选择偏差的情况下，低估了外包机械服务对农户绿色生产行为的影响。

表 8.5　处理效应模型第二阶段回归的估计结果

	回归 7:少耕免耕技术		回归 8:有机肥施用技术		回归 9:秸秆还田技术	
	系数	标准误	系数	标准误	系数	标准误
外包机械服务	0.362 ***	0.076	0.266 ***	0.069	0.369 ***	0.072
IMR	-0.144 ***	0.048	-0.121 ***	0.045	-0.179 ***	0.047
控制变量	已控制		已控制		已控制	
地区虚拟变量	已控制		已控制		已控制	

8.4.4　影响机制分析

为了深入分析外包机械服务对农户绿色生产行为影响的路径，本章借助中介效应模型进行分析，结果如表 8.6 所示。首先，检验非农就业在外包机械服务对农户绿色生产行为影响中的中介作用。从回归 10、回归 11 和回归 12 中可以看出，非农就业在外包机械服务对农户有机肥施用技术和秸秆还田技术采纳行为影响中的中介效应是存在的，且属于部分中介。这在一定程度上表明，外包机械服务促进了农户的非农就业，带来了家庭收入的提高，从而促进了农户的绿色生产行为，由此验证了 H2。接下来检验土地经营规模在外包机械服务对农户绿色生产行为影响中的中介作用。回归 13 表明，外包机械服务有利于土地经营规模的扩大。回归 14 表明，在控制了外包机械服务变量的影响后，土地经营规模这个中介变量依然对农户的三种绿色生产技术采纳行为具有显著促进作用。因此可以得出，在外包机械服务对农户绿色生产行为的影响中，存在土地经营规模的部分中介作用，由此验证了 H3。

表 8.6　非农就业和土地经营规模在外包机械服务对农户
绿色生产行为影响中的中介作用

	回归 10：绿色生产行为	回归 11：非农就业	回归 12：绿色生产行为	回归 13：土地经营规模	回归 14：绿色生产行为
A. 少耕免耕技术					
外包机械服务	0.153 ***	0.063 **	0.155 ***	0.291 ***	0.145 ***
	(0.030)	(0.028)	(0.030)	(0.049)	(0.031)
中介变量			−0.038		0.035 *
			(0.033)		(0.020)
B. 有机肥施用技术					
外包机械服务	0.096 ***	0.063 **	0.090 ***	0.291 ***	0.075 **
	(0.030)	(0.028)	(0.030)	(0.049)	(0.030)
中介变量			0.075 **		0.072 ***
			(0.032)		(0.018)
C. 秸秆还田技术					
外包机械服务	0.118 ***	0.063 **	0.113 ***	0.291 ***	0.107 ***
	(0.032)	(0.028)	(0.032)	(0.049)	(0.032)
中介变量			0.086 **		0.038 *
			(0.034)		(0.020)
控制变量	已控制	已控制	已控制	已控制	已控制
地区虚拟变量	已控制	已控制	已控制	已控制	已控制

8.4.5　扩展性分析

前文分析已经证实，外包机械服务有助于农户绿色生产行为的发生。但该结论只是全样本的平均效应，需要进一步探究外包机械服务对农户绿色生产行为影响的群体异质性。接下来，将从年龄、性别和是否有农机三个方面对农户群体进行分组，以期得到更为深入的研究结论。其中，在年龄方面，将户主年龄在 60 岁及以上的样本划分为老年组，剩余样本为中青年组；在性别方面，根据户主性别将样本划分为男性组和女性组；在是否有农机方面，根据家庭是否拥有农业机械将样本划分为两组。表 8.7 显示了分样本回归结果。

（1）按年龄分组

从回归 15 和回归 16 中可以看出，无论是中青年组还是老年组，外包机械服务对农户绿色生产行为都存在显著正向影响，但外包机械服务对老年组绿色生产行为的影响要比中青年组更为明显，尤其是就产前环节的少耕免耕技术而言，购买外包机械服务会使老年组采纳少耕免耕技术的概率显著提升 24.8%，而对于中青年组而言，这一提升幅度仅为 9.7%。对这一结果相对合理的解释是，农业生产对劳动力的体能要求较高，而老年组往往劳动能力、精力都有所减退，购买外包机械服务可以减轻其劳动负担。因此，购买外包机械服务对其绿色生产行为的影响更大。

（2）按性别分组

回归 17 和回归 18 显示了样本按性别分组的回归结果。可以看出，在男性样本中，外包机械服务对绿色生产行为不存在显著影响。而在女性样本中，外包机械服务对三种绿色生产技术采纳行为都具有显著正向影响，提升幅度分别为 21.2%、10.8% 和 22.2%。可能的解释在于，相比于男性，女性劳动力在农业生产过程中往往存在劳动体力不足的问题，通过购买外包机械服务可以弥补劳动力不足，以此来避免对农业生产造成不利影响。同时，女性劳动力会更倾向于采纳农业技术来克服自身缺陷，从而提高农业生产效率（向云等，2018）。而男性劳动力往往有更多的非农就业机会，对农业生产的关注度可能并没有女性劳动力高。因此，购买外包机械服务对绿色生产行为的影响在女性样本中显著。

（3）按是否有农机分组

回归 19 和回归 20 的结果表明，对于没有农机的家庭，购买外包机械服务能显著促进其开展绿色生产。而对于有农机的家庭，外包机械服务只对少耕免耕技术采纳行为有显著正向影响，并且影响的系数小于没有农机的家庭。可能的原因在于以下两方面。一方面，在中国存在大量小农的背景下，直接购买农业机械往往不划算，购买外包机械服务成为农户的理性选择。而绿色生产技术的采纳往往需要投入较多的资金，外包机械服务节省了农户自购农机的大量费用。因此，农户可以投入更多的资金在生产技术上，以提高农业生产效率。另一方面，有农机的家庭可以依靠家庭拥有的农机完成部分生产过程，但可能仍有环节需要外包机械服务。因此，外包机械服务可能在一定程度上促进其绿色生产行为的发生。

表 8.7　外包机械服务对农户绿色生产行为影响的分样本回归结果

	按年龄分组		按性别分组		按是否有农机分组	
	回归 15：中青年组	回归 16：老年组	回归 17：男性	回归 18：女性	回归 19：有	回归 20：没有
A. 少耕免耕技术						
外包机械服务	0.097 **	0.248 ***	0.043	0.212 ***	0.085 *	0.181 ***
B. 有机肥施用技术						
外包机械服务	0.095 **	0.096 **	0.061	0.108 **	0.022	0.120 ***
C. 秸秆还田技术						
外包机械服务	0.087 **	0.153 ***	0.010	0.222 ***	0.059	0.172 ***
控制变量	已控制	已控制	已控制	已控制	已控制	已控制
地区虚拟变量	已控制	已控制	已控制	已控制	已控制	已控制
样本量	622	458	556	524	543	537

8.5　小结

本章利用四川省水稻种植户调查数据，选取水稻产前、产中、产后三个环节中具有代表性的三项绿色生产技术，实证分析了外包机械服务对农户绿色生产行为的影响及作用路径。研究发现，外包机械服务显著促进了水稻种植户的绿色生产行为。在替换核心变量后，结论仍然具有稳健性。考虑到可能存在的自选择偏误导致的内生性问题，进一步采用 PSM 和处理效应模型进行分析。结果显示，外包机械服务对农户绿色生产行为仍然具有显著正向影响。进一步的机制分析发现，外包机械服务主要通过非农就业和土地经营规模的中介作用进一步促进农户的绿色生产行为。分组回归结果表明，相比于中青年稻农，购买外包机械服务对老年稻农绿色生产行为的影响更为明显。同时，在女性稻农中，外包机械服务对绿色生产行为具有显著的正向影响，而在男性稻农中，这一影响不显著。此外，家庭没有农机的稻农更倾向于购买外包机械服务以节省购置农机的费用，从而投入更多资金在绿色生产上。

外包机械服务作为小农户实现农业机械化和现代化发展的重要方式，在未来的重要性将逐渐提升。基于本章的结论，可得到以下政策启示。第一，鉴于外包机械服务对绿色生产行为的促进作用，应进一步推进外包机械服务的发展。一方面，加大对外包机械服务提供者的援助和支持，积极推进其服务能力建设；另一方面，鼓励外包机械服务提供者在提供服务的同时，积极宣传推广有机肥施用、秸秆还田等绿色生产技术，发挥其对农户的引导和教育作用。第二，外包机械服务可以促进农业劳动力的非农就业，通过劳动力替代效应对绿色生产行为产生影响。因此，应进一步完善劳动力的就业环境，保障非农就业的稳定性，通过非农收入增加带动家庭总收入的增加，从而提高农户对绿色生产技术的支付能力。同时，还应强化外包机械服务对农业生产的增收效应，诱导农户对外包机械服务的持续需求。第三，外包机械服务可以促进土地经营规模的扩大，进而促进农户开展绿色生产，故应进一步推动外包机械服务与适度规模经营相适应。一方面，鼓励农户开展区域连片种植，扩大外包机械服务的市场容量，促进分工以实现规模经济；另一方面，充分发挥外包机械服务的比较成本优势，帮助农户节省生产成本与交易成本以提高其生产经营能力。

第9章 农业分工与绿色
生产技术采纳

9.1 问题提出

化肥是农业生产活动中重要的生产要素之一，适量和科学的投入对提高作物产量有显著影响（Liu et al.，2015；Liu et al.，2021）。化肥对中国粮食增产的贡献率达 40% 以上（张利庠等，2008；Qian et al.，2016），为解决世界粮食安全问题做出了巨大贡献。2021 年，化肥利用及管理已被纳入衡量粮食和农业可持续发展目标的 25 项核心指标当中（FAO，2021）。然而，中国化肥过量、低效率施用现象广泛存在，造成土地退化和面源环境污染等问题（Wu et al.，2018）。据联合国粮农组织公布的数据，2019 年中国化肥施用量为 4753.34 万吨，约占世界总量的 1/4，是化肥施用量最大的国家。据农业农村部统计，2015 年中国平均化肥施用量为每亩 21.9 千克，远超世界每亩 8 千克的平均水平。在此背景下，中国政府高度重视化肥过量和低效施用问题，2015 年农业部颁布《到 2020 年化肥使用量零增长行动方案》和《全国农业可持续发展规划（2015~2030 年）》，2016~2021 年连续 6 年中央一号文件都在强调化肥减量增效、促进农业可持续发展的重要性。这些政策的实施对于推进化肥减量施用取得了一定效果（Van Wesenbeeck et al.，2021），然而，化肥减量施用仍面临挑战。据统计，截至 2020 年底，中国三大粮食作物化肥利用率为 40.2%，比 2015 年仅提高 5 个百分点

（中华人民共和国农业农村部，2021）。化肥减量施用成为推进农业绿色高质量发展的重要任务。

作为农业生产活动中化肥减量施用的主体，农户的化肥减量施用行为及其驱动机制一直是学界和政界关注的热点。从已有研究来看，学界关于农户化肥减量施用的研究主要集中在以下三方面。一是关注农户自身，主要关注农民个体或家庭整体特征对其化肥减量施用的影响。比如，Yang 等（2020）利用湖北省农户调查数据发现，社会资本对农户增加有机肥施用有显著正向影响；Qiao 和 Huang（2021）利用中国棉花种植户调查数据发现，当化肥使用弹性和预期效果较高时，规避风险的农民会比承担风险的农民施用更多的肥料。二是关注生产客体，主要集中在土地这一载体对化肥减量施用的影响。比如，Lu 和 Xie（2018）利用中国江苏省农户调研数据发现，土地使用权转移对化肥减量施用有正向影响；Wu 等（2021）基于中国北方小麦种植户调查数据发现，规模经营对化肥减量施用具有积极作用。三是关注外部环境或政策对化肥减量施用的影响。比如，Guo 等（2021）利用农业农村部农村经济研究中心 2014~2018 年全国调查数据发现，实施农业补贴有助于化肥减量施用；朱建军等（2023）基于 CRHPS 数据发现，外包机械服务有助于农户对化肥减量施用技术的采纳。

以上研究为本章奠定了基础，然而，尽管学界围绕农户化肥减量施用的影响因素开展了大量研究，但少有研究从农业分工视角切入，关注农业分工对农户化肥减量施用的影响。分工理论起源于亚当·斯密的《国富论》，其肯定了分工与专业化对经济增长的作用。在古典经济学中，规模经济的本质在于分工与专业化，内生于分工经济（罗必良，2017）。农业领域由于具有自身特性，分工存在天然的内生性障碍。"舒尔茨假说"认为农业变革旧要素或投入新要素是外生的。到了新古典经济学中，Marshall（2009）在《经济学原理》一书中探讨了规模经济、报酬递增与组织的分工效应，Youno（1928）进一步指出分工水平的高低才是经济增长的决定力量。然而，上述传统的分工理论局限于工业，对农业分工的研究非常有限。主流思想认为，与工业相比，农业生产的季节性、周期性和不可剥离性限制了分工，并会产生较高费用，农业只能通过工业机械提高专业化水平，迂回获得农业分工经济。然而，也有学者认为这种对农业分工的解释是不彻底的，过度强调农业的特殊性，普遍忽视农业分工问题（罗必良，2008）；忽略了在开放市场条件下，技术进步、劳动力替代与成本替代等对生产效益的贡献，这与现代农业当前的发展状况不相符（张露、罗必良，2018）。随着小农卷入分工经济，带来的效率已远高于传统农业效率，农业分工成为农业增长的重要源泉和动力（Zhang et al.，2017）。然而，也有学者持相反的意见，他们认为农业分工虽带来了短期经济和效率的提升，但同时专业化、单一化和规模化的农业生产破坏了环境，可持续和生态农业发展要求的本质是逆分工（严火其，2019）。总体而言，学界关于农业分工对化肥减量施用的影响多集中在理论层面的探讨（梁志会等，2020），少有实证研究关注或回答农业分工是否会对农户的化肥减量施用产生影响，如果会产生影响，那么会产生多大的影响？

9.2　理论分析与研究假设

以舒尔茨为代表的理性小农学派提出的利润最大化理论认为，农户在进行资源配置和生产要素投入时，会利用所掌握的各种资源对成本和收益进行比较后做出最佳选择。一直以来，化肥等要素投入都是农业生产成本的一个重要部分（Wu et al.，2019），其投入成本占种植总成本的 20%~30%，甚至更多（Huang et al.，2008）。有研究表明，不考虑外部环境成本，单纯从经济意义上来看，当前化肥的施用成本已超过其可带来的产出收益（Sidemo-Holm et al.，2018）。农户作为理性"经济人"，追求利润最大化和风险最小化，其会不断增加化肥投入，以减少经济损失（吕杰等，2021）。但这会造成化肥过量施用而达不到经济最优，长此以往会形成恶性循环。因此，如何高效、减量施用化肥以实现规模经济成为保障粮食生产亟须解决的问题。

农业分工所带来的规模报酬递增主要表现在两方面：一方面，作为经营主体的农户的专业化程度提升；另一方面，不同个体或产业之间相互协调、合作，延长了生产链条，提高了生产效率（张露、罗必良，2018）。农业分工具体可以体现为横向和纵向两个层面。其中，农业横向分工是指根据自然禀赋进行的专业化种植；农业纵向分工是指在生产环节因不同生产主体和要素投入的生产效率差异而形成的专业化生产和分工，表现为生产服务外包（Zhang et al.，2017）。专业化和服务化经营已成为农业分工深化的重要表现形式（胡新艳等，2016），农业分工会带来生产效率的提高、生产成本的降低及技术和组织的创新（Jiang et al.，2019）。

就农业横向分工而言，对劳动力的使用被用来衡量农业横向分工的专业化程度（邹宝玲、钟文晶，2014）。一方面，随着农村劳动力的转移，农户倾向于减少施肥的频率，并增加每次的施肥量，以降低劳动力短缺的不利影响（Chang and Mishra，2012）；另一方面，农户会根据投入要素的相对价格调整生产，同样倾向于选择减少劳动力而更多地投入化肥（Feng et al.，2010）。同时，随着农业领域分工的深化，投入中间品的成本降低也在不断排斥传统劳动（何一鸣等，2020）。非农收入的提高减少了农业生产的资金限制，使得农户有能力施用更多的化肥（Ebenstein，2012）。农业收入结构反映了家庭兼业情况，会影响农业生产的专业化水平，进而影响分工（钱忠好，2008）。兼业程度更高的农户更厌恶风险，会为了短期利益投入更多的化肥（邹杰玲等，2018；Zheng et al.，2020）。因此，需要对要素投入结构进行调整，用机械替代人工，以此提升专业化水平，节约原有的要素投入，获得规模经济效益，最终实现化肥减量施用。

就农业纵向分工而言，有学者发现在当今生产要素服务市场开放的条件下，社会化分工与生产性服务外包能够产生服务规模经济（胡新艳等，2016）。具体而言，农业分工主要受限于交易成本，而中间的社会化服务组织能够节约交易成本（何一鸣等，2020）。农业生产过程中各环节的分工不仅提高了生产效率，还降低了运营成本（Zhang et al.，2017）。而技术、机械等现代要素对传统要素的替代，实现了农业效益的提升（Cai et al.，2021）。土地规模的扩大、土地肥力的增强、灌溉条件的改善能显著提升农业纵向分工水平，也会影响农户的化肥施用量（朱建军等，2023）。社会化服务提高了农业分工程度，同时农业分工深化也促进了社会化服务的发展。随着农村非农就业的增加，农村剩余劳动力数量减少，助推了社会化服务发展，又进一步提高了农业分工水平（Dan and Zhenlin，2020）。因此，需从外部引入新要素进行替代和创新，从而提高生产效率，并促进化肥减量施用。

基于以上分析，本章提出以下研究假说。

H1：农业横向分工与纵向分工对农户的化肥减量施用行为具有显著积极影响。

H2：农业横向分工通过提升内部专业化水平促进农户的化肥减量施用行为。

H3：农业纵向分工通过引入外部社会化服务促进农户的化肥减量施用行为。

9.3　数据来源、模型构建与变量选择

9.3.1　数据来源

本章研究数据来源于课题组 2021 年 7～10 月对四川省水稻主产区农户的微观问卷调查。国家统计局数据显示，2020 年四川省农用化肥施用折纯量为 210.82 万吨，是化肥消费大省。本次调研内容包括水稻种植户的个人及家庭特征、土地情况、绿色生产技术采纳和社会化服务等方面。抽样具体实施步骤如下：首先，综合考虑经济发展水平，将四川省 183 个县（市、区）分为 3 组，从每组中随机选取 1 个县（市、

区）作为样本县（市、区），得到夹江县、岳池县和高县 3 个样本县；其次，根据样本县内经济发展水平差异和距离县政府中心的远近程度，将样本县内的乡镇分为 3 组，从每组中随机抽取 1 个乡镇；再次，根据类似的抽样标准从每个乡镇中随机抽取 3 个村，得到 27 个样本村；最后，从每个村随机抽取 20 户农户，最终共得到 540 份有效农户样本数据。

9.3.2 模型构建

（1）测度农户化肥减量施用行为的生产函数模型

为测度农户是否采纳化肥减量施用的行为，建立柯布－道格拉斯生产函数，以水稻产值（*yield*）为因变量，将水稻生产活动中所需的基本生产要素，包括种子投入（*seed*）、机械投入（*machine*）、化肥投入（*fertilizer*）和农药投入（*pesticide*）作为自变量，构建如下计量模型：

$$\ln(yield) = \beta_0 + \beta_1 \ln(seed) + \beta_2 \ln(machine) + \beta_3 \ln(fertilizer) + \beta_4 \ln(pesticide) + \varepsilon$$

$$(9.1)$$

其中，β_0 为常数项，β_1、β_2、β_3、β_4 为回归系数，ε 为随机干扰项。

根据利润最大化原则，农户获得最大收益的条件是边际收益等于边际成本，即：

$$\frac{\partial yield}{\partial fertilizer} = \frac{Pfertilizer}{Pyield}$$

$$(9.2)$$

通过式（9.1）和式（9.2）可以得到农户化肥的最佳投入值：

$$F_{optimal} \frac{\beta_3 \times yield \times Pfertilizer}{Pyield}$$

$$(9.3)$$

由此判断农户化肥施用是否过量，可以将水稻生产活动中的边际产出与边际投入之比与 1 相比较。如果边际产出与边际投入之比大于 1，说明化肥施用具有经济效益；如果边际产出与边际投入之比小于 1，说明化肥施用不具有经济效益，已经投入过量。

（2）农户化肥减量施用行为的影响因素模型

由于研究的因变量化肥减量施用是二分类变量，故选择二元 Probit 模型探究农业分工对农户化肥减量施用行为的影响，构建模型如下：

$$Y = \ln(\frac{P_i}{1-P_i}) = \alpha_0 + \beta_1 X_1 + \beta_2 X_2 + \cdots + \beta_i X_i + \varepsilon \tag{9.4}$$

其中，P_i 为农户减量施用化肥的概率；α_0 为常数项；$X_1 \cdots X_i$ 为自变量；$\beta_1 \cdots \cdots \beta_i$ 为回归系数；ε 为随机干扰项。

9.3.3 变量选择

（1）因变量

化肥减量施用是本章的因变量，该变量反映农户在生产过程中对化肥的经济投入行为是否达到最优。参考 Qiao 和 Huang（2021）的做法，利用柯布-道格拉斯生产函数判断化肥是否减量施用，并对结果进行赋值，"是"赋值为 1，"否"赋值为 0。

（2）核心自变量

①横向分工。横向分工表现为水稻种植的专业化程度，本章用水稻种植面积连片化程度来衡量横向分工程度。具体用赫芬达尔-赫希曼集中指数（*HHI*）进行度量（Qin and Zhang, 2016）。其数学表达式如下：

$$HHI = \sum_{i=1}^{n} (\frac{S_{ij}}{X_j})^2 \tag{9.5}$$

其中，S_{ij} 表示农户 i 的第 j 种作物的总种植面积，X_j 表示农户 j 的水稻总种植面积。*HHI* 是一个介于 0 与 1 之间的数，其数值越高表明农户种植专业化程度越高。

②纵向分工。纵向分工表现为在产前、产中和产后各环节部分或全部采纳的社会化服务（Zhang et al., 2017），本章用农户是否购买社会

化服务来衡量纵向分工程度，"是"赋值为1，"否"赋值为0。

（3）控制变量

为尽可能减少遗漏变量对农户化肥减量施用行为的影响，本章选取以下三类控制变量：①个人特征，包括户主性别、年龄、受教育年限；②家庭特征，包括家庭劳动力数量、农业收入比重；③土地特征，包括地块数量、平均地块规模、土壤肥力、水利条件等。

各变量的定义及其描述性统计结果如表9.1所示。

表9.1　变量定义及其描述性统计

变量类型		变量名称	含义	均值	标准差
投入-产出变量		水稻产值	水稻产值（元/亩）	899.00	579.80
		种子投入	种子投入（元/亩）	58.28	53.92
		机械投入	机械投入（元/亩）	76.27	107.60
		化肥投入	化肥投入（元/亩）	118.80	148.60
		农药投入	农药投入（元/亩）	50.33	83.01
因变量		化肥减量施用	化肥是否减量施用（1=是；0=否）	0.49	0.50
核心自变量		横向分工	赫芬达尔-赫希曼集中指数	0.51	0.40
		纵向分工	是否购买社会化服务（1=是；0=否）	0.69	0.46
控制变量	个人特征变量	户主性别	户主性别（1=男；0=女）	0.11	0.31
		户主年龄	户主年龄（岁）	58.93	11.02
		户主受教育年限	户主受教育年限（年）	6.75	3.17
	家庭特征变量	家庭劳动力数量	家庭劳动力数量（人）	2.63	1.45
		农业收入比重	农业收入占总收入的比重（%）	41.37	33.14
	土地特征变量	地块数量	地块数量（块）	14.40	46.76
		非方形地块数量	非方形地块数量（块）	11.03	43.36
		平均地块规模	平均地块规模（亩）	0.46	0.60
		土壤肥力	土壤肥力（用1~5衡量，1=非常差，5=非常好）	3.05	1.07
		水利条件	水利基础设施条件（用1~5衡量，1=非常差，5=非常好）	3.14	1.40
		水土流失程度	水土流失程度（用1~5衡量，1=很严重，5=不严重）	2.42	1.18
		土地与家的距离	您家到您正在耕种的最近土地距离（米）	210.20	362.70

9.4　实证分析

9.4.1　农户化肥减量施用行为测算

表 9.2 柯布-道格拉斯生产函数的估计结果表明，化肥投入对水稻产值具有显著的正向影响，在 1% 的水平上显著，其生产弹性为 0.375，即在化肥最优施用量下，化肥投入每增加 1%，水稻产值增加 0.375%。此外，种子、机械和农药投入均对水稻产值有显著的正向影响。

表 9.2　柯布-道格拉斯生产函数回归结果（取对数）

变量	水稻产量
种子投入	0.923 ***
	（0.045）
机械投入	0.112 ***
	（0.016）
化肥投入	0.375 ***
	（0.036）
农药投入	0.156 ***
	（0.039）
常数项	0.435 ***
	（0.077）
R^2	0.913
N	540

注：***、**、* 分别代表在 1%、5%、10% 的统计水平上显著。

9.4.2　农业分工对农户化肥减量施用行为的影响

表 9.3 是农业分工对农户化肥减量施用行为影响的估计结果。其中，模型（1）和（3）为未控制地区虚拟变量的估计结果，模型（2）和模型（4）为控制了地区虚拟变量的估计结果。结果显示，模型估计

结果具有稳健性。为便于解释，表中展示的是模型的边际效应结果。

农业横向分工和纵向分工均能够促进稻农的化肥减量施用行为，分别在 5%、1% 的水平上显著。可见，随着农业横向、纵向分工的深入，农户会更倾向于减少化肥施用量。由此，印证了前文提出的 H1。

就家庭特征而言，家庭劳动力数量和农业收入比重对化肥减量施用行为存在显著负向影响，表明生产要素结构越不科学，农户的化肥施用量可能越多，这与 Lu 和 Xie（2018）的结论相同。可能的原因是，劳动力越多的家庭经济压力越大，规避风险意识越强，越倾向于施用更多化肥以避免产量损失（吕杰等，2021），而家庭农业收入比重越高的农户越信任自己的生产方式能够带来高收益，越不愿减少常规的化肥施用量（Ebenstein，2012）。因此，要对传统要素投入结构进行调整，通过提升内部专业化水平促进农户的化肥减量施用行为，由此印证了前文提出的 H2。就土地特征而言，非方形地地块数量和平均地块规模均在 1% 上的水平上显著，表明土地特征要素的优化对化肥减量施用行为存在显著影响，非方形地地块数量越多、平均土地规模越大，越能有效减少化肥施用。这与 Wu 等（2021）的结论一致。土地特征显著影响农民对外包机械服务的购买，但不会直接影响化肥投入，而是通过农业社会化服务的可获得性和价格间接影响农民的化肥投入。由此，印证了前文提出的 H3。就农户个体特征而言，户主性别和受教育年限对化肥减量施用行为的影响均不显著。

表 9.3　农业分工对农户化肥减量施用行为影响的估计结果

变量	模型（1）	模型（2）	模型（3）	模型（4）
横向分工	0.200 ** (0.080)	0.172 ** (0.082)		
纵向分工			0.173 *** (0.043)	0.191 *** (0.045)
户主性别	-0.041 (0.066)	-0.042 (0.067)	-0.040 (0.065)	-0.042 (0.066)

续表

变量	模型（1）	模型（2）	模型（3）	模型（4）
户主年龄	0.003*	0.004**	0.002	0.004*
	（0.002）	（0.002）	（0.002）	（0.002）
户主受教育年限	0.005	0.005	0.005	0.005
	（0.007）	（0.007）	（0.007）	（0.007）
家庭劳动力数量	−0.009***	−0.009***	−0.010***	−0.010***
	（0.003）	（0.003）	（0.003）	（0.003）
农业收入比重	−0.157***	−0.155***	−0.163***	−0.161***
	（0.030）	（0.030）	（0.031）	（0.030）
地块数量	−0.004	−0.004	−0.008	−0.010
	（0.016）	（0.016）	（0.016）	（0.016）
非方形地地块数量	0.003***	0.004***	0.004***	0.004***
	（0.001）	（0.001）	（0.001）	（0.001）
平均地块规模	0.002***	0.002***	0.002***	0.002***
	（0.001）	（0.001）	（0.001）	（0.001）
土壤肥力	0.006	0.004	0.006	0.002
	（0.021）	（0.021）	（0.020）	（0.020）
水利条件	−0.001	0.002	0.006	0.010
	（0.016）	（0.016）	（0.016）	（0.016）
水土流失程度	0.014	0.021	0.012	0.018
	（0.018）	（0.019）	（0.017）	（0.018）
土地离家距离	−0.000	−0.000	−0.000	−0.000
	（0.000）	（0.000）	（0.000）	（0.000）
地区虚拟变量	未控制	控制	未控制	控制
R^2	0.1296	0.1337	0.1407	0.1492
N	540	540	540	540

注：***、**、*分别代表在1%、5%、10%的统计水平上显著。

9.4.3　稳健性检验

（1）关键变量的测量问题

本章在基准模型的基础上进行稳健性检验，结果见表9.4。一是采用替换模型进行回归，即将前文使用的 Probit 模型变为 Logit 模型，模型（1）和（2）分别展示了横向分工、纵向分工的回归结果。由回归结果对比可知，替代模型的结果与原模型的结果在趋势上保持一致，仅存在系数上的差异，这表明本研究的结果是稳健的。二是采用替换核心自变量的方法进行稳健性检验。对于横向分工，采用社会化服务购买意愿作为替代变量，社会化服务购买意愿越强的农户越容易减少化肥施用（杜为研等，2021）。模型（3）的回归结果表明，社会化服务购买意愿对化肥减量施用具有显著正向影响，与前文的结论保持一致。对于纵向分工，参考梁志会等（2020）的做法，用亩均外包服务费用作为替代变量，该变量既反映了农户是否参与纵向分工，又反映出其参与的程度，农民愿意购买的程度反映了对社会化服务的需求程度，这将影响他们的农业分工方式，从而导致化肥减量施用。模型（4）的回归结果表明，亩均外包服务费用对化肥减量施用具有显著正向影响，其估计结果同样验证了前文的结论。同时，上述检验也进一步印证了农户参与农业横向和纵向分工的程度越深，越可能减量施用化肥。

表 9.4　稳健性检验结果

变量	模型（1）	模型（2）	模型（3）	模型（4）
横向分工	0.172 ** （0.081）			
纵向分工		0.191 *** （0.045）		
社会化服务 购买意愿			0.185 *** （0.047）	
亩均外包 服务费用				0.004 *** （0.001）
控制变量	已控制	已控制	已控制	已控制
地区虚拟变量	已控制	已控制	已控制	已控制
R^2	0.1333	0.1492	0.1465	0.1667
N	540	540	540	540

注：***、**、*分别代表在1%、5%、10%的统计水平上显著。

（2）内生性检验

测量误差、变量遗漏、逆向因果关系等可能导致模型的内生性，为核心自变量寻找恰当的工具变量，是缓解内生性问题的有效方法。考虑到化肥减量施用这一内生变量是二分类变量而非连续变量，故借鉴邹杰玲等（2018）的做法，采用条件混合过程（CMP）方法来估计，CMP 方法的估计结果优于只适用于内生变量为连续变量的 IV-Probit 模型的估计结果。

工具变量的选择，需要满足以下两个基本条件：工具变量需与内生变量（横向分工与纵向分工）高度相关，但又不直接影响因变量（化肥减量施用）。因此，本节选择机械服务费用作为横向分工的工具变量。一方面，采纳机械服务的前提是实现连片化和规模化种植，专业化的机械服务又与规模化的土地相匹配（Wu et al.，2021）；另一方面，机械服务费用的大小也反映了专业化程度，但机械服务费用本身不直接影响化肥减量施用。类似地，本节将地形作为纵向分工的工具变量，地形条件的限制会显著影响社会化服务外包方式（陈江华等，2019），但是不会直接影响农户的化肥减量施用行为，而是通过社会化服务的可获得性和价格等因素间接影响。

表 9.5 报告了工具变量的估计结果。atanhrho_12 代表 CMP 方法两阶段回归模型的残差相关性，其系数均显著且不为 0，说明模型存在内生性，检验具有必要性。模型（1）和（3）的第一阶段估计结果表明，工具变量与内生自变量高度相关，分别在 1%、10% 的水平上显著，满足工具变量的相关性假设。因此，选取的工具变量是有效的，估计结果是可信的。

表 9.5　工具变量的估计结果

变量	模型（1）	模型（2）	模型（3）	模型（4）
横向分工		2.659 *** （0.332）		
纵向分工				2.036 *** （0.674）
机械服务费用	0.036 *** （0.006）			

续表

变量	模型（1）	模型（2）	模型（3）	模型（4）
地形			0.093* (0.048)	
控制变量	已控制	已控制	已控制	已控制
地区虚拟变量	已控制	已控制	已控制	已控制
lnsig_2	−1.248*** (0.030)		−0.886*** (0.030)	
atanhrho_12	−0.911*** (0.205)		−0.807* (0.628)	
N	540	540	540	540

注：***、**、*分别代表在1%、5%、10%的统计水平上显著。

模型（2）和（4）的估计结果表明，横向分工、纵向分工对农户的化肥减量施用行为存在显著正向影响，能够有效促进农户减量施用化肥。具体而言，横向分工、纵向分工均在1%的统计水平上显著，其系数分别为2.659和2.036。实证结果与前文结论一致。

9.4.4 机制分析

为进一步验证前文结论，本节在要素结构和土地特征的约束条件下，将横向分工与家庭劳动力数量和农业收入比重进行交互，由此考察横向分工与生产要素结构对化肥减量施用的影响，将纵向分工与地块数量和水利条件进行交互，由此考察纵向分工与土地特征对化肥减量施用的影响，结果如表9.6所示。

横向分工的系数均为正且分别在5%和1%水平上显著，表明横向分工与生产要素结构的调整实现了生产要素的节流，提高了农户的化肥利用效率，促进了化肥减量施用。纵向分工的系数分别在1%和10%水平上显著为正，说明社会化服务的引入提高了化肥实际利用率，促进了化肥减量施用。同样，模型的估计结果支持了前文的结论。

表 9.6 农业分工对化肥减量施用的调节效应

变量	模型(1)	模型(2)	模型(3)	模型(4)
横向分工	0.345 **	0.358 ***		
	(0.143)	(0.099)		
纵向分工			0.290 ***	0.234 *
			(0.064)	(0.119)
横向分工与家庭劳动力数量交互项	-0.063			
	(0.041)			
横向分工与农业收入比重交互项		0.006 ***		
		(0.001)		
纵向分工与地块数量交互项			-0.008 **	
			(0.004)	
纵向分工与水利条件交互项				-0.013
				(0.033)
控制变量	已控制	已控制	已控制	已控制
地区虚拟变量	已控制	已控制	已控制	已控制
R^2	0.1296	0.1337	0.1407	0.1492
N	540	540	540	540

注: *** 、 ** 、 * 分别代表在 1%、5%、10% 的统计水平上显著。

9.5 小结

本章基于 2020 年中国四川省水稻主产区 540 份农户微观调研数据，实证分析了农业分工对化肥减量施用的影响。结果发现：农业横向分工和纵向分工均能够显著促进化肥减量施用，在替换模型、替换核心自变量后，结论仍然具有稳健性。本章采用 CMP 方法处理了模型可能存在的内生性问题后，结果依然稳健。进一步的机制分析发现，农业横向分工是由农村劳动力转移引起的内部劳动力结构和种植结构的变化，提高了专业化程度，从而降低了化肥的边际投入；而农业纵向分工表现为农户引入外部社会化服务，改善了土地条件，由此促进了化肥减量施用。

化肥减量施用是实现农业可持续发展的关键，如何更好地推进农户的化肥减量施用是目前农业生产领域重点关注的问题。基于以上的分析和结论，得到以下几点政策启示。第一，鼓励农户参与横向分工和纵向分工。例如，鼓励农户参与专业合作社等组织，促进农户之间的分工合作，进行规模化生产，并优化产品结构，从而减少化肥施用。再如，政府通过引进农业科技成果和服务、组织技术培训、提供技术咨询等方式，加强对农民的技术指导，推广绿色生产模式。第二，不断提升农业生产的专业化程度，对劳动力结构和种植结构进行调整。进一步完善农民外出务工环境，降低非农就业的风险，保障其收入的稳定性。此外，还要合理布局农业种植结构，发挥专业化生产降低生产交易费用的优势，提高农民的经济收入，以提高其对绿色生产技术的支付能力，最终实现化肥减量施用。第三，进一步推动农业社会化服务市场的发展。一方面，鼓励农户购买外包服务，扩大外包机械服务的市场需求，同时健全农业社会化服务体系，培育和壮大市场上提供专业农技服务的企业，保障服务供给和质量，推动农业纵向分工不断深化；另一方面，加强化肥施用技术的研发和推广，积极对新型绿色生产技术进行宣传，发挥对农户的指导和教育作用，增加新要素投入，改变原有不科学的生产方式，实现化肥减量施用。

第四篇　劳动力市场的发育与绿色生产技术采纳

第 10 章　务工区位与绿色
生产技术采纳

10.1　问题提出

"万物土中生"，土地对保障粮食安全和增加农民收入具有重要意义。化肥是土地的"粮食"，因此科学用肥以促进土地的可持续利用至关重要（张露、罗必良，2020）。化肥的广泛施用有效保障了国家的粮食安全。然而，《2020 中国生态环境状况公报》显示，化肥等农业化学物品造成了严重的农业面源污染。据统计，中国农作物的化肥施用量为 328.5 千克/公顷，远高于世界平均水平（120 千克/公顷），也远远超出经济意义上的最优用量（Guo et al.，2022）。因此，推进化肥减量施用对农业可持续发展至关重要。如何在确保粮食安全的前提下，实现农业绿色可持续发展是我国农业发展面临的重大挑战。

关于如何进一步推进农户的绿色生产技术采纳行为，促进化肥减量施用，学界进行了有益的探索。已有文献认为，绿色生产技术采纳行为是多种因素综合驱动的结果，主要包括家庭资源禀赋（杨万江、李琪，2017）、政府政策和市场环境（李芬妮等，2019）、要素流动性（张露、罗必良，2020；邹伟等，2020）、技术属性与节本增收效益等（梁志会等，2020）。其中，劳动力析出作为要素流动的直接体现，被众多学者视为农户绿色生产技术采纳行为的重要驱动因素（杜三峡等，2021）。对此，已有研究对劳动力外出务工与农户绿色生产技术采纳行为的关系进行了探讨，但研究结论并未达成一致。部分研究认为外出务工促进了农户采纳绿色生产技术。一方面，非农就业能够丰富农户的收入来源，增加家庭收入，并提升农户的支付能力和抗风险能力，因此其更容易采纳绿色生产技术（赵连阁、蔡书凯，2012）；另一方面，非农就业可以让农户接触到更多的信息和新技术，从而增强其接受新技术的能力和农业绿色生产意识，并因此产生对多种不同技术的需求（喻永红、张巨勇，2009）。杜三峡等（2021）研究发现，外出务工不仅会直接对农户的绿色生产技术采纳行为产生显著正向影响，而且还会通过提高农户的价值感知间接影响农户的绿色生产技术采纳行为。还有研究认为，劳动力非农就业并不会导致农户的绿色生产技术采纳行为。部分学者基于家庭劳动力约束视角进行研究，指出外出务工带来的劳动力约束会通过调整家庭资源配置间接影响农户的化肥减量施用行为（喻永红、韩洪云，2012；潘丹、应瑞瑶，2013；王珊珊、张广胜，2013）。有学者从收入依赖视角指出，随着外出务工收入占比的提升，农户对农业生产收入的依赖性会减弱，采纳绿色生产技术的可能性降低（Erbaugh et al.，2010；刘迪等，2019）。邹杰玲等（2018）认为外出务工会导致农户在农业生产和非农工作之间进行劳动力配置，在一定程度上改变了农户的从业重心，进而降低了农户采纳绿色生产技术的可能性。值得深思的是，在城镇化、工业化的背景下，农户们走上了相同的外出务工之路，却为何在化肥减量施用上走向了截然不同的终点？

已有研究为本章提供了思考。尽管关于劳动力非农转移与化肥减量施用的研究已较为丰富，然而，现有研究大多把劳动力非农转移视为同质的，没有考虑具体迁移空间和转移劳动力的结构特征差异带来的影响（邹杰玲等，2018）。不同距离和转移劳动力的结构特征所代表的务农机会成本不同，这将使化肥施用行为呈现多样化。

同时，已有研究仅从资源、能力积累或农业劳动力约束单一视角考虑其对农户绿色生产技术采纳行为的影响及作用机制。当资源、能力积累的积极作用与农业劳动力约束的消极作用综合在一起时，农户的绿色生产技术采纳行为可能表现出不同的情况。因此，在考察劳动力转移与化肥减量施用的问题时，不仅要识别转移劳动力的空间特征和结构特征及其作用机制，还要综合考虑资源、能力积累和农业劳动力约束这两方面的作用。

本章利用 2021 年四川省 540 户农户的调查数据，从劳动力不同务工区位的微观视角出发，构建 Probit 模型、IV-Probit 模型和中介效应模型探究不同务工区位对农户化肥减量施用行为的影响及具体传导机制，并进一步从转移劳动力的性别和代际差异以及家庭生命周期视角探究不同务工区位对化肥减量施用行为影响的异质性，为实现农业绿色发展提供相关建议。本章的边际贡献主要在于：第一，从劳动力转移的时空特征切入，分析不同务工区位对化肥减量施用行为的影响及作用机制；第二，从劳动力转移的家庭内部分工视角切入，分析在劳动力外流带来的不同代际和性别结构下，不同务工区位对农户化肥减量施用行为影响的差异。第三，运用 IV-Probit 模型很好地处理了不同务工区位与农户化肥减量施用行为之间的内生性问题，保证了研究结果的可信性。

10.2 理论分析与研究假设

10.2.1 不同务工区位对绿色生产技术采纳行为的影响

随着工业化、城镇化的推进，农村劳动力大量转移到非农部门就业。而在劳动力转移的务工决策中，不同务工区位的选择是一个重要的问题（范丹、魏佳朔，2020）。最初，农村劳动力倾向于向沿海地区和发达地区转移。然而，随着区域间和城乡间的融合程度不断提高，农村劳动力的务工区位选择发生了明显的变化。目前，更多的农村劳动力选择在附近的城镇务工，而省外务工的吸引力则不断下降。一般而言，在本地务工能够更好地兼顾家庭与农业生产活动，而异地务工则意味着劳动者面临生产与生活方式的改变。从农业生产角度来看，劳动力外出会造成农业劳动力整体人力资本的下降，导致有效农业劳动投入不足，并对先进作业方式与农业生产技术的采用造成障碍，从而对农业经营造成不利影响（范丹、魏佳朔，2020）。然而，农户外出务工也可获得收入，以此保障家庭消费、推动农业生产投资和提高生产能力（庄健、罗必良，2022）。此外，外出务工还能使农户开阔视野、拓宽信息获取渠道、增强技术接受能力以及农业绿色可持续发展意识（杜三峡等，2021）。因此，农户的绿色生产技术采纳行为受到农业劳动力约束的消极影响和务工收入等因素的积极影响，消极作用和积极作用的不同耦合结果会导致不同的绿色生产技术采纳行为。基于此，提出如下假说。

H1：不同务工区位对农户化肥减量施用行为的影响存在差异。

同时，不同距离对农业生产投入、家庭收入结构和农户绿色生产意识的影响不同，从而对农业生产行为产生不同的影响。其一，劳动力向不同的区位转移会造成农户在农业投入时间上的差异。劳动力转移会使家庭内部劳动力投入相对减少，造成劳动力流失效应。然而，劳动力流失效应随不同务工区位的变化而变化（庄健、罗必良，2022）。本地务工农户具有"离土不离乡"的特点，农户凭借距离上的优势可以为家庭农业生产提供一定的劳动力支持（檀竹平等，2019）。然而，劳动力非农转移依然会挤占农业劳动所需的时间和精力。而异地务工的非农劳动力返乡协助农业生产的机会成本较高、难度较大（范丹、魏佳朔，2020）。出于经济理性的考虑，异地务工农户更有可能减少农业投入时间以实现务工的连续性。这意味着，相较于本地务工，异地务工可能产生更明显的农业投入时间的损失。根据生产要素理论，当农业投入时间减少时，农户必然会通过增加机械、化肥等其他生产要素的投入数量来弥补劳动力短缺造成的损失（应瑞瑶、郑旭媛，2013）。然而，在不同劳动力流失效应下，不同农户选择的替代生产要素也不同。本地务工带来的劳动力流失效应较弱，农户主要通过增加化肥等生产资料或对土地进行粗放经营来节省农业投入时间，从而对化肥减量施用产生影响（钱文荣、郑黎义，2011）。而异地务工带来的劳动力流失效应较强，农业投入时间的损失效应也较强，使得农户可能选择转出部分土地以提高地块集中程度，以此来缓解劳动力约束。在这种情况下，农户有时间对土地进行精耕细作，更容易采纳更为便捷、更有优势的绿色生产技术。基于此，提出如下假说。

H2：本地务工和异地务工通过农业投入时间间接影响农户的化肥减量施用行为。

其二，外出务工能丰富收入来源和增加家庭收入，提升农民对绿色生产技术的支付能力和抗风险能力。一般而言，劳动力转移的空间越大，非农就业机会越多，农民工获得较高非农收入的可能性就越大。因此，当转移劳动力的务工区位由本地向异地延伸时，其获取的非农收入可能是递增的（庄健、罗必良，2022）。不同务工区位带来了不同的经济收入，从而使不同农户家庭产生了经济分化。根据马斯洛需求层次理论，人的需求层次会随着个人收入的提高而提高。在农户家庭经济增长的初期，农户必须先满足物质需求，关注的重点是增加农业产出、提高收入和促进就业（Huang et al.，2019）。此时，农户倾向于粗放经营，投入更多的化肥等生产资料，从而增加粮食产量、满足家庭消费（钱文荣、郑黎义，2011）。在这种情况下，农户无暇顾及化肥等生产资料对环境产生的负面效应。而随着农户收入水平的提高，农户对农业生产的需求从生存型向健康绿色型发展。环境污染对生活水平和身体健康的严重影响使得农村人居环境问题得到重视，农户开始追求绿色农业、绿色食品，因此会加大对绿色生产技术的投入（姜启军、施晶晶，2022）。基于此，提出如下假说。

H3：本地务工和异地务工通过经济分化间接影响农户的化肥减量施用行为。

其三，外出务工能增强农户对农业生产的生态认知，从而使其产生对绿色生产技术的需求。社会认知理论认为，环境、行为、人的主体因素相互独立又相互作用，且认为外部环境在塑造个体认知、意愿和行为的过程中发挥着十分重要的作用（Longhofer and Winchester，2016）。外出务工作为外部环境的一种特殊形式，会对农户的绿色生产价值认知和行为产生重要影响。不同务工区位将导致农户资源禀赋和信息获取能力的差异（杜三峡等，2021），从而影响农户对绿色生产技术的价值认知。中国农村社会是一个熟人社会，本地务工农户并未打破以血缘关系和地缘关系为基础的社会网络。本地务工农户的价值观念和认知等主要通过家人或邻里乡亲形成（Zhou et al.，2023）。因此，本地务工农户的绿色生产技术水平不高、环境保护意识薄弱，在绿色生产等新技术的使用上较为保守。而对于异地务工的农户来说，一方面，异地务工有助于农户拓宽眼界和增强生态环境认知，如意识到化肥过量施用会对生态环境造成负面影响，从而形成较高的生态认知水平，进而影响其绿色生产技术采纳行为（郭利京、王少飞，2016）；另一方面，异地务工农户的家庭收入相对较高，对美好环境的建设要求较高，更易了解到绿色生产带来的长期好处，从而避免短期生产行为（曲朦、赵凯，2020）。基于此，提出如下假说。

H4：本地务工和异地务工通过生态认知间接影响农户的化肥减量施用行为。

10.2.2 不同务工区位对绿色生产的影响：性别分工和家庭代际分工的异质性

劳动力外出务工现象导致农业生产中"女性化"和"老龄化"的趋势明显，使农业劳动力出现弱质化现象，进而影响农业技术进步和绿色可持续发展（高昕，2019）。在传统的农村社区中，由于劳动分工不同，男性通常承担重体力劳动，而女性则从事轻体力劳动，这可能会影响农业生产的效率和生产力。女性本地务工可能会花费大量时间和精力，导致她们没有足够的精力去完成农业生产活动，从而导致女性的农业劳动参与率和劳动供给时间下降，进而影响农业绿色生产。相比之下，男性本地务工可能对农业生产造成较小的影响。另外，随着越来越多女性加入异地务工的劳动力大军中，她们基本上已经脱离了农业生产。异地务工促进了女性认知水平的不断提高，同时也提升了她们在家庭中的话语权。女性不断传递自己的认知、思想和观念给家庭成员，这也使得家庭更加关注食品安全和健康问题，并更愿意支持有机、绿色和生态友好的农业生产方式（何悦、漆雁斌，2020）。相比之下，男性异地务工人员更关注经济效益，更倾向于支持使用化肥、农药等生产资料，以获取更高的产量和经济效益（仇焕广等，2014）。因此，女性异地务工对农业生产的积极作用可能比男性异地务工更为明显。基于此，提出如下假说。

H5：相比于男性，女性本地务工对化肥减量施用行为的负向作用更强，女性异地务工对化肥减量施用行为的正向作用更强。

已有研究指出，不同群体的代际差异会影响农业绿色生产。老一代本地务工农户由于长期从事农业生产和年龄较大，在心理特征、处事方式和成长经历等方面与年轻一代存在差异（苏昕、刘昊龙，2017）。老一代对土地有着更强烈的依恋感和珍惜感，耕地保护意愿更强，这有助于老一代采纳化肥减量施用等生态性生产行为（陈美球等，2019）。老一代还具有丰富的农业生产经验，能够较好地做出化肥施用决策。相比之下，新一代本地务工农户更愿意从事非农生产，对土地的依恋感并不强，耕地保护意愿也偏弱，为追求短期收益可能会增加化肥等要素投入（杨志海、王雨濛，2015）。在异地务工方面，新一代异地务工农户普遍受教育程度较高，环保和绿色理念更强，更能够支持绿色生产（盖豪等，2020）。而老一代异地务工农户的环保和绿色理念较弱，更注重传统农业技术和经验，更偏向于传统的农业生产方式（苗德伟，2019）。因此，新一代异地务工农户对农业绿色生产的促进作用比老一代更强。基于此，提出如下假说。

H6：相比于新一代，老一代本地务工对化肥减量施用行为的负向作用更弱，老一代异地务工对化肥减量施用行为的正向作用更弱。

基于上述分析，提出本章研究框架（见图10.1）。

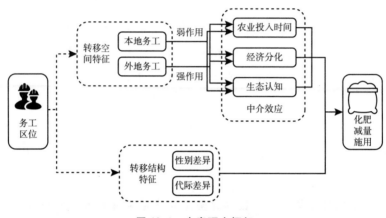

图 10.1　本章研究框架

10.3　数据与方法

10.3.1　数据来源

本章数据来源于课题组 2021 年 10 月对四川省水稻主产区邛崃市、泸县和南江县所做的问卷调查。调研内容包括水稻种植户的个人及家庭特征、土地情况、绿色生产技术采纳和社会化服务等方面。抽样具体实施步骤如下：首先，综合考虑经济发展水平、农业生产情况和人口流动情况，将四川省 183 个县（市、区）分为 3 组，从每组中随机选取 1 个县（市、区）作为样本县（市、区），得到邛崃市、泸县和南江县 3 个样本县（市）；其次，根据样本县（市）内经济发展水平差异和距离县（市）政府的远近，将样本县（市）内的乡镇随机分为 3 组，从每组中随机抽取 1 个乡镇，再从每个乡镇中随机抽取 3 个村，共计 27 个村；最后，从每个村随机抽取 20 户农户，最终共得到 540 份有效农户样本数据。

10.3.2 变量选择

（1）因变量

化肥减量施用是本章的因变量。借鉴 Zhou 等（2023）的研究，询问农户是否减量施用化肥，并对结果进行赋值，"是"赋值为 1，"否"赋值为 0。

（2）核心自变量

本地务工和异地务工是本章的核心自变量。本地务工是指户籍在乡镇以内且在乡镇内从事非农活动，异地务工是指户籍在乡镇以内且在乡镇以外从事非农活动。如表 10.1 所示，有 59% 的农户选择本地务工，29% 的农户选择异地务工。这表明本地务工农户远远多于异地务工农户，农村劳动力的务工区位由外向内聚拢。

（3）中介变量

本章的中介变量主要包括三类变量。其中，农业投入时间用 2020 年农业生产投入总月数表征；经济分化用家庭食物支出占家庭总支出的比例表征；生态认知用绿色生产技术对环境保护的意义表征。

（4）控制变量

为避免因遗漏变量而导致的模型估计偏误，本章引入了以下四类控制变量：一是个体特征变量，包括户主性别、户主年龄、户主健康状况、户主婚姻状况、户主务农年限和户主受教育年限；二是家庭特征变量，包括家庭收入、家到集市的距离、家庭劳动力数量；三是土地特征变量，包括土地面积、土壤肥力；四是心理认知变量，包括环境污染认知、技术风险认知和新事物认知。此外，考虑到具体的地区措施可能影响农户的绿色生产技术采纳行为，本章通过设置地区虚拟变量来控制地区效应，以减小地区因素不统一所造成的回归分析误差。

各变量的定义、赋值及描述性统计如表 10.1 所示。

表 10.1　描述性统计分析

变量类型		变量名称	变量定义及赋值	均值	标准差
因变量		化肥减量施用	是否减量施用化肥（1＝是；0＝否）	0.600	0.490
核心自变量		本地务工	本地非农就业劳动力数量/家庭劳动力总数	0.590	0.360
		异地务工	异地非农就业劳动力数量/家庭劳动力总数	0.290	0.330
中介变量		农业投入时间	2020 年农业生产投入总月数（月）	2.920	9.610
		经济分化	家庭食品支出占家庭总支出的比例	0.120	0.0200
		生态认知	绿色生产技术对环境保护的意义（用 1~5 衡量，1＝非常小，5＝非常大）	2.800	1.190
控制变量	个体特征变量	户主性别	户主性别（1＝男；0＝女）	0.920	0.270
		户主年龄	户主年龄（岁）	56.49	9.920
		户主健康状况	户主健康状况（用 1~5 衡量，1＝非常差，5＝非常好）	4.050	1.080
		户主婚姻状况	户主是否结婚（1＝是；0＝否）	0.910	0.290
		户主务农年限	户主务农年限（年）	34.10	13.46
		户主受教育年限	户主受教育年限（年）	7.350	3.110
	家庭特征变量	家庭收入	家庭年现金收入（元）	33622	99258
		家到集市的距离	您家到集市的距离（米）	4644	8685
		家庭劳动力数量	家庭劳动力数量（人）	3.090	1.550
	土地特征变量	土地面积	土地面积（亩）	3.740	26.66
		土壤肥力	土壤肥力高低（用 1~5 衡量，1＝非常低，5＝非常高）	3.420	0.990

续表

变量类型		变量名称	变量定义及赋值	均值	标准差
控制变量	心理认知变量	环境污染认知	您所在地区是否出现环境污染问题（1＝是；0＝否）	0.0800	0.280
		技术风险认知	您认为采用绿色生产技术的风险大小（用1～5衡量，1＝非常小，5＝非常大）	2.990	1.160
		新事物认知	您接受新生事物的程度（用1～5衡量，1＝非常低，5＝非常高）	3.940	1.010
	地区虚拟变量	地区虚拟变量	以县（市）为单位设置虚拟变量	—	—

10.3.3　化肥减量施用行为的影响因素模型

（1）Probit 模型

由于研究的因变量化肥减量施用是二分类变量，故选择二元 Probit 模型探究不同务工区位对农户化肥减量施用行为的影响，构建模型如下：

$$P(Y_i=1|X_i)=P(\alpha_0 T_i+\beta_0 X_i+\varepsilon_i>0|X_i) \tag{10.1}$$

其中，T_i 为化肥减量施用的概率；X_i 为控制变量；α_0、β_0 为模型的待估参数；ε_i 为误差项。

（2）IV-Probit 模型

为解决劳动力非农就业的内生性问题，本章将同一样本村中本地务工人数比例和异地务工人数比例作为工具变量。本章采用 IV-Probit 模型对其进行估计，主要分为两个阶段。第一阶段，构建工具变量对不同务工区位影响的回归方程，拟合出化肥减量施用的预测值；第二阶段，将不同务工区位与化肥减量施用的预测值进行回归，得到解释变量外生条件的一致性估计结果，估计方程如下：

$$P(Y_i=1|X_i)=P(\alpha_0 IV\ T_i+\beta_0 IV\ X_i+\varepsilon_i>0|X_i) \tag{10.2}$$

式 (10.2) 中，每个变量的含义与式 (10.1) 相似。

(3) 中介效应模型

参考温忠麟等 (2004) 的研究，采用逐步回归法进行中介效应检验，估计方程如下：

$$Y = \beta_0 + \alpha_0 X + \varepsilon_0 \tag{10.3}$$

$$M = \beta_1 + \alpha_1 X + \varepsilon_1 \tag{10.4}$$

$$Y = \beta_2 + \alpha_2 X + \varepsilon_2 \tag{10.5}$$

式中，Y 是因变量化肥减量施用；X 是自变量本地务工和异地务工；M 为一系列中介变量；β_0、β_1、β_2、α_0、α_1、α_2 均为模型待估参数；ε_0、ε_1 和 ε_2 为模型残差。整个模型的运行过程使用 Stata 16.0。

10.4 实证分析

10.4.1 务工区位对化肥减量施用的影响

如表 10.2 所示，模型 1 和模型 3 是未加入任何控制变量的 Probit 回归结果，模型 2 和模型 4 是在其基础上加入控制变量后的回归结果。为了解决内生性问题，采用 IV-Probit 模型进行回归，模型 5 和模型 7 显示的是本地务工和异地务工与化肥减量施用的相关关系，模型 6 和模型 8 是在其基础上加入相关控制变量的回归结果。由模型的整体显著性检验统计量可知，所有模型均在 1% 水平上显著。同时，模型自变量间不存在严重的多重共线性问题（模型变量间的相关系数均小于 0.7），可以进行后续回归分析。此外，为了排除异方差对模型结果的影响，各个模型均使用聚类稳健标准误。

如表 10.2 所示，不管处理或不处理内生性问题，本地务工和异地务工与化肥减量施用均存在显著相关关系，且结果极其稳健。就模型 6 和模型 8 的结果而言，本地务工抑制了农户的化肥减量施用行

为，而异地务工显著促进了农户的化肥减量施用行为，H1 得到
验证。

表 10.2 务工区位对化肥减量施用的影响模型

	Probit 模型				IV-Probit 模型			
	模型 1	模型 2	模型 3	模型 4	模型 5	模型 6	模型 7	模型 8
本地务工	-0.161***	-0.158***			-0.074***	-0.087***		
	(0.059)	(0.062)			(0.128)	(0.151)		
异地务工			0.219***	0.207***			0.146***	0.160***
			(0.064)	(0.064)			(0.138)	(0.165)
户主性别		-0.105		-0.105		-0.275		-0.091
		(0.079)		(0.077)		(0.237)		(0.078)
户主年龄		0.001		0.001		0.000		0.002
		(0.003)		(0.003)		(0.007)		(0.003)
户主健康状况		0.019		0.015		0.005		0.007
		(0.020)		(0.019)		(0.057)		(0.021)
户主婚姻状况		0.157***		0.124		0.755		0.140
		(0.074)		(0.071)		(0.242)		(0.070)
户主务农年限		-0.001		-0.002		-0.002		-0.002
		(0.002)		(0.002)		(0.006)		(0.002)
户主受教育年限		0.011		0.011		0.033		0.009
		(0.007)		(0.007)		(0.021)		(0.007)
家庭收入		-0.000		-0.000		-0.000		-0.000*
		(0.000)		(0.000)		(0.000)		(0.000)
家到集市的距离		-0.000		-0.000		-0.000		-0.000
		(0.000)		(0.000)		(0.000)		(0.000)
家庭劳动力数量		-0.000		0.004		-0.130*		0.002***
		(0.015)		(0.014)		(0.054)		(0.016)
土地面积		0.002		0.003		0.008*		0.002**
		(0.002)		(0.002)		(0.004)		(0.016)

续表

	Probit 模型				IV-Probit 模型			
	模型 1	模型 2	模型 3	模型 4	模型 5	模型 6	模型 7	模型 8
土壤肥力		0.088 ***		0.091 ***		0.233 ***		0.089 ***
		(0.021)		(0.020)		(0.062)		(0.024)
环境污染认知		-0.24		-0.027		-0.028		-0.026
		(0.074)		(0.073)		(0.204)		(0.069)
技术风险认知		0.029		0.031		0.090 *		0.029 **
		(0.017)		(0.017)		(0.047)		(0.017)
新事物认知		0.081 ***		0.082 ***		0.187 ***		0.065 **
		(0.020)		(0.020)		(0.061)		(0.023)
本地务工人数比例					0.297 ***	0.323 ***		
					(0.038)	(0.038)		
异地务工人数比例							0.254 ***	0.227 ***
							(0.046)	(0.050)
_cons	0.501 ***	-2.168 ***	0.087	-2.643 ***	0.069	0.120	0.024	0.055
	(0.110)	(0.684)	(0.072)	(0.673)	(0.070)	(0.161)	(0.048)	(0.160)
地区虚拟变量	已控制		已控制		已控制		已控制	
chi²	7.180	64.111	10.949	67.292	55.952	106.653	103.174	251.231
N	540	540	540	540	540	540	540	540

注：***、**、*分别表示在1%、5%和10%的水平上显著，以下各表均同。

10.4.2 稳健性检验

为了检验估计结果的稳健性，本章主要采用以下两种方法：①替换估计方法，用 CMP 方法替换 IV-Probit 估计方法；②替换变量法，将核心自变量本地务工和异地务工替换为是否本地务工和是否异地务工，重新进行回归。由表 10.3 的估计结果可知，是否本地务工和是否异地务

工对农户化肥减量施用行为影响的估计结果与表 10.2 的估计结果类似，
验证了结论的稳健性。

表 10.3　稳健性检验

	替换核心自变量		替换为 CMP 方法	
	模型 9	模型 10	模型 11	模型 12
是否本地务工	-0.064 ***		-1.799 ***	
	(0.199)		(0.380)	
是否异地务工		0.137 ***		2.701 ***
		(0.113)		(0.316)
控制变量	已控制	已控制	已控制	已控制
chi^2	157.437	289.943	233.793	162.268
N	540	540	540	540

10.4.3　机制分析

本节主要通过中介效应模型验证不同务工区位对农户化肥减量施用
行为的作用机制，即验证 H2、H3 和 H4。具体而言，主要验证以下三
条路径：①不同务工区位→农业投入时间→化肥减量施用；②不同务工
区位→经济分化→化肥减量施用；③不同务工区位→生态认知→化肥减
量施用。

表 10.4 显示的是农业投入时间在不同务工区位对化肥减量施
用行为影响中的中介效应结果。结果显示，农业投入时间在不同务
工区位对化肥减量施用行为的影响中未发挥中介效应。由此，H2
未得到验证。可能的原因是，虽然农业投入时间是影响农户化肥施
用量的重要因素之一，然而，社会化服务的普及可以弥补农业投入
时间的减少对农业生产造成的损失。社会化服务的发展可以降低农
户在农业生产中所需要的投入时间，从而弱化了农业投入时间对化
肥施用量的影响。这也说明，尽管农业投入时间对农业生产来说很

重要，但它并不是影响化肥施用量的唯一因素，农业技术进步和化肥施用效率的提高等因素也可以影响化肥施用量。

表10.4　农业投入时间的中介效应

变量	本地务工→农业投入时间→化肥减量施用			异地务工→农业投入时间→化肥减量施用		
	模型13 化肥减量施用	模型14 农业投入时间	模型15 化肥减量施用	模型16 化肥减量施用	模型17 农业投入时间	模型18 化肥减量施用
本地务工	−0.087*** (0.151)	0.795 (1.322)	−0.153** (0.069)			
异地务工				0.160*** (0.165)	1.661 (1.966)	0.239*** (0.068)
农业投入时间			−0.001 (0.002)			−0.001 (0.002)
控制变量	已控制			已控制		
地区虚拟变量	已控制			已控制		

表10.5显示的是经济分化在不同务工区位对化肥减量施用行为影响中的中介效应结果。结果显示，经济分化在不同务工区位对化肥减量施用行为的影响中发挥部分中介效应。由此，H3得到验证。

表10.5　经济分化的中介效应

变量	本地务工→经济分化→化肥减量施用			异地务工→经济分化→化肥减量施用		
	模型19 化肥减量施用	模型20 经济分化	模型21 化肥减量施用	模型22 化肥减量施用	模型23 经济分化	模型24 化肥减量施用
本地务工	−0.087*** (0.151)	0.009*** (0.003)	−0.140** (0.062)			
异地务工				0.160*** (0.165)	−0.011*** (0.003)	0.189*** (0.064)

变量	本地务工→经济分化→化肥减量施用			异地务工→经济分化→化肥减量施用		
	模型 19 化肥减量施用	模型 20 经济分化	模型 21 化肥减量施用	模型 22 化肥减量施用	模型 23 经济分化	模型 24 化肥减量施用
经济分化			-1.870**			-1.651*
			(0.956)			(0.953)
控制变量	已控制			已控制		
地区虚拟变量	已控制			已控制		

表 10.6 显示的是生态认知在不同务工区位对化肥减量施用行为影响中的中介效应结果。结果显示，生态认知在不同务工区位对化肥减量施用的影响中发挥部分中介效应。由此，H4 得到验证。

表 10.6　生态认知的中介效应

变量	本地务工→生态认知→化肥减量施用			异地务工→生态认知→化肥减量施用		
	模型 25 化肥减量施用	模型 26 生态认知	模型 27 化肥减量施用	模型 28 化肥减量施用	模型 29 生态认知	模型 30 化肥减量施用
本地务工	-0.087***	-0.423***	-0.131**			
	(0.151)	(0.154)	(0.064)			
异地务工				0.160***	0.412***	0.182***
				(0.165)	(0.155)	(0.064)
生态认知			0.072***			0.073***
			(0.019)			(0.018)
控制变量	已控制			已控制		
地区虚拟变量	已控制			已控制		

10.4.4　进一步分析

参考庄健、罗必良（2022）的研究，分别用女性本地务工人数占家庭女性劳动力人数的比例、女性异地务工人数占家庭女性劳动力人数的比例、男性本地务工人数占家庭男性劳动力人数的比例、男性异地务工人数占家庭男性劳动力人数的比例测度女性、男性劳动力的本地务工和异地务工情况。表10.7显示，女性本地务工对化肥减量施用的负向作用强于男性本地务工，女性异地务工对化肥减量施用的正向作用强于男性异地务工。由此，验证了H5。

表 10.7 不同性别的不同务工区位对化肥减量施用的影响

	模型 31	模型 32	模型 33	模型 34
女性本地务工	-0.360***			
	(0.135)			
男性本地务工		-0.330**		
		(0.135)		
女性异地务工			0.598***	
			(0.179)	
男性异地务工				0.290*
				(0.156)
控制变量	已控制	已控制	已控制	已控制
Chi²	63.871	62.435	70.755	59.669
N	540	540	540	540

为了进一步考虑代际差异对化肥减量施用的影响，本节根据被访者年龄将其分为新生代农户（1980年及以后出生的农户）和老一代农户（1980年以前出生的农户）两个类别。分别用老一代本地务工人数占家庭老一代劳动力人数的比例、老一代异地务工人数占家庭老一代劳动力人数的比例、新生代本地务工人数占家庭新生代劳动力人数的比例和新生代异地务工人数占家庭新生代劳动力人数的比例测度老一代和新生代劳动力的本地务工和异地务工情况。表10.8显示，老一代本地务工对化肥减量施用的负向作用不显著，而新生代本地务工对化肥减量施用的

负向作用显著；老一代异地务工对化肥减量施用的正向作用不显著，而新生代异地务工对化肥减量施用的正向作用显著。由此，验证了 H6。

表 10.8　不同代的不同务工区位对化肥减量施用的影响

	模型 35	模型 36	模型 37	模型 38
老一代本地务工	-0.085 (0.121)			
新生代本地务工		-0.544*** (0.193)		
老一代异地务工			0.197 (0.196)	
新生代异地务工				0.441*** (0.166)
控制变量	已控制	已控制	已控制	已控制
Chi^2	58.321	63.988	58.603	65.814
N	540	540	540	540

10.5　小结

本章从理论层面剖析了不同务工区位对农户化肥减量施用行为的具体作用机制，并基于问卷调查数据系统估计了不同务工区位对农户化肥减量施用行为的影响，主要得到以下几点结论。第一，不同务工区位对化肥减量施用行为的影响存在差异。其中，本地务工对化肥减量施用产生显著负向影响，而异地务工对化肥减量施用产生显著正向影响。第二，经济分化和生态认知在不同务工区位对化肥减量施用行为的影响中发挥部分中介效应。第三，女性本地务工对化肥减量施用的负向作用强于男性本地务工，女性异地务工对化肥减量施用的正向作用强于男性异地务工。第四，老一代本地务工对化肥减量施用的负向作用不显著，而新生代本地务工对化肥减量施用的负向作用显著；老一代异地务工对化肥减量施用的正向作用不显著，而新生代异地务工对化肥减量施用的正向作用显著。

基于以上结论，本章提出如下政策建议。

第一，鼓励和引导农村劳动力返乡创业。政府可以通过制定一系列鼓励政策来促进农村劳动力返乡创业。例如，提供创业贷款、补贴或税收减免等方面的支持，帮助农民降低创业成本，增强他们的创业信心。同时，政府还可以为返乡创业的农民提供相关的技术和管理培训，以帮助他们更好地发展农业经济，提高生产效率和产量，同时带动当地经济的发展。

第二，促进城乡间的信息流动，增强农户的绿色生产意识。政府可以通过建立信息平台、设立信息站点、举办信息交流会等方式，为城乡之间提供便捷的信息交流渠道。同时，政府还可以鼓励企业、社会组织和专业机构等各方面力量参与到信息交流和传递中来，提高信息流通的效率。除此之外，政府还可以通过推广农业科技和绿色生产知识，引导农民了解和掌握最新的生产技术和方法，促进农业的可持续发展。例如，可以组织农业科技推广活动、开展农业技术培训等，提高农民的生产技能水平。

第三，政府在制定农业绿色生产政策时，需要充分考虑性别和代际差异，制定针对不同人群的政策和措施。例如，对于女性农民，政府可以提供更多的培训和技术支持，帮助她们提高农业生产效率和收入。加强家庭代际信息交流，增强新生代本地务工者的绿色生产意识，鼓励他们适应新的农业生产模式，采用更加环保、可持续的农业生产方式，从而减少化肥的施用，降低对环境的影响。

第11章 劳动力老龄化与绿色生产技术采纳

11.1 问题提出

中国作为农业大国，农作物秸秆资源丰富。据统计，中国每年生产超过 6 亿吨的玉米、小麦和水稻等作物的秸秆（Sun et al.，2019），约占全球秸秆产量的 1/3（Li et al.，2018）。过去，秸秆常被用于取暖、烧火做饭和饲养牲畜，有巨大的利用价值。然而，农民生活方式的改变和对天然气等各种清洁能源的利用，引发了随意抛弃、违规焚烧秸秆的现象，这不可避免地带来了空气质量下降、农民健康风险上升和环境污染等多种严重后果。因此，如何实现秸秆资源化利用已经成为全社会关注的焦点。

近年来，秸秆还田成为秸秆资源化利用的重要途径之一。秸秆具有极大的潜在利用价值，是丰富的生物质废弃物（Yasar et al.，2017；He et al.，2022）。合理处理秸秆不仅能提升土壤肥力（Hou et al.，2019），而且还能增加作物产量（Meng et al.，2017）。更重要的是，秸秆还田具有明显的环境效益，可以减轻环境污染（Yin et al.，2018）。然而，尽管秸秆还田具有多种效益，但在中国农村地区秸秆利用率依然很低（Zeng et al.，2019）。因此，学界对秸秆还田行为的驱动因素进行了大量研究。然而，已有研究多聚焦农户个人和家庭的社会经济特征（Su et al.，2017）、土地利用状况（He et al.，2022）、成本收益

（Sattler and Nagel，2010；Jiang et al.，2021）和环境规制（Despotović et al.，2019；Wang et al.，2022）等对农户秸秆还田行为的影响，劳动力老龄化作为影响农户秸秆还田行为的重要因素，常常被作为控制变量纳入模型（Lu et al.，2020），少有实证研究直接关注劳动力老龄化对农户秸秆还田行为的影响。

尽管劳动力老龄化是世界各国农业发展到一定阶段的必然趋势，但老龄化对农业生产带来的潜在影响不容忽视（杨志海，2018），尤其是老龄化对农业绿色生产的影响应引起足够重视。在人口老龄化程度不断上升和农村青壮年劳动力大规模转移的背景下，中国农业劳动力老龄化呈加速态势（Long et al.，2016；Qu et al.，2019）。第七次全国人口普查结果显示，截至2021年末，中国60岁及以上老人达到2.67亿人，占全国总人口的18.9%。同时，中国60%~70%的人口是农村人口，因此与城市相比，农村人口的老龄化更加严重。近年来，部分学者专门研究了老龄化对农业绿色生产的影响，但结论尚未达成一致。大部分学者认为，相较于青壮年劳动力，老龄劳动力在体力、学习能力和认知能力等方面均处于弱势，不利于先进技术与生产要素在农业生产中的应用（Liu et al.，2021）。还有部分学者认为劳动力老龄化并无碍于农业绿色转型，年龄大的农户反而更倾向于采用绿色生产技术（胡雪枝、钟甫宁，2012）。此外，还有学者发现，老龄化并不必然阻碍农业绿色生产，因为完全可以通过外部环境要素来弥补老龄化带来的人力资本弱化（胡雪枝、钟甫宁，2012；杨志海，2018）。胡雪枝、钟甫宁（2012）发现，村庄公共品供给的完善和集体决策等均能降低老龄化对农业生产的负面影响。除此之外，农业社会化服务和环境规制也是农户生产决策的重要因素，但农业社会化服务和环境规制能否有效降低老龄化对秸秆还田的负面影响这一问题未能得到足够重视。一方面，农村劳动力大量外出务工，加上中国土地经营规模小、耕地面积细碎化，导致小农户生产这种模式在农村广泛存在，催生了农业社会化服务；另一方面，政府部门意识到秸秆焚烧的坏处及资源化利用的好处，从环境规制的角度对秸秆资源化利用进行了一些探索，出台了《中华人民共和国环境保护法》《中华人民共和国大气污染防治法》《中华人民共和国秸秆禁烧和综合利用管理办法》等一系列法律法规对秸秆焚烧行为进行约束和监管。这些举措的实施在一些地方取得了不错的效果，但在另一些地方效果似乎并不明显，这可能与各地自身的资源禀赋有关。基于此，有必要系统地探索在劳动力老龄化、农业社会化服务和环境规制并存的现实条件下，农户如何做出合理的秸秆还田决策。然而，目前还少有这方面的理论和实证研究。

基于此，利用 2021 年四川省 540 户农户的调查数据，从劳动力老龄化微观视角出发，采用二元 Logistic 模型实证分析劳动力老龄化对农户秸秆还田行为的影响及作用机制。

11.2　理论分析与研究假设

11.2.1　劳动力老龄化对秸秆还田行为的影响

随着大量农村青壮年劳动力大规模向城镇地区及非农行业转移，农村人口老龄化问题日趋严重（Ma et al.，2019）。农村人口的老龄化伴随着务农人员的老龄化，生产梯队老龄化成为农业生产中最明显的特征（Lu et al.，2018）。同时，许多学者认为老龄化伴随着人力资本的下降（Liao et al.，2019）。根据人力资本的生命周期理论，个体的人力资本在不同阶段是不同的，并且会随着年龄的增长表现出倒 U 形的变化态势（Li et al.，2018）。个体在年轻时体力充沛、学习能力强但经验缺乏，人力资本存量一般较低。随着知识、经验的增加，步入中年后人力资本存量会迅速上升，直至到达最高点。此后，随着个体年龄的进一步增长，尤其是到了老年阶段，个体的体力衰退、学习能力下降，人力资本存量会逐渐下降甚至停滞（Liao et al.，2019）。人力资本作为个体生产能力的直接体现，对农户的生产决策和行为都具有重要影响

（Khanna，2001）。因此，老龄化带来的人力资本下降严重影响了绿色农业技术的普及与推广。

劳动力老龄化使农业生产面临劳动力数量供给约束与劳动力质量供给约束（Liao et al.，2019）。随着年龄的增长，老龄劳动力的体力迅速下降（Inwood，2017）。在此情况下，有的老年人为保障自身晚年福利，会选择将土地转出，主动退出农业生产，这会导致家庭劳动力数量减少。部分老年人出于维持生计、补贴家用等原因，会选择继续从事农业生产。但老龄劳动力受自身体能、认知能力和学习能力的限制，会对农业生产活动产生一定的负面影响（杨志海，2018）。首先，老龄劳动力的生理机能下降，难以胜任繁重的农业劳动，尤其是秸秆还田作为劳动密集型生产活动，劳动强度大，需要大量的劳动投入。老龄劳动力出于省工、省力、省时目的，会选择将收获后的秸秆直接在农田里露天焚烧。其次，老龄劳动力的受教育程度普遍较低，思想较为保守（Burton，2014）。因此，老龄农户容易对新技术、新技能产生排斥情绪，进而对农业新技术的普及推广造成阻碍（Liu et al.，2021）。同时，学习能力降低使得老龄农户不能较好地将所学知识用于实际生产之中，从而降低了农业资源利用效率和配置效率（杨志海，2018）。此外，老龄农户的物质资本有限且抗风险能力弱，而秸秆还田技术属于跨期农业技术且不确定性较大（Su et al.，2017）。还有部分学者认为，由于老龄劳动力的农业生产经验丰富，因此生产效率往往会高于青壮年劳动力（胡雪枝、钟甫宁，2012）。但秸秆还田技术属于新兴技术，老龄劳动力未曾有过相关经验。因此，总体而言，劳动力老龄化会对农户的秸秆还田行为产生负面影响。基于此，提出以下研究假说。

H1：劳动力老龄化抑制了农户的秸秆还田行为。

11.2.2 农业社会化服务和环境规制的调节作用

诱导性技术创新理论认为，当某种生产要素变得相对稀缺时，该要素的相对价格会上升。那么，农户就会去寻找其他的替代要素，从而带来农业技术创新（Babcock，1995）。劳动力老龄化带来劳动力资源要素稀缺，倒逼农业机械化、农业技术研发和应用水平提升，为农业社会化服务提供巨大的市场空间（Benin，2014）。农业社会化服务是指贯穿农业生产作业链条，直接完成或协助完成农业产前、产中、产后各环节作业的社会化服务。农业社会化服务的本质在于通过将人力资本导入生产过程，大幅提高农业生产效率。一方面，农业社会化服务的雇工服务和农机租赁服务，都能有效解决劳动力供给不足的问题（杨志海，2018）。另一方面，劳动力年龄越大，越难以掌握复杂的秸秆还田技术（Liu et al.，2021）。随着农业社会化服务的快速发展，越来越多的农业专业组织成为农技推广的主力军。机插秧、测土配方施肥、无人植保机等专业技术和设备广泛应用于农业生产中，有效缓解了老龄劳动力在农业生产中的技术约束。基于此，提出以下研究假说。

H2：农业社会化服务能够弱化劳动力老龄化对秸秆还田行为的抑制作用。

农户环境治理行为的转变往往是在一定的背景下进行的，环境规制是一个重要的手段（Lu et al.，2020；Ribaudo and Caswell，1999）。环境规制包括经济激励和强制约束。经济激励是指政府通过经济补贴、生态补偿等方式激励农户积极参与环境治理活动；强制约束是指政府通过行政命令、行政处罚等方式干预环境资源配置，约束农户的行为。根据经济学理论，农户是否参与环境治理可以被看作一定约束条件下的利益最大化问题。只有当农户认为处罚成本或者奖励收益大于执行环境政策的成本时，行为主体才会遵循环境政策（Popkin，1980）。环境规制的存在迫使农户重新审视成本收益情况，使其维持或改变原有的行为（Lu et al.，2021）。一方面，老年群体对农业具有较高依赖度（Liu et al.，2021），因而更加看重农业生产的成本与收益（Hou et al.，2019；Huang et al.，2019）。因此，秸秆还田的经济激励更容易刺激中老年农户采取行动。另一方面，通过制定相关法律法规、村规民约可以约束农户污染环境的行为（Khanna，2001）。农户一旦背离规制目标，就将面临问责与惩罚。农户权衡违规成本后，经济理性将促使其顺应规制目标，逐渐向绿色生产的方向转变（Lu et al.，2021）。例如，Wang等（2020）发现有受罚经历可能导致农户对秸秆焚烧产生恐惧，而农村家庭对焚烧不利的感知可能会限制他们的行为。基于此，提出以下研究假说。

H3：环境规制能够弱化劳动力老龄化对秸秆还田行为的抑制作用。

同时，还有研究发现，不同地区、不同土地面积的农户的秸秆还田行为存在差异（Atanu et al.，1994；He et al.，2022）。首先，不同地区的地形条件是影响农业机械发展的重要因素。在地势平坦的地区，农业机械的田间可达性和作业便利性较高，有助于降低农机秸秆还田成本（Shi et al.，2018）。一般而言，平原地区耕地宜于农机秸秆还田，而在非平原地区实现农机秸秆还田的难度较大。其次，土地面积不同的农户的农业生产行为存在差异（Atanu et al.，1994）。小规模农户的风险抵抗能力弱，行为决策基于生存的必要和成本最小化（Zhang et al.，2021）。而大规模农户对土地的投资具有长期性，更看重土地的保护和可持续性（Lu et al.，2020）。因此，理论上而言，大规模农户更倾向于采用亲环境技术。基于此，提出以下研究假说。

H4：在不同地区和土地面积的约束下，劳动力老龄化对秸秆还田行为的影响存在异质性。

根据前文分析，提出本章研究框架（见图11.1）。

11.3 数据来源、模型构建与变量选择

11.3.1 数据来源

本章研究数据来源于课题组2021年8月对四川省水稻主产区夹江县、岳池县和高县3县所做的问卷调查。四川作为玉米和水稻生产的

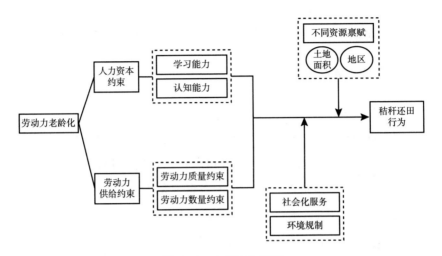

图 11.1　本章研究框架

大户，秸秆资源丰富，秸秆生产量居全国前列。同时，四川省人均耕地少，复种指数高，双季稻间隙短，不易自然腐化。因此，秸秆资源化问题亟须解决。之所以选择这三个县，主要有以下考虑：从秸秆产生量来看，夹江县、岳池县和高县都是玉米和水稻生产大县；从不同地区的地形来看，夹江县以平原为主，岳池县以丘陵为主，而高县以山区为主。对这 3 县进行调查，可以了解不同地形条件下农户的秸秆还田情况。

调查的内容主要包括个人和家庭的基本情况、秸秆处置与利用情况、秸秆还田的政府激励与约束、秸秆还田技术认知和土地状况等。具体问题参照北京大学农村固定观测点大规模调研，在正式调查之前，课题组在四川成都周边农村地区开展了预调研，并根据预调研结果修改问卷。为了保障调研所选取样本的典型性和代表性，主要采取分层抽样和等概率随机抽样相结合的方法确定调研样本，最终确定夹江县、岳池县和高县作为调查县。具体而言，按照以下步骤进行：课题组根据经济发展水平和秸秆还田技术推广情况，随机选取 3 个样本县，每个县调查 3 个乡镇，每个乡镇依据经济发展水平的差异调查 3 个村，每个村随机调查 20 户农户作为样本农户，最终共获得 3 县 9 乡镇 27 村 540 户农户的有效调查问卷。

11.3.2 指标选取

（1）因变量

因变量为秸秆还田行为。秸秆还田是指使用机械将秸秆粉碎，并将其埋入土壤中，进而提高土壤肥力和作物产量的一种技术（Wang et al.，2020）。在具体调查时询问农户"您家是否采用秸秆还田技术"，若农户回答为"是"，则赋值为 1，否则赋值为 0。总体而言，采用秸秆还田技术的农户仅占 65%（见表 11.1）。

（2）自变量

自变量为劳动力老龄化。本章采用家庭老龄劳动力所占比例来测度劳动力老龄化，即年龄在 60 岁及以上的劳动力占家庭全部劳动力的比例。总体而言，家庭老龄劳动力占比为 29%（见表 11.1）。

（3）调节变量

调节变量为环境规制和农业社会化服务，其中环境规制分为经济激励和强制约束两类。以"如果政府提供补贴，您是否愿意使用秸秆还田技术"来衡量经济激励，此问题用李克特量表来测量。以"如果焚烧秸秆，您觉得被查获的可能性有多大"来衡量强制约束，此问题用李克特量表来测量。本章以"您家是否购买农业社会化服务"来衡量农业社会化服务。若农户回答为"是"，则赋值为 1，否则赋值为 0。总体而言，购买农业社会化服务的农户占比为 46%，经济激励和强制约束的均值分别为 4.140 和 4.310（见表 11.1）。

（4）控制变量

参考 Jiang 等（2021）的研究，引入被访者的个人特征、家庭特征和土地特征作为控制变量。各变量的定义和描述性统计见表 11.1。被访者中男性比例（60%）高于女性比例（40%）；被访者年龄趋于老龄化，平均年龄为 58 岁；受教育年限平均值仅为 6.55 年；91% 的农户已婚；健康程度的均值为 3.67；2020 年家庭人口数平均为 4.54 人；与最近主干道的距离对数为 7.74；家庭人均收入平均为 19463 元；家庭人均土地面积平均为 1.43 亩。

表 11.1 描述性统计分析

变量		均值	标准差
秸秆还田行为	您家是否采用秸秆还田技术？（0＝否，1＝是）	0.650	0.480
劳动力老龄化	年龄在 60 岁及以上的劳动力占家庭全部劳动力的比例	0.290	0.330
性别	被访者性别（0＝男，1＝女）	0.400	0.490
年龄	被访者年龄（单位：岁）	58.48	11.84
受教育年限	被访者受教育年限（单位：年）	6.550	3.440
婚姻状况	被访者是否结婚（0＝否，1＝是）	0.910	0.280
健康程度	被访者的健康程度（用 1~5 来衡量，1＝非常不健康，5＝非常健康）	3.670	1.140
家庭人口	2020 年家庭总人口数（单位：人）	4.540	1.970
距离	您与最近主干道的距离（取对数，单位：米）	7.740	1.110
家庭人均收入	2020 年家庭人均收入（单位：元）	19463	33420
家庭人均土地面积	2020 年家庭人均土地面积（单位：亩）	1.430	4.260
农业社会化服务	您家是否购买农业社会化服务？（0＝否，1＝是）	0.460	0.500
经济激励	如果政府提供补贴，您是否愿意使用秸秆还田技术？（用 1~5 来衡量，1＝非常不愿意，5＝非常愿意）	4.140	1.080
强制约束	如果焚烧秸秆，您觉得被查获的可能性有多大？（用 1~5 来衡量，1＝非常不可能，5＝非常可能）	4.310	1.150

11.3.3 实证方法

首先，本章的因变量为离散的二元选择变量，因此采用离散选择模型来分析变量间的因果关系。Logistic 回归分析分为二元 Logistic 回归和多项 Logistic 回归。由于因变量为二分类变量，自变量为连续变量，故而采用二元 Logistic 模型探究劳动力老龄化对秸秆还田行为的影响。公式如下：

$$Y=\beta_0+\beta_1 X+\beta_2 Con_i+\varepsilon_i \tag{11.1}$$

在式（11.1）中，Y 为因变量秸秆还田行为；X 为自变量劳动力老龄化；Con_i 为控制变量；β_0 为常数项，β_1 和 β_2 分别表示模型的待估计参数；ε_i 是模型的残差项。

其次，为了进一步探索农业社会化服务和环境规制是否对老年农业劳动力的秸秆还田行为有影响，本章在式（11.1）的基础上引入劳动力老龄化和农业社会化服务、劳动力老龄化和环境规制的交互项来回答这一问题。

$$Y=\beta_0+\beta_1 X+\beta_2 Z_i+\beta_3 Z_i\times X+\beta_4 Con_i+\varepsilon_i \tag{11.2}$$

在式（11.2）中，Y 为因变量秸秆还田行为；X 为自变量劳动力老龄化；Z_i 为调节变量，包括农业社会化服务和环境规制（具体分为经济激励和强制约束）；$Z_i\times X$ 为自变量与调节变量的交互项；Con_i 为控制变量；β_0 为常数项，β_1、β_2 和 β_3 分别表示模型的待估计参数；ε_i 是模型的残差项。整个研究模型的估计通过 Stata16.0 实现。

11.4　实证分析

11.4.1 基本回归分析

表 11.2 显示的是劳动力老龄化作为核心自变量的回归结果。其中，模型 1 是只纳入劳动力老龄化与农户秸秆还田行为相关关系的一般估计结果，模型 2 是在模型 1 的基础上加入控制变量后的结果。进一步探究农业社会化服务和环境规制是否会弱化劳动力老龄化对农户秸秆还田行为的抑制作用。因此，引入劳动力老龄化和农业社会化服务、劳动力老龄化和环境规制的交互项来验证其效应，回归结果见模型 3 至模型 5。

如模型 2 所示，劳动力老龄化与农户的秸秆还田行为负相关，且回归系数显著。具体来看，在其他条件不变的情况下，劳动力老龄化每增加一个单位，秸秆还田行为降低 0.647 个单位。根据模型 3 的回归结果可知，劳动力老龄化与农业社会化服务的交互项在 5% 的统计水平上稳健显著，且估计系数为正。这表明农业社会化服务能弱化劳动力老龄化对农户秸秆还田行为的抑制作用。而且，在加入调节变量后，劳动力老龄化对秸秆还田行为的主效应变得不显著。根据模型 4 的回归结果可知，劳动力老龄化与经济激励的交互项在 10% 的统计水平上正向显著，表明经济激励能弱化劳动力老龄化对农户秸秆还田行为的抑制作用。根据模型 5 的回归结果可知，劳动力老龄化在 5% 的统计水平上稳健显著，且估计系数为负，劳动力老龄化与强制约束的交互项的估计系数为负但不显著，表明强制约束在劳动力老龄化对农户秸秆还田行为的影响中未发挥调节作用。同时，大多数控制变量（如性别、年龄、受教育年限、婚姻状况、健康程度、家庭人口数）与农户的秸秆还田行为没有显著相关性。此外，家庭人均土地面积与农户的秸秆还田行为正相关。

表 11.2　劳动力老龄化对农户秸秆还田行为的影响

	模型 1	模型 2	模型 3	模型 4	模型 5
劳动力老龄化	−0.470*	−0.647*	−0.553	−0.642*	−0.697**
	(0.269)	(0.348)	(0.355)	(0.354)	(0.351)
农业社会化服务			0.402**		
			(0.195)		
经济激励				−0.037	
				(0.089)	
强制约束					−0.069
					(0.089)
劳动力老龄化× 农业社会化服务			1.316**		
			(0.588)		
劳动力老龄化× 经济激励				0.528*	
				(0.276)	

续表

	模型 1	模型 2	模型 3	模型 4	模型 5
劳动力老龄化× 强制约束					-0.145
					(0.219)
性别		-0.098	-0.092	-0.096	-0.103
		(0.201)	(0.204)	(0.203)	(0.202)
年龄		0.001	-0.001	0.004	0.001
		(0.010)	(0.010)	(0.010)	(0.010)
受教育年限		0.021	0.009	0.029	0.022
		(0.031)	(0.031)	(0.031)	(0.032)
婚姻状况		0.236	0.223	0.222	0.261
		(0.326)	(0.338)	(0.324)	(0.323)
健康程度		-0.072	-0.074	-0.068	-0.070
		(0.088)	(0.090)	(0.090)	(0.089)
家庭人口数		0.077	0.071	0.076	0.081
		(0.053)	(0.053)	(0.053)	(0.053)
距离		0.135*	0.145*	0.127	0.126
		(0.082)	(0.083)	(0.083)	(0.082)
家庭人均收入		-0.186	-0.227*	-0.212*	-0.176
		(0.126)	(0.128)	(0.126)	(0.127)
家庭人均 土地面积		0.898***	0.864***	0.903***	0.905***
		(0.242)	(0.237)	(0.241)	(0.245)
_cons			0.855	0.750	0.678
			(1.596)	(1.586)	(1.588)
chi²	3.057	26.262	34.549	29.090	27.525
N	540	540	540	540	540

注：*、**、***分别表示在10%、5%和1%的统计水平上显著；括号内为稳健性标准误差。

11.4.2 异质性分析

如前所述，不同地区和不同土地面积的农户，秸秆还田行为存在较大差异。因此，根据是否为平原地区，将样本地区分为平原地区和非平原地区，根据农户正在经营的土地面积，将样本农户分为小规模农户和大规模农户，并进一步使用二元 Logistic 回归模型探讨不同群体劳动力老龄化对农户秸秆还田行为影响的异质性。

表 11.3 的结果表明，当地区和土地面积不同时，劳动力老龄化对农户秸秆还田行为的影响也不同。模型 6 的结果表明，在小规模农户中，劳动力老龄化与秸秆还田行为有显著负向关系；而在大规模农户中，劳动力老龄化与秸秆还田行为无显著相关关系。模型 7 的结果表明，在非平原地区，劳动力老龄化与秸秆还田行为呈显著负相关关系；而在平原地区，劳动力老龄化与秸秆还田行为无显著相关关系。

表 11.3　异质性分析

	模型 6		模型 7	
	大规模农户	小规模农户	非平原地区	平原地区
劳动力老龄化	-0.173	-0.791*	-1.521**	-0.461
	(0.570)	(0.437)	(0.701)	(0.436)
_cons	-0.161	1.818	0.484	0.780
	(2.671)	(1.793)	(3.419)	(1.904)
Control	Yes	Yes	Yes	Yes
chi^2	8.237	11.002	15.680	17.954
N	207	333	360	180

注：*、**、*** 分别表示在 10%、5% 和 1% 的统计水平上显著；括号内为稳健性标准误差。

11.4.3　讨论

相较于以往研究，本章的边际贡献在于以下两点。一是在理论上建立了劳动力老龄化、农业社会化服务、环境规制和秸秆还田行为的理论分析框架；二是利用中国西南农村水稻种植户的调查数据，实证分析了

劳动力老龄化、农业社会化服务、环境规制和秸秆还田行为间的相关
关系。

本章研究发现，劳动力老龄化抑制了农户的秸秆还田行为。这与
H1 和 Liu 等（2021）的研究一致。可能的解释是，随着劳动力的老龄
化，农户出现人力资本弱化以及农业生产决策保守等问题，影响了农
户对绿色生产技术的认知以及对新技术的采纳。因此，作为农业活动
的直接决策者与实施者，劳动力老龄化对农户的秸秆还田行为有阻碍
作用。

与 H2 一致，本章研究发现，农业社会化服务能够弱化劳动力老龄
化对秸秆还田行为的抑制作用。可能的解释是，随着农户年龄的增长，
其新技术学习和应用能力减弱，而农业社会化服务对缓解农业劳动力不
足以及改变粗放的生产方式都具有较好的效果。

与 H3 部分一致的是，本章研究发现，经济激励能够弱化劳动力老
龄化对农户秸秆还田的抑制作用。可能的解释为，秸秆还田的作业补贴
作为激励手段，可以降低农户的作业成本，缓解老龄农业劳动力的资金
约束。这有助于其避免短视行为，进而提高秸秆资源化利用的效率，从
而解决秸秆还田的外部性问题（Hou et al.，2019；Huang et al.，
2019）。同时，与 H3 部分不一致的是，强制约束在劳动力老龄化对农
户秸秆还田行为的影响中未发挥调节作用。可能的解释如下：一方面，
由于农村工业化程度较低及居住分散，政府对秸秆还田的强制约束政策
需要投入大量的人力、物力、财力去实施；另一方面，政府实施的秸秆
禁烧政策单纯以强制禁烧为目的，缺乏相关的引导。

与 H4 一致，本章研究发现在不同地区、不同土地面积的约束下，
劳动力老龄化对农户秸秆还田行为的影响不一致。一方面，不同土地面
积的农户，因经营目标不同，其生产决策也会不同。土地面积较大的农
户，面对秸秆还田服务提供方有更强的议价能力，长期平均总成本减
少，因此会更愿意采纳秸秆还田技术（Ye，2015）。另一方面，在不同
的地区，因地区间的资源条件、信息便利程度不同，劳动力老龄化对农

户的秸秆还田行为也会产生不同的影响。平原地区地势平坦，耕地集中连片，适宜机械耕作。因此，农户可增加农业机械来弥补劳动力供给的不足。而在非平原地区，由于地形起伏，耕地分散，农业机械化难以实施。

此外，本章还存在一些不足。例如，本章仅探讨了农业社会化服务和环境规制两种因素对老龄化劳动力秸秆还田行为的作用机制，是否还有其他作用机制有待进一步实证检验。同时，本章仅探讨了中国西南农村水稻种植户的老龄化与秸秆还田行为的关系，研究成果是否适用于其他地区，还需进一步探讨。未来有必要扩大研究对象范围，探索不同地区劳动力老龄化与农户秸秆还田行为之间的关系。

11.5　小结

本章基于我国老龄化的现实背景，基于四川夹江县、岳池县、高县3 县 540 户水稻种植户的样本数据，采用二元 Logistic 模型，实证分析了劳动力老龄化对农户秸秆还田行为的影响，并进一步分析了农业社会化服务和环境规制在其中的调节作用。研究结果表明以下四点。

第一，总体来看，采纳秸秆还田技术的农户占比为 65%，老龄劳动力占家庭总劳动力的比例为 29%。第二，劳动力老龄化阻碍了农户的秸秆还田行为。具体而言，在其他条件不变的情况下，劳动力老龄化每增加一个单位，秸秆还田行为降低 0.647 个单位。第三，农业社会化服务和环境规制能在一定程度上弱化劳动力老龄化对农户秸秆还田行为的抑制作用。具体而言，农业社会化服务和经济激励缓解了劳动力老龄化对秸秆还田行为的抑制作用，强制约束的作用则并不明显。第四，异质性分析表明，当农户的土地面积低于平均水平和农户居住在非平原地区时，劳动力老龄化对秸秆还田行为的抑制作用更强。

基于以上结论，本章提出如下政策建议。

第一，在农业绿色生产转型的过程中，要充分认识到劳动力老龄化的约束作用。首先，在农业生产过程中，对老龄农业劳动力进行具有针对性的、可操作性的农业技术培训，提升老龄农业劳动力对新技术的认知水平和应用能力。其次，由于老龄化程度的加剧，留守农村的农户的劳动能力大大降低，亟须培育一批新型职业农民，对土地资源进行充分利用和优化配置。

第二，加快发展农业社会化服务。老龄化带来的劳动力限制对传统的土地经营造成了较大的影响，需要通过农业社会化服务的发展提高机械化水平，以此减少对农业劳动力的高密度以及高强度需求，进一步降低劳动力限制对农业生产的影响。其一，各地要支持农业社会化服务的发展，提高农业社会化服务水平，吸引老龄农业劳动力采纳绿色生产技术。其二，提高老龄农业劳动力在农业社会化服务中的参与程度，积极发挥农业社会化服务对绿色生产的带动作用，促进农业生产的绿色转型。

第三，从环境规制角度来看，每种环境规制的影响程度不同，应根据不同地区实施不同的政策。其一，进一步落实好秸秆还田补贴政策。未实施补贴政策的地区可以考虑通过补贴，来激励农户采纳秸秆还田技术。已经实施秸秆还田补贴的地区，考虑适度提高补贴标准，从而保证农户秸秆还田带来的成本增加能够得到补偿，最大限度地激励农户合理处置作物秸秆。其二，对于非平原地区的偏远山区农户或贫困户，应进一步加大焚烧秸秆惩罚制度的宣传与普及力度。

第四，从异质性的角度来看，首先，应扩大土地经营面积，实现土地的适度规模经营。一方面，通过引导农村人口外出务工实现土地流转，进而促进农业适度规模经营；另一方面，未进行土地流转的小农户仍广泛存在，应通过提升农业社会化服务水平促进农业适度规模经营以弥补耕地规模的不足，进而推动小农户与绿色农业技术的有机衔接。其次，结合不同地区的地理特征，因地制宜地制定秸秆还田政策。例如，在农业机械化、集约化和专业化生产水平较高的平原地区，应重视农业科技的推广与应用，进而提升秸秆还田技术的采纳率。

第五篇　社会资本与绿色生产技术采纳

第 12 章 代际效应、同群效应与绿色生产技术采纳

12.1 问题提出

2003 年以来，中国水稻、小麦和玉米等粮食总产量实现十八连增，2021 年达到 68285 万吨，不断创新高[①]。这意味着，农作物秸秆产量也快速增长，中国每年的秸秆产量达到 6 亿～8 亿吨（Sun et al.，2019），约占全球秸秆产量的 1/3（Li et al.，2018）。秸秆曾是农民喂养牲畜、燃烧用于取暖和做饭的宝贵资源。伴随着中国经济的快速发展，农民的生活条件得到极大改善，秸秆逐渐成了无用之物（Ren et al.，2019）。早在 20 世纪 50 年代末，美国已实现机械化收获谷物，在收获主产品的同时将秸秆粉碎并均匀铺洒在地表（Binswanger，1986）。然而，中国人均耕地面积远低于世界平均水平，农业机械化程度低（Cao et al.，2020），尤其是在丘陵、山地，土地零碎、分散，秸秆收集离田难度大。因露天焚烧省时省力且成本低，能够快速清除秸秆以便将耕地投入下一阶段使用，许多中国农民都偏好这样的处理方式（Wang et al.，2022）。中国生态环境部用卫星监测各地秸秆焚烧情况，发现 2013～2017 年，有 29 万个露天秸秆焚烧火点（Zheng and Luo，2022）。露天焚烧秸秆具有负外部性，导致空气污染加剧、耕地

[①] 《13657 亿斤，十八连丰！粮食总产量再创新高》，http://www.gov.cn/xinwen/2021-12/07/content_ 5658030.htm。

质量下降和火灾等（Guo，2021；Li et al.，2018；Jiang et al.，2020）。实际上，秸秆生物质含量极其丰富，具有回收再利用价值（Cao et al.，2020；Jiang et al.，2020）。自 2008 年国务院发布《关于加快推进农作物秸秆综合利用的意见》开始，秸秆综合利用目标不断明确，具体分为秸秆肥料化、饲料化、基料化、原料化和燃料化。其中，秸秆还田被认为是效益较高、可规模化利用的手段（He et al.，2022；Li et al.，2018）。

秸秆还田是指把农作物秸秆切短或粉碎，再均匀洒在地面，最后将碎秸秆翻入土壤中（Liu et al.，2014）。秸秆在土壤中腐烂后分解为氮、磷、钾等，可以改善土壤质量，最终提升作物产量（Li et al.，2018）。秸秆还田还能增加土壤的碳储存量。因此，秸秆还田被写入《农业农村减排固碳实施方案》，是实现碳达峰、碳中和的潜力所在。实际上，秸秆还田技术最早可追溯到 1999 年，从那时起，中国就开始推广秸秆还田（Lu et al.，2020）。政府通过电视、网络和报纸等媒体大力宣传这种政策，并派出农业专家面对面指导农户（Sun et al.，2019），还在江苏等地发放秸秆还田补贴和秸秆粉碎机补贴（Huang et al.，2019）。经过 20 多年的努力，农户已经意识到了秸秆还田是好事（Lu et al.，2020）。但经验证据表明，农户的秸秆还田意愿较高而实际采纳率较低，意愿与行为存在明显背离。比如，郐建功等（2020）发现在中国湖北、安徽和河北，85.5% 的农户表现出秸秆还田的意愿，但实际采纳秸秆还田技术的农户仅占 58.2%。

意愿与行为间的背离阻碍了秸秆还田的普及，众多学者尝试探讨促进秸秆还田的有效路径。首先，农民是理性的，从成本收益角度来看，租用粉碎机和耕地机进行秸秆还田可以节省大量人力成本，但每亩地至少要增加 50 元的投入（Hou et al.，2019）。因此，金钱补贴是有效的（Huang et al.，2019）。其次，土地面积越大，机械化越方便，农户采纳秸秆还田技术的长期平均总成本越少。Cao 等（2020）基于新古典经济学的假设发现，转入土地对秸秆还田有显著正向作用。再次，从环境规制角度来看，政府推出的秸秆焚烧禁令是有效的，加强监管和处罚能够推动用秸秆还田替代焚烧（Sun et al.，2019；Liu et al.，2021）。最后，Wang 等（2022）基于技术接受与使用理论和规范激活理论发现，个人标准在秸秆还田技术采纳决策中发挥决定性作用。个人标准包括农民自身认为应该进行秸秆还田而不是焚烧秸秆、认为保护空气质量和改善土壤环境是自身义务。

上述研究为政策优化提供了依据，但明显忽视了农户的社会属性。也就是说，除上述因素外，社会网络也可能影响农户的秸秆还田行为。中国农村是一个"熟人社会"，农户并非独立存在，其血缘、亲缘和地缘关系错综复杂。相关研究已经表明，个人的行为决策会受到家人和亲戚朋友的显著影响。前者被称为代际效应，后者被称为同群效应。代际效应又叫代际传递，指上一代人在能力、观念、行为习惯等方面对下一代人的影响（Dohmen et al.，2012）。代际效应的相关研究成果丰富，如经济学中的财富（Charles and Hurst，2003）和储蓄（Webley and Nyhus，2006）等，社会学中的购买行为、风险行为（Wickrama et al.，2003）和就业（Li and Lu，2019）等，心理学中的品牌偏好（Mandrik et al.，2005）、风险偏好（Brown and Pol，2015）和信任（Dohmen et al.，2012）等。在农业活动中，代际效应也受到了一些关注。比如，Cobo-Reyes 等（2017）分析了老一辈人为何不愿意将家庭农场的控制权和所有权传递给年轻家庭成员。曾杨梅等（2019）发现稻农对有机肥的施用意愿受到父代的影响，父代通过直接示范和交流强化将其对有机肥的态度传递给了子代。然而，少有实证研究关注代际效应对秸秆还田行为的影响。同群效应也被称为羊群行为或邻里效应，指个体的行为会受到其同伴群体的影响。同群效应的研究从教育学逐渐延伸至灾害风险管理（He et al.，2022）和经济学（Hirshleifer and Teoh，2003）等多领域。具体到本章关注的农业领域，Zeng 等（2019）发现家庭利用秸秆制沼气的行为倾向于与邻居、亲戚和村干部保持一致；Jiang 等（2020）把社会网络视为农户的信息渠道之一，发现农户与周围农户的互动会促进秸秆还田行为。那么，社会网络能否在秸秆还田规模化应用中起重要作用呢？不同的社会网络对农户秸秆还田行为的作用是否存在差异？目前还缺少从社会网络中的血缘和亲缘视角出发，将代际效应和邻里效应置于同一分析框架中进行讨论的文献。回答这些问题，将为提高农户的秸秆还田技术采纳水平提供科学依据，对促进农业可持续生产有重要作用。一方面，父辈对秸秆的处置行为可能成为一种习惯，影响子女的农业技术偏好。同时，子女观察父辈的农业生产活动，与父辈沟通交流，将父辈的务农经验和知识内化为自身的认知。因此，代际效应可能会影响农户的秸秆还田行为。另一方面，农户与亲朋好友交流农业生产，当亲朋好友使用某种新技术获得收益时，他们也会学习并跟随亲友的选择。同时，与亲朋好友合资购买秸秆粉碎机可降低秸秆还田成本。因此，同群效应可能也会影响农户的秸秆还田行为。基于以上分析，本章从社会网络角度出发，以中国粮食主产区四川省的 540 户农户为研究对象，采用 Probit 模型分析代际效应与同群效应对农户秸秆还田行为的影响，并探讨在不同地形、不同土地面积与不同家到集市的距离三种自然资源禀赋约束下，代际效应与同群效应的作用差异。

12.2 分析框架与假设提出

农户是否秸秆还田受到多方面的影响。第一，就个体特征而言，环境认知与秸秆还田行为存在密切关联，若农户了解秸秆还田和秸秆焚烧对环境的影响，将更倾向于实施秸秆还田 (Lu et al., 2020)。培训水平也会影响农户的认知，进而影响其秸秆还田行为 (Cao et al., 2020; Raza et al., 2019)。秸秆还田技术是一种跨期农业技术，要获得改善土壤的益处需要时间。因此，农户的时间偏好会影响其秸秆还田决策 (Mao, 2021)。年龄、收入和受教育程度也会影响其秸秆还田决策 (Huang et al., 2019)。第二，就家庭特征而言，规模经营能有效降低秸秆还田成本（Liu et al.，2021）。因此，通过土地流转扩大耕地面积有助于推广秸秆还田（He et al.，2022）。第三，就外部因素而言，政府对焚烧秸秆的农民处以罚款、对实施秸秆还田的农民发放现金补贴等政策均会影响农户的秸秆还田决策（Sun et al.，2019）。互联网、电视等媒体渠道对秸秆还田有关信息的传播，也会影响农户的秸秆还田决策（Jiang et al.，2020）。加入合作社等农业组织可以更好地获得农业技术推广服务（Naziri et al.，2014）。通过参与农业组织，农民建立了交流经验的新平台，还可以"搭便车"以更低的价格购买新技术。然而，综观已有研究，同时从家庭和同伴群体视角切入的文献还较少，有必要将代际效应和同群效应置于同一分析框架中进行讨论。

社会网络理论指出，农户并非独立存在的个体，而是与其他人联系、互动形成关系集合（姜维军等，2019），尤其是在大多数农民的年龄超过 50 岁、受教育程度多为小学或初中的背景下（Wang et al.，2022），网络等新媒体在农业技术传播中的作用有限，社会网络传播占主导地位（李明月等，2020；Raza et al.，2019）。已有研究表明，农户并不是独立做出秸秆处理决策，父辈和亲朋好友作为农户在农业生产中互动最频繁、交流最密切的群体，是影响其秸秆处理决策的重要因素（Jiang et al.，2020）。

首先，子辈的行为方式、生活习惯和观念会受到父辈的影响（曾杨梅等，2019），这被称为代际效应。具体到本章，代际效应是指父辈的务农经验对子辈秸秆还田决策的影响。秸秆还田决策中的代际效应可归因于两种潜在机制。一方面，父辈的农业生产活动可能成为一种家庭习惯，影响子辈的价值观和偏好（Mandrik et al.，2005）。本章样本中的大多数父辈出生于 20 世纪前期和中期。父辈时代的农业发展模式是以增加农作物产量为唯一目标导向，属于粗放式农业发展。他们食不果腹，密集施用化肥和农药，对生态环境、低碳生产的关注度很低（Niu et al.，2022）。因此，父辈传递给子辈的农业生产偏好可能是短视的、落后的。而秸秆还田等低碳生产技术是可持续的、先进的。另一方面，子辈观察父辈的农业生产活动，并与父辈沟通交流，将父辈的务农经验和知识内化为自身的认知（Charles and Hurst，2003）。农忙季节，子辈通常会跟随父辈到田间地头播种、收割。此时子辈观察学习父辈的农业生产技术，并模仿应用于实践（曾杨梅等，2019）。然而，秸秆还田技术属于新技术。在样本农户的父辈时期，秸秆是农民的重要生活燃料，被用于焚烧做饭和取暖，还是喂养家禽家畜的重要饲料，甚至可以被用来修建房子（Ren et al.，2019）。因此，父辈的农业生产经验多停留在传统生产技术，不会采用秸秆还田技术，而更可能将传统技术传递给子辈。基于此，提出以下研究假说。

H1：代际效应负向影响农户的秸秆还田行为。

其次，农户的行为决策会受到同伴群体的影响（He et al.，2022），这被称为同群效应。具体到本章，同群效应是指大多数亲朋好友的秸秆还田决策对农户秸秆还田行为的影响。中国古语"近朱者赤，近墨者黑"也生动展现了同群效应。一方面，如果农民缺乏对新技术的了解，他们不会贸然接受它（Cao et al.，2020）。通过互联网、电视和报纸等媒体渠道，部分农户接收到关于秸秆还田的信息。但受限于受教育水平、风险感知和地理位置等因素，他们还是会将亲朋好友的决策作为重要参考（Xu et al.，2022）。秸秆还田技术是可传播的，通过与周围农户交流，农户能够获取关于秸秆还田的更多信息，了解秸秆还田所能获得的回报。这提升了农户的认知，修正了其预期收益，促使其做出采纳决策（Jiang et al.，2020）。另一方面，当周围人群鼓励某种行为时，个人更愿意实施该行为（Ajzen，1991）。焚烧秸秆可能会造成农户声誉受损，而若农户与亲友保持一致进行秸秆还田，则会降低农户的心理负担并获得认同感。此外，与亲朋好友共同租用粉碎机和翻耕机等设备可降低秸秆还田成本。基于此，提出以下研究假说。

H2：同群效应正向影响农户的秸秆还田行为。

中国的社会格局不同于西方的"团体格局"，中国的社会格局是

"差序格局"。差序格局理论指出，农户以"己"为中心，对别人产生的影响就如石子投入水中产生的一圈圈水波纹，距离越远，影响越小（Fei and Malinowski，2013）。社会关系有亲疏远近之分，对于农户而言，家人是最亲密最信任的人，其次是亲朋好友（李明月等，2020；Granovetter，1973），这似乎说明代际效应的强度大于同群效应。但是，就本章关注的秸秆还田来说，代际效应通常仅仅是一种代代相传的农业生产观念或习惯，而同群效应侧重于农户大多数亲朋好友的实际行为，这是农户能亲眼看见且随时可展开讨论的，这似乎又说明代际效应的强度小于同群效应。基于此，提出以下研究假说。

H3：代际效应与同群效应对农户秸秆还田行为的影响强度不一，孰大孰小需要进一步检验。

总体而言，中国农户采纳新技术的积极性不高（郅建功等，2020）。在农户分化的背景下，不同农户的秸秆还田决策差异很大。这可能与农户的自然资源禀赋有关（Liu et al.，2021；Zheng and Luo，2022）。首先，农业生产对自然条件的依赖程度很高，地形和土地面积都会影响农户的生产决策。地势越平坦，越容易实现机械化生产，从而促使农户实施秸秆还田。同时，平原地区和丘陵地区的信息流动速度显然存在差异，丘陵地区交通不便，影响了农户与亲朋好友的社会互动频率。其次，土地面积较大的规模农户的经济条件优于普通农户，他们有能力进行秸秆还田（Liu et al.，2021；Lu et al.，2020）。而且规模农户更依赖农业生产，更关心土壤质量，这也是转入土地能够促进农户亲环境行为的原因（Cao et al.，2020）。最后，农户家庭的地理位置是农业资源获取和信息获取的重要影响因素。比如，Qing 等（2022）的研究表明，家离集市越远，越难以获得煤气等商品能源，农户使用沼气的概率越大。可见，代际效应和同群效应的强度会因农户自然资源禀赋的不同而不同。基于此，提出以下研究假说。

H4：在不同的自然资源禀赋约束下，秸秆还田决策的代际效应和同群效应存在异质性。

根据以上分析和假设，构建本章的理论分析框架（见图 12.1）。

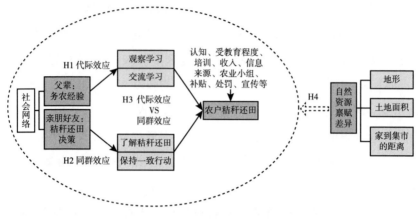

图 12.1 本章理论分析框架

12.3 数据来源、模型构建与变量选择

12.3.1 数据来源

本章研究数据来源于课题组于 2021 年 7 月在中国四川省开展的入户调查，调查内容主要包括农户家庭生计基本情况、土地基本情况及绿色生产技术应用情况等。选择该区域的原因在于，四川自然环境优越，有丰富的水稻秸秆资源。调研采用了分层抽样与等概率随机抽样法选取样本农户。首先，以人均工业生产总值为标准将四川 183 个县（市、区）分为低、中、高 3 组，每组随机抽 1 个县（市、区），得到夹江县、岳池县和高县 3 个样本县；其次，综合考虑经济发展水平、人口密度和到县政府的距离等因素，在每个县随机选取 3 个样本乡镇；再次，根据村委会到乡镇政府的距离，在每个样本乡镇随机选取 3 个样本村落；最后，按照事先设定好的随机数表，在每个村的农户花名册中随机抽取 20 户样本农户，由调研员对家中主要从事农业生产的劳动力进行一对一面谈。此次调查最终在 3 县 9 乡镇 27 个村共获得 540 份有效问

卷。样本农户主要为男性（占比为 59.6%），且主要为 50 岁以上的中老年人（占比为 79.4%）。同时，88.7% 的样本农户拥有初中及以下学历。这些特征与其他学者的调查情况类似，符合中国农村现实情况（Wang et al.，2022；Jiang et al.，2020）。

12.3.2　变量定义及描述

（1）因变量

本章因变量为秸秆还田，通过问卷调查中"您家是否实施秸秆还田"来衡量，若回答"是"，赋值为 1，反之，则赋值为 0。总体而言，实施秸秆还田的农户仅占 61.5%（见表 12.1）。

（2）自变量

①代际效应。已有文献通常用父辈的行为来衡量代际效应（Mandrik et al.，2005；Barber，2000），但本章关注的因变量为秸秆还田，中国从 1999 年才开始大力推广秸秆还田技术（Lu et al.，2020），且受限于经济物质环境，样本农户的父辈多将秸秆用作生活燃料和动物饲料，他们采用秸秆还田等新兴绿色生产技术的可能性较小。因此，这种常见的衡量方式并不适用于本章研究。实际上，父辈的务农行为是一种示范，子辈可通过观察模仿学习，并加入自己的理解，从而将其内化为自身对农业生产技术的认知。同时，父辈与子辈交流务农经验，会对子辈的农业生产产生影响。因此，通过问卷调查中"父辈的务农经验对您务农的影响程度"来衡量该变量，按照李克特量表进行赋值，1 表示完全没有影响，2 表示几乎没有影响，3 表示影响一般，4 表示比较有影响，5 表示非常有影响。

②同群效应。已有文献通常用同村除被访户自身外其他农户的平均值来衡量同群效应（Niu et al.，2022）。然而，同村农户间的社会互动并不一定多，交往并不一定频繁，尤其是在面积较大的村及交通不便的丘陵、山区，这种情况更加明显。本章参考 Qing 等（2022）的研究，将被访户的同伴群体识别为其亲朋好友。具体通过问卷调查中"您的

大部分亲朋好友是否实施秸秆还田"来衡量该变量,若回答"是",赋值为 1,反之,则赋值为 0。

(3)控制变量

参考农户行为理论、社会认知理论及农户秸秆还田决策的相关研究(Huang et al.,2019;Lu et al.,2020;曾杨梅等,2019),本章从个体特征、资源禀赋、环境规制和秸秆还田认知 4 个方面选取控制变量。其中,个体特征包括被访者的性别、年龄、受教育年限、培训情况、风险感知和农业组织加入情况;资源禀赋包括土地面积、家庭劳动力数量及家庭年收入;环境规制是指政府查获秸秆焚烧的可能性;秸秆还田认知包括经济效益与支付效能。

如表 12.1 所示,女性被访者占 40.4%,所有被访者的平均年龄为 58.476 岁,平均受教育年限为 6.552 年,平均土地面积为 5.679 亩,平均家庭劳动力数量为 2.57 人,平均家庭年收入不足 10 万元,仅有 12.8%的被访者参加过相应培训。被访者普遍认为政府查获秸秆焚烧的可能性较大,且认为秸秆还田具有一定的经济效益,但自评秸秆还田的支付效能较低。

表 12.1 变量定义及描述性统计

变量	含义	均值	标准差
秸秆还田	您家是否实施秸秆还田?(0=否,1=是)	0.615	0.487
代际效应	父辈的务农经验对您务农的影响程度(用 1~5 来衡量,1=完全没有影响,5=非常有影响)	3.278	1.485
同群效应	您的大部分亲朋好友是否实施秸秆还田?(0=否,1=是)	0.820	0.384
性别	被访者性别(0=男,1=女)	0.404	0.491
年龄	被访者年龄(单位:岁)	58.476	11.839
受教育年限	被访者受教育年限(单位:年)	6.552	3.443
培训情况	您是否参加过秸秆还田等绿色生产技术培训?(0=否,1=是)	0.128	0.334

变量	含义	均值	标准差
风险感知	您认为采用秸秆还田等绿色生产技术存在风险吗？（0＝否，1＝是）	0.144	0.352
农业组织加入情况	您是否加入了农民专业合作组织（0＝否，1＝是）	0.061	0.240
土地面积	您家正在经营的土地总面积是多少？（单位：亩）	5.679	20.53
家庭劳动力数量	被访者家庭劳动力数量（单位：人）	2.570	1.456
家庭年收入	被访者家庭年收入（单位：元）	92992	168723
环境规制	您认为政府查获秸秆焚烧的可能性（用 1～5 来衡量，1＝完全不可能，5＝非常有可能）	4.307	1.150
经济效益	您认为秸秆还田等绿色生产技术具有经济效益吗？（用 1～5 来衡量，1＝非常不同意，5＝非常同意）	3.604	1.127
支付效能	您认为您具有秸秆还田等绿色生产技术的支付能力吗？（用 1～5 来衡量，1＝非常不同意，5＝非常同意）	2.309	1.393

12.3.3　研究方法

本章关注的因变量属于二分类变量，故建立如下 Probit 模型：

$$Y_i^* = \beta_0 + \beta_1 X_{1i} + \beta_2 X_{2i} + \beta_3 Control_i + \varepsilon_i \tag{12.1}$$

其中，X_{1i} 表示父辈的务农经验对农户 i 的影响程度，X_{2i} 表示农户 i 的亲朋好友的秸秆还田决策，$Control_i$ 表示农户 i 的控制变量，ε_i 为服从正态分布的随机扰动项，β_0 为常数项，β_1、β_2 和 β_3 为回归系数。β_1 反映了代际效应，β_2 反映了同群效应。

12.4　实证分析

12.4.1　不同代际效应与同群效应下农户的秸秆还田行为

表 12.2 为不同代际效应下农户秸秆还田行为的描述性统计。父辈

的务农经验对农户的影响越大说明代际效应越强。如表 12.2 所示，代际效应一般的农户实施秸秆还田的可能性最低（55.13%）。

表 12.2　代际效应与秸秆还田

秸秆还田	父辈的务农经验完全没有影响（N=97）		父辈的务农经验几乎没有影响（N=90）		父辈的务农经验影响一般（N=78）		父辈的务农经验比较有影响（N=116）		父辈的务农经验非常有影响（N=159）	
	户数（户）	占比（%）	户数（户）	占比（%）	户数（户）	占比（%）	户数（户）	占比（%）	户数（户）	占比（%）
是	62	63.92	64	71.11	43	55.13	74	63.79	89	55.97
否	35	36.08	26	28.89	35	44.87	42	36.21	70	44.03

表 12.3 为不同同群效应下农户秸秆还田行为的描述性统计。如表 12.3 所示，在大部分亲友实施秸秆还田的农户中，其实施秸秆还田的占比为 74.04%，比例远高于大部分亲友不实施秸秆还田的农户（4.12%）。这可能说明，若大部分亲友实施秸秆还田，农户本人秸秆还田的可能性也大幅提高。

表 12.3　同群效应与秸秆还田

秸秆还田	大部分亲友不实施秸秆还田（N=97）		大部分亲友实施秸秆还田（N=443）	
	户数（户）	占比（%）	户数（户）	占比（%）
是	4	4.12	328	74.04
否	93	95.88	115	25.96

12.4.2　代际效应与同群效应对秸秆还田的影响

表 12.4 报告了基准回归分析结果，模型 1 呈现的是代际效应与秸秆还田的相关关系，模型 2 呈现的是同群效应与秸秆还田的相关关系，模型 3 呈现的是将代际效应与同群效应同时纳入模型后的回归结果，模

型 4 呈现的是在模型 3 的基础上进一步加入控制变量的结果。Porbit 回归结果的估计参数不易于解释，为了便于分析，表格中报告的结果为全样本的平均边际效应结果。在几个模型中，代际效应的估计系数均为负向显著，而同群效应的估计系数均为正向显著。这说明代际效应抑制了秸秆还田，而同群效应促进了秸秆还田，且结果有一定稳健性。

如模型 4 所示，代际效应显著负向影响秸秆还田。具体而言，在其他条件不变的情况下，代际效应每增加 1 个单位，农户实施秸秆还田的概率减少 2.7%。同群效应显著正向影响秸秆还田。具体而言，在其他条件不变的情况下，同群效应每增加 1 个单位，农户实施秸秆还田的概率增加 66.1%。比较两种效应的系数绝对值大小可知，同群效应的影响强度大于代际效应。在控制变量中，培训情况与秸秆还田显著正相关，家庭劳动力数量与秸秆还田显著正相关。这表明培训是有效的手段，农户参加培训会提高其秸秆还田的概率。这可能是因为培训显著提高了农户对秸秆还田经济效益与环境效益的认知（Cao et al.，2020）。家庭劳动力数量越多，农户实施秸秆还田的可能性越大。这可能是因为劳动力多则种植的土地面积大，收获的秸秆数量也更多，秸秆还田的单位成本降低（Liu et al.，2021）。

表 12.4　基准回归分析结果

	模型 1	模型 2	模型 3	模型 4
代际效应	-0.024 * (0.014)		-0.029 *** (0.011)	-0.027 ** (0.012)
同群效应		0.671 *** (0.050)	0.672 *** (0.050)	0.661 *** (0.050)
性别				-0.005 (0.037)
年龄				0.001 (0.002)

续表

	模型 1	模型 2	模型 3	模型 4
受教育年限				-0.002
				(0.006)
培训情况				0.123**
				(0.058)
风险感知				0.006
				(0.048)
农业组织加入情况				0.024
				(0.078)
土地面积				-0.001
				(0.001)
家庭劳动力数量				0.026*
				(0.015)
家庭年收入（取对数）				-0.022
				(0.020)
环境规制				0.015
				(0.015)
经济效益				-0.014
				(0.017)
支付效能				0.009
				(0.014)
常数项	0.498***	-1.737***	-1.410***	-1.142
	(0.135)	(0.229)	(0.252)	(0.948)
Pseudo R^2	0.004	0.249	0.258	0.274
Wald χ^2	2.80*	100.39***	98.16***	113.17***
N	540	540	540	540

注：*、**、***分别表示估计结果在10%、5%、1%的统计水平上显著；括号中报告了稳健性标准误。

12.4.3　自然资源禀赋约束条件下代际效应与同群效应的影响

本节根据农户的自然资源禀赋差异，研究考察代际效应与同群效应在不同地形、不同土地面积与不同家庭地理位置下的异质性。具体而言，将地形分为坡地和平地；根据农户经营的家庭土地面积，将样本等分为小规模、中等规模和大规模农户；参考 Qing 等（2022）的研究，关注农户家到集市的距离，被访农户家到集市的平均距离约为 3.31km，因此将样本分为 3.31km 以下和 3.31km 及以上两组。

表 12.5 的结果表明，在农户的自然资源禀赋不同时，代际效应和同群效应的作用也不同。模型 5 和模型 6 的结果显示，代际效应和同群效应对秸秆还田的影响在坡地和平地都存在，但对平地影响更大。这说明，耕地越适宜机械化生产，代际效应越会抑制农户的秸秆还田行为，而同群效应对秸秆还田的促进作用越大。模型 7、模型 8 和模型 9 的结果显示，代际效应对小规模和大规模农户秸秆还田行为的影响并不显著，但依然会抑制中等规模农户的秸秆还田行为；同群效应对农户秸秆还田行为的影响显著，其中，同群效应对小规模农户秸秆还田行为的促进作用最大，对中等规模农户的促进作用次之，对大规模农户的促进作用最小。模型 10 和模型 11 的结果显示，家离集市远的农户会受到代际效应的影响，而对于家离集市近的农户来说，代际效应对其秸秆还田行为的抑制作用不显著。相较于家离集市近的农户，同群效应对家离集市远的农户秸秆还田行为的促进作用更大。

12.4.4　稳健性检验

为保证回归结果是可靠的，本节进一步进行两种稳健性检验。第一，替换自变量后重复回归。具体而言，将衡量代际效应的变量重新编码为二分类变量，即在问卷中用"父辈的务农经验对您务农是否有影响"来替换"父辈的务农经验对您务农的影响程度"，回答"是"赋值为 1，回答"否"则赋值为 0；将衡量同群效应的"您的大部分亲朋好

表 12.5 自然资源禀赋约束条件下代际效应和同群效应的影响结果

	地形		土地面积			家到集市的距离	
	坡地	平地	小规模	中等规模	大规模	3.31km 及以上	3.31km 以下
	模型 5	模型 6	模型 7	模型 8	模型 9	模型 10	模型 11
代际效应	-0.033**	-0.041**	-0.021	-0.039*	-0.028	-0.038**	-0.019
	(0.013)	(0.020)	(0.022)	(0.021)	(0.018)	(0.017)	(0.015)
同群效应	0.573***	0.752***	0.728***	0.641***	0.568***	0.699***	0.641***
	(0.053)	(0.120)	-0.021	-0.039*	-0.028	(0.097)	(0.061)
控制变量	已控制	已控制	已控制	已控制	已控制	已控制	已控制
Pseudo R^2	0.415	0.194	0.267	0.259	0.401	0.380	0.269
Wald χ^2	77.04***	37.64***	30.44	54.69***	74.24***	60.82***	81.54***
N	283	218	167	188	185	218	322

注：表中报告了边际效应结果；括号中报告了稳健性标准误；*、**、*** 分别表示估计结果在 10%、5%、1% 的统计水平上显著。

友是否实施秸秆还田"替换为"大部分春节期间有往来的亲朋好友是否实施秸秆还田"，若回答"是"赋值为 1，反之则赋值为 0。第二，将 Probit 模型替换为 Logit 模型再次检验稳健性。稳健性检验结果如表 12.6 所示，为节省篇幅，表中没有报告控制变量的结果。与基准回归结果一致，表 12.6 显示，代际效应对农户的秸秆还田行为有显著负向影响，同群效应对农户的秸秆还田行为有显著正向影响。

12.4.5 讨论

美国、欧洲等发达国家和地区已经形成了完备的秸秆收储运技术装备体系，实现了秸秆制沼气和秸秆发电等商业化利用（Lu et al.，2020）。中国早在 2008 年就发布了《关于加快推进农作物秸秆综合利用的意见》，此后又不断立法推行秸秆还田（Zheng and Luo，2022）。但农户秸秆还田存在"高意愿"和"低行为"的悖论（郓建功等，2020）。

表 12.6　稳健性检验结果

	替换自变量	替换为 Logit 模型
	模型 12	模型 13
代际效应_new	-0.057*	
	(0.034)	
同群效应_new	0.614***	
	(0.038)	
代际效应		-0.028**
		(0.012)
同群效应		0.683***
		(0.071)
控制变量	已控制	已控制
Pseudo R^2	0.309	0.275
Wald χ^2	127.63***	78.55***
N	540	540

注：表中报告了边际效应结果；括号中报告了稳健性标准误；*、**、***分别表示估计结果在 10%、5%、1%的统计水平上显著。

许多学者从经济因素、家庭资源禀赋和信息渠道等多个角度研究了这一问题（Hou et al.，2019；Huang et al.，2019；Sun et al.，2019；Liu et al.，2021；Wang et al.，2022）。值得注意的是，在农户的生产生活中，社会网络的作用是不可忽视的（Jiang et al.，2020）。对于农户而言，父母是血缘关系最近的亲人，亲密、信任程度也最高，其次是基于亲缘关系的亲朋好友，农户的社会互动通常发生在熟人社会关系网络中。

　　研究发现，父辈的务农经验对农户的秸秆还田行为有显著负向影响，即代际效应对农户的秸秆还田行为起抑制作用。可能是因为样本农户的父辈多为"50 后"或"40 后"，他们务农多以增产增收为唯一目的，这种粗放式农业发展多以破坏环境为代价而不重视耕地保护（Cao et al.，2020）。而且当时秸秆是家庭取暖、做饭和喂养牲畜的重要原料，不会还田（Ren et al.，2019）。因此，父辈的务农经验对农户的影响越大，农户越不会实施秸秆还田。

研究发现，亲朋好友的秸秆还田决策对农户的秸秆还田行为有显著正向影响，即同群效应对农户的秸秆还田行为起促进作用。这和Jiang等（2020）、Wang等（2022）的研究结论一致，个人规范是行为意图的最强决定因素，农户倾向于与亲朋好友保持一致行为，通过与亲朋好友讨论，他们加深了对秸秆还田的认知。Raza等（2019）也发现，与朋友的社会互动提高了巴基斯坦农民采用可持续的秸秆管理方式的意愿。

研究发现，亲朋好友秸秆还田决策的作用大于父辈务农经验的作用，即相较于代际效应，同群效应对农户秸秆还田行为的影响更大。这个结果与差序格局理论并不相符，而与李明月等（2020）的结果一致。这可能是因为父辈的经验存在于记忆中，而亲朋好友的秸秆还田决策近在眼前，且前者包括的内容多而杂，后者更专注于秸秆还田。Mead（1978）的文化传播"三喻论"指出，文化会由前辈向后辈传递，也会在同辈之间互相传递。实证研究结果表明，在农业生产领域，农业技术的传播偏向于亲朋好友间的"并喻"，而父辈到子辈的"前喻"被弱化。

研究发现，在农户自然资源禀赋的约束下，代际效应和同群效应对农户秸秆还田的影响也不同。代际效应对所经营土地为平地、中等规模和家离集市远的农户的作用更大，同群效应对所经营土地为平地、小规模和家离集市远的农户的作用更大。可能的原因是，相较于平地，坡地较为细碎且高低不平，增加了秸秆还田机械的成本和难度（Lu et al.，2020）。小规模农户较脆弱，易跟随亲朋好友的选择。而中等规模或大规模农户更能意识到秸秆还田的重要性，自身更有主见，并且他们还具有示范效应，往往是其他农户跟随的对象（Zeng et al.，2019）。

研究不可避免地存在一些局限。首先，农户的家庭中不仅有父母，还可能有祖父母和子女，尤其是子女，比老年一代农民接受的教育更多，思想观念更开放（李明月等，2020）。因此，"三喻论"中的"后喻"可能是农业技术传播的重要路径，即子女的建议可能受到父辈的欢迎。但本章并没有讨论这种影响，只考虑了父辈的务农经验对农户秸秆还田行为的影响。这是因为同时考虑四代人的影响需要设计更详细、更复杂的问卷，调研花费的时间和金钱也更多。同时，已有关于代际效应的文献也多关注父母的影响，将父母视为家庭社会化过程中最重要的角色（Wickrama et al.，2003；Li and Lu，2019）。必须承认，综合考虑家庭中祖父母、父母和子女的影响会使研究结果更科学、更完善。其次，代际效应与同群效应影响农户秸秆还田的内在机制还有待进一步实证检验。本章虽然搭建了分析框架，从理论上解释了代际效应与同群效应为什么会影响农户的秸秆还田行为，但并没有用计量经济模型检验内在机制。最后，秸秆再利用的方式有多种，比如发酵制沼气、饲喂牛羊等食草性家畜等。本章的主要结论是否适用于秸秆还田以外的其他秸秆再利用行为还需要进一步检验。

12.5　小结

基于水稻主产区四川省 540 户农户的调查数据，本章从社会网络角度出发，从理论层面分析了农户社会网络中最重要的两个角色——父辈和亲朋好友对农户秸秆还田行为的影响，并进一步讨论在不同自然资源禀赋约束下代际效应和同群效应的作用差异。主要结论如下。第一，在样本农户中，61.5%的农户实施了秸秆还田。第二，代际效应对农户的秸秆还田行为有抑制作用，同群效应对农户的秸秆还田行为有促进作用，且同群效应的影响强度大于代际效应。第三，在地形、土地面积和家到集市的距离等自然资源禀赋约束下，代际效应和同群效应对农户秸秆还田行为的影响不同。相较于所经营土地为坡地、小规模与大规模农户和家离集市近的农户，代际效应对所经营土地为平地、中等规模和家离集市远的农户的作用更大。相较于所经营土地为坡地、中规模与大规模农户和家离集市近的农户，同群效应对所经营土地为平地、小规模农户和家离集市远的农户的作用更大。

基于上述结论，提出以下政策建议供参考。

第一，同伴群体的带动作用不容忽视。应树立标杆，发挥示范作用。同时，积极搭建良好的村域秸秆还田交流互动平台，构建传帮带机制，鼓励农户间的技术学习和互帮互助。

第二，强化农户对秸秆还田的正确认知。为避免父辈过时的生产经验对农户采纳新技术产生负面影响，一方面，应注意通过多种媒介加大对农业可持续发展重要性和秸秆焚烧危害性的宣传，尤其是要将互联网等新媒体与宣传册、报纸和广播等传统媒体结合；另一方面，应加强基层农技服务体系建设，加强秸秆还田技术培训。

第三，发展适度规模经营，持续推进机械化生产服务。耕地分散的地区应开展多种形式的土地流转和耕地整合，以降低农户进行秸秆还田的自付成本。

第 13 章　农户信任、同群效应 与绿色生产技术采纳

13.1　问题提出

农业是造成气候变化、资源损耗和环境污染的原因之一。近年来，中国农业碳排放量日益升高，联合国政府间气候变化专门委员会（IPCC）报告显示，农业生态系统的碳排放量占中国温室气体排放总量的17%。已有研究发现，2050年农业产业或将成为最大的碳排放源之一（李明峰等，2003）。如何引导农户转变农业生产方式，促进农业绿色化、低碳化生产迫在眉睫。

低碳农业技术作为绿色生产技术是减少农业碳排放的最佳途径之一。低碳农业技术一方面可以减少土壤层结构破坏，进而降低碳排放；另一方面可以将废弃物进行肥料化、饲料化、能源化处理，从而有效减少碳排放（Xiong et al.，2021）。近年来，免耕直播、秸秆还田等低碳农业技术已经在中国农村地区得到一定程度的采纳并取得了积极的成效。然而，实际上中国目前仍有相当一部分农户未采纳低碳农业技术或采纳积极性较弱（李雪等，2022）。究竟是什么因素制约了农户采纳低碳农业技术值得进一步探索。

如何有效促进农户采纳低碳农业技术一直是学界关注的重点，而信任对农户生产决策的影响不容忽视（李建玲，2017）。农户受自身条件、信息渠道等因素的影响，对低碳农业技术的了解不足，其生产行为决策

将受到他人建议的影响，农户是否愿意采纳他人建议在很大程度上取决于其对建议人的信任程度（祁毓等，2018）。一些学者认为，随着市场经济的不断发展，社区的封闭性被打破，农村社区成员的利益与需求呈现多元化趋势（李星光等，2020）。这使乡村社会的信任受到威胁，主要特征是，农户之间的特殊信任受到冲击，而农户对"外人"的一般信任尚未完全建立，农户对制度的公正性持怀疑态度。另一些学者认为，虽然城镇化进程推动了中国农村逐步从熟人社会向半熟人社会转变，但中国农村社会正式制度的建设和发展相对滞后，仍然是以血缘关系和地缘关系为基础，以信任为核心的社会资本对农户的行为仍发挥着重要作用（Alpenberg and Scarbrough，2018；Mariola，2012；盖豪等，2019）。

大多数研究发现，农户会基于信任评估他人的价值取向和行动，进而对自身的行为决策产生影响（翁艺青等，2020）。一些学者认为人际信任对农户决策的作用大于制度信任，另一些学者认为，制度信任发挥着更重要的作用。之所以存在分歧，主要有以下三个原因。一是面对不同的对象，农户的信任程度不同，大多数学者未对人际信任进行进一步的划分。人际信任既包括农户对熟人的信任，又包括农户对社会上其他成员的信任。二是不同代农户的信任程度存在差异。随着社会的发展，农村人口结构也发生了变化，农户逐渐分化成新老两代（新生代和老一代），他们处于不同的生命周期，在时代背景、社会网络与价值观等方面存在差异（陈美球等，2019）。三是在不同的地区，农户的信任程度不同。

此外，在农户做出决策时，存在明显的同群效应（Tan et al.，2022）。当农村社会出现新技术的时候，大多数农户接收的信息不完全，其会参照值得信任的农户，导致农户行为存在同质性（盖豪等，2019）。俗话说，"近朱者赤，近墨者黑"。农户对家庭内部成员、邻居、技术人员和村干部的信任，会促使其与他们沟通甚至进行模仿，进而对低碳农业技术采纳行为产生影响（李明月等，2020；王学婷等，2018）。

综观已有研究，关于农户信任与低碳农业技术的探索，多数是将信任作为社会资本的一个分支研究其对农户低碳农业技术采纳行为的影响。少有研究将一般信任和制度信任纳入模型，深入系统地研究信任对农户低碳农业技术采纳行为的影响。同时，学者多聚焦信任对农户某一类低碳农业技术采纳行为的影响，少有研究系统关注信任对农户多种低碳农业技术采纳行为的影响。那么，信任对农户的低碳农业技术采纳行为是否有影响？如果有，其在农户低碳农业技术采纳决策中究竟发挥什么作用？作用机制是怎么样的？在不同类别群体中有何差异？

基于此，本章使用 2021 年四川省 540 户农户的调查数据，采用 Tobit 模型实证分析了特殊信任、一般信任和制度信任对农户低碳农业技术采纳行为的影响及作用机制。相较于以往研究，本章的边际贡献在于以下三点。一是研究内容的创新。本章并非将农户信任作为社会资本的一部分，而是从特殊信任、一般信任和制度信任的整体视角去探究其对农户低碳农业技术采纳行为的作用机制，这对于从农户信任视角去理解其行为决策具有重要的理论意义。二是研究视角的创新。本章并不单一关注农户的某一类低碳农业技术采纳行为（如秸秆还田或测土施肥），而是从种植业产前、产中、产后全过程视角构建低碳农业技术指标体系。三是深入的机制分析。本章将同群效应纳入模型，采用中介效应模型，深入地剖析了特殊信任、一般信任和制度信任对农户在种植业生产全过程中低碳农业技术采纳行为的作用机制。

13.2　理论分析与研究假设

当前学界对信任的划分主要是采用卢曼的二分法，将农户信任分为人际信任和制度信任。人际信任是指基于人际关系和情感联系，对熟人善意行为的判断和信赖；制度信任是指用法律或制度加以规范、惩戒以降低他人投机的可能性，是对现代社会制度的信心和依赖（程莉娜、吴玉锋，2016）。但是，卢曼的二分法忽略了对陌生人信任的关注，本章在卢曼二分法的基础上，将人际信任拆分为特殊信任和一般信任，将农户信任划分为特殊信任、一般信任和制度信任三个维度。

第一，信任可通过信息分享机制影响农户的低碳农业技术采纳行为。在农村社会中，以个体农户为核心形成的人际关系地缘性较强，信息主要通过家人或邻里乡亲等非制度渠道获取（Mariola，2012）。相互信任的农户在经常性的讨论和交流中，完成了对低碳农业技术的自我教育和培训，这也是对相关政策、制度的又一次宣传和普及，相互交流频率更高的农户信息来源更广，采纳低碳农业技术更加积极（盖豪等，2019；Tolbert and Hall，2015）。翁艺青等（2020）发现，个体基于一般信任评估他人的价值取向和行动，一般信任程度较高的农户更相信他人和制度的有效性，因而更可能进行环境保护。

第二，信任通过加深农户间的情感促进农户的低碳农业技术采纳行为。特殊信任、一般信任和制度信任可以在不同程度上加强农户对事物合法性、合理性及合意性的认同。其中，充分的制度信任能够增强农户对政府及其政策的心理认同感，从而促使其更积极地行动；人际信任建立在人与人之间相互关心及照顾的基础上，这种信任又会衍生出更多人与人之间的相互依赖与关怀（Tolbert and Hall，2015）。

第三，信任通过降低技术风险影响农户的低碳农业技术采纳行为。当前我国低碳农业技术的推广还处于初级阶段，大多数农户认为其存在一定的技术风险。一方面，人际信任感强的农户会不断地与外界进行信息交流，积极学习新技术，对新技术的认知会更全面，操作能力也会逐步增强，进而会更积极地采纳低碳农业技术（吴雪莲等，2016）。另一方面，农户制度信任程度的提高，能在农村社区内逐渐形成一种降低各方面风险与不确定性的非正式制度，并增强农户获取政策支持和技术指导的信心。例如，李建玲（2017）发现，相互信任的农户不断进行环境知识交流和相互学习，打破了"长鞭效应"，促进了环境治理。

第四，信任通过内在约束机制影响农户的低碳农业技术采纳行为。

制度信任可引导或制约农户的行为，具有规范行为的功能。人们彼此交流着各自的认知和看法，并期望对方能够遵守规范，而遵守规范可以赢得好的声誉，否则有被同伴孤立的可能性（Musso and Weare，2015）。何可等（2015）发现，农民对环保法规的信任对农户实施农业废弃物资源化利用起到"拉动"作用。另一方面，农民对制度信任程度的提高，能在农村社区内逐渐形成一种降低各方面风险与不确定性的非正式制度，并增强农户获取政策支持和技术指导的信心。李建玲等（2017）发现，相互信任的农户不断进行环境知识交流和相互学习，打破了"长鞭效应"，促使农户利用丰富的信息资源进行环境治理。

基于此，提出如下研究假说。

H1：特殊信任、一般信任和制度信任显著促进农户的低碳农业技术采纳行为。

此外，有研究发现，同群效应在农户信任与低碳农业技术采纳中扮演了重要的角色。Zeng等（2019）认为，农户的低碳农业技术采纳行为是整合他人观点和行动后修整的结果。信息闭塞的农户向其信任的个体学习低碳农业技术，导致乡村群体中存在行为方式的同质性。Tolbert和Hall（2015）发现，由于邻居的行为具有参照作用，经过与邻居的交流，多数农业生产者会改变自己的行为。一般而言，不同群体对农户的带动路径有两条：第一，农户直接效仿信任的邻居、技术人员或村干部做出低碳，农业技术采纳行为，这个路径可被称为"模仿效应"；第二，农户通过与信任群体的信息沟通，加强对低碳农业技术的了解和认知，进而间接改变低碳农业技术采纳行为，这个路径可被称为"学习效应"（Tolbert and Hall，2015；张露等，2018）。

基于此，提出如下研究假说。

H2：同群效应在特殊信任、一般信任和制度信任对农户低碳农业技术采纳行为的影响中发挥中介作用。

有研究发现，不同地区、不同类型农户的信任对其低碳农业技术采纳行为的影响存在差异。老一代农户是当前低碳农业技术采纳的主要决策主体，但是，现在从事农业生产的新生代农户的比例逐渐增加，现实中新、老两代农户对低碳农业技术的认知、学习能力和现实需求存在代际差异，不能一概而论。同时，居住在非平原地区的农户，即使农户对村干部和邻居比较信任，但因基层组织的资源水平和自身能力的限制，可能存在对低碳农业技术的宣传和技术指导不到位的现象，因而农户的低碳农业技术采纳程度也较低（张建新、Michael，1993）。

基于此，提出如下研究假说。

H3：特殊信任、一般信任和制度信任对不同代、不同地区农户低碳农业技术采纳行为的促进作用不同。

基于前文分析，提出本章的研究框架（见图 13.1）。

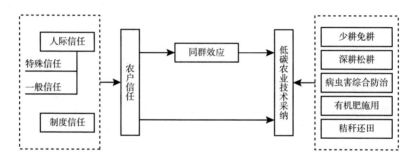

图 13.1　本章研究框架

13.3　数据来源、研究方法和变量选取

13.3.1　数据来源

本章研究所用数据来源于 2021 年 7 月课题组在四川省夹江县、岳池县和高县 3 县所做的问卷调研，调研的方式为入户一对一访谈。问卷内容涵盖家庭基本情况、低碳农业技术感知及采纳等方面，每份问卷调查时间为 1~1.5 小时。为了保障调研所选取样本的典型性和代表性，主要采取分层抽样和等概率随机抽样相结合的方法确定调研样本，最终确定夹江县、岳池县和高县为调查样本县。具体而言，依据经济发展水

平的不同，选取夹江县、岳池县和高县 3 个样本县，每个县调查 3 个乡镇，每个乡镇依据经济发展水平的差异调查 3 个村，每村随机调查 20 户农户作为样本农户。然后，经过严格培训的 16 名调研员在村干部带领下到农户家中进行一对一调研。最终，共获得 3 县 9 乡镇 27 村 540 户农户的有效调查问卷。

13.3.2　指标选取

（1）因变量

本章的因变量为低碳农业技术采纳。低碳农业技术并不是一项具体的技术，而是农业生产过程中各项具有减碳固碳贡献技术的集合。参考邓悦等（2017）的研究，本章构建了种植业低碳农业技术采纳指标体系。之所以考虑种植业，主要有两方面原因：一方面，该体系考虑了农业减排和固碳两方面作用；另一方面，该体系关注种植业生产各个环节（前、中、后）的碳排放，更加全面。其中，产前低碳农业技术即低碳耕作技术，产中低碳农业技术包括低碳施肥技术和低碳施药技术，产后低碳农业技术包括秸秆还田技术。在具体操作时，直接在问卷中询问农户是否采用以下 5 类低碳农业技术：少耕免耕；深耕松耕；病虫害综合防治；有机肥施用；秸秆还田。最后，统计农户采纳低碳农业技术的种类。

（2）自变量

本章的核心变量为农户信任。参考 Lu 等（2022）、何可等（2015）的研究，将其分为特殊信任、一般信任和制度信任。其中，特殊信任通过"您信任您的邻居吗"来衡量，一般信任通过"您信任社会上的大多数人吗"来衡量，制度信任通过"您对环保法规非常信任，如果法规要求采用绿色生产技术，您一定会采用"来衡量。

（3）控制变量

本章引入个人特征、家庭特征和土地特征作为控制变量。首先，在个人特征维度，研究被访者性别、年龄、受教育年限、婚姻状况以及健康程度对农户低碳农业技术采纳行为的影响。其次，在家庭特征维度，研究家庭总人口、家庭人均收入、家庭劳动力数量和人均土地面积对农户低碳农业技术采纳行为的影响。最后，土地特征同样会影响农户的低碳农业技术采纳行为，本章引入土地类型、土壤肥力和水土流失程度以控制这一层面因素的影响。

13.3.3 实证方法

因变量为低碳农业技术采纳，可以近似地看作一个连续变量；自变量为特殊信任、一般信任和制度信任，采用李克特量表进行测度，也可以近似地看作连续变量。考虑到变量的分布特征，本章构建 Tobit 回归计量经济模型来探讨特殊信任、一般信任和制度信任与低碳农业技术采纳之间的相关关系，模型的简单表达式如下：

$$Y = \alpha_0 + \alpha_1 \times teshuxinren + \alpha_2 \times yibanxinren + \alpha_3 \times zhiduxinren + \varepsilon_i$$

$$(13.1)$$

在式（13.1）中，Y 指低碳农业技术采纳；$teshuxinren$、$yibanxinren$ 和 $zhiduxinren$ 是模型的核心自变量，表示特殊信任、一般信任和制度信任；α_0 为常数项，α_1、α_2 和 α_3 分别表示模型的待估计参数；ε_i 是模型的残差项。整个研究模型的估计通过 Stata16.0 实现。

13.4 实证分析

13.4.1 描述性统计分析

表 13.1 显示的是模型涉及变量的描述性统计分析结果。由表 13.1 可知，在 540 户农户中，每户家庭采纳的低碳农业技术种类平均为 1.13 种，表明农户采纳低碳农业技术的程度较低；就自变量而言，特殊信任、一般信任和制度信任的均值分别为 4.12、3.24 和 3.84，表明农户的特殊信任最强，制度信任次之，一般信任最弱。就控制变量而言，被访者年龄平均在 58 岁左右，被访者中男性比例（60%）高于女

性比例（40%），受教育年限平均仅为 6.55 年；2020 年家庭总人口平均为 4.54 人，16~64 岁的家庭劳动力数量平均为 2.57 人，家庭人均收入平均为 20064 元，人均土地面积平均为 1.43 亩；土地类型的均值为 1.88，土壤肥力的均值为 2.95，水土流失程度的均值为 2.42。

表 13.1　描述性统计分析

变量类型		变量名称	变量含义	均值	标准差
因变量		低碳农业技术采纳	采纳低碳农业技术的种类（单位：种）	1.130	0.850
自变量		特殊信任	您信任您的邻居吗？（用 1~5 来衡量，1＝非常不信任，5＝非常信任）	4.120	0.840
		一般信任	您信任社会上的大多数人吗？（用 1~5 来衡量，1＝非常不信任，5＝非常信任）	3.240	1.040
		制度信任	您对环保法规非常信任，如果法规要求采用绿色生产技术，您一定会采用（用 1~5 来衡量，1＝非常不同意，5＝非常同意）	3.840	1.120
控制变量	个人特征	年龄	被访者年龄（单位：岁）	58.48	11.84
		性别	被访者性别（男＝0，女＝1）	0.400	0.490
		受教育年限	被访者受教育年限（单位：年）	6.550	3.440
		婚姻状况	被访者是否结婚（否＝0，是＝1）	0.910	0.280
		健康程度	被访者的健康程度（用 1~5 来衡量，1＝非常不健康，5＝非常健康）	3.670	1.140
	家庭特征	家庭总人口	2020 年家庭总人口（单位：人）	4.540	1.460
		家庭人均收入	2020 年家庭人均收入（单位：元）	20064	1.970
		家庭劳动力数量	您家里 16~64 岁的劳动力数量（单位：人）	2.570	35403
		人均土地面积	2020 年家庭人均土地面积（单位：亩）	1.430	4.260
	土地特征	土地类型	您家土地的类型：（1＝坡地，2＝梯田，3＝平地）	1.880	0.960
		土壤肥力	您家土地的肥力（用 1~5 来衡量，1＝非常不好，5＝非常好）	2.950	1.070
		水土流失程度	您家土地的水土流失程度（用 1~5 来衡量，1＝非常不严重，5＝非常严重）	2.420	1.180

13.4.2　回归分析

表 13.2 中模型 1 显示的是特殊信任、一般信任和制度信任与低碳农业技术采纳的回归结果，模型 2 是在模型 1 的基础上加入控制变量的回归结果。由模型的整体显著性检验统计量（F 值）可知，所有模型均在 1% 水平上显著。同时，模型自变量间不存在严重的多重共线性问题（模型变量间的相关系数均小于 0.7），可以进行后续回归分析。此外，为了排除异方差对模型结果的影响，各个模型均使用稳健标准误。

如表 13.2 所示，无论是否考虑控制变量，特殊信任、一般信任和制度信任均能显著促进低碳农业技术采纳，且结果稳健，这验证了 H1。模型 2 的结果显示，特殊信任每增加 1 个单位，低碳农业技术采纳增加 0.171 个单位。这与郭文献等（2014）的研究一致。可能的原因是，一方面，邻里之间长期的高频率互动增进了彼此的认同感，长期交往产生的信任、互惠及声誉逐渐形成一种"制度化"沉淀，使彼此言行受到共同准则的约束；另一方面，邻居对低碳农业技术的良好评价作为一种口碑信息在农村公共空间传播，进而形成辐射带动作用。模型 2 的结果显示，一般信任每增加 1 个单位，低碳农业技术采纳增加 0.168 个单位。这与 Bisung 等（2014）的研究一致。可能的原因是，农户对陌生人的信任程度越高，农户的开放程度越高，陌生农户之间的信息交流也越顺畅，这在一定程度上会降低农户之间合作的交易成本，因此对低碳农业技术采纳有一定的促进作用。模型 2 的结果显示，制度信任每增加 1 个单位，低碳农业技术采纳增加 0.121 个单位。这与何可等（2015）的研究一致。可能的原因是，制度信任程度高的农户更容易在政策法规指导和约束下进行农业生产，而不是忽视乃至抵触相关政策法规，所以制度信任程度高的农户更倾向于积极采纳低碳农业技术。

表 13.2　基准回归结果

	模型 1	模型 2
特殊信任	0.146 **	0.171 ***
	（0.062）	（0.059）
一般信任	0.192 ***	0.168 ***
	（0.051）	（0.049）
制度信任	0.117 ***	0.121 ***
	（0.043）	（0.042）
年龄		0.010 **
		（0.005）
性别		0.066
		（0.101）
受教育年限		−0.009
		（0.016）
婚姻状况		0.025
		（0.158）
健康程度		0.007
		（0.041）
家庭劳动力数量		0.106 **
		（0.048）
家庭总人口		0.040
		（0.034）
家庭人均收入（取对数）		−0.077
		（0.062）
人均土地面积（取对数）		0.650 ***
		（0.113）
土地类型		−0.065
		（0.046）
土壤肥力		−0.008
		（0.042）

续表

	模型 1	模型 2
水土流失程度		0.111
		(0.132)
_cons		−0.153
	(0.191)	(0.531)
F	17.258***	7.088***
N	540	540

注：***、**、*分别表示估计结果在1%、5%、10%的水平上显著；括号中报告了稳健性标准误。

13.4.3 稳健性检验

为了检验估计结果的稳健性，本部分采用变换估计方法的方式进行稳健性检验。由表13.3可知，特殊信任、一般信任和制度信任与低碳农业技术采纳的稳健性检验回归结果与基准回归结果类似，特殊信任、一般信任和制度信任会显著促进低碳农业技术采纳。该结果从侧面论证了本研究估计结果的稳健性。

表 13.3　稳健性检验回归结果

	模型 3	模型 4
特殊信任	0.119**	0.133***
	(0.046)	(0.044)
一般信任	0.146***	0.130***
	(0.038)	(0.037)
制度信任	0.101***	0.103***
	(0.031)	(0.031)
控制变量	未控制	已控制
F	20.344***	8.272***
N	540	540

注：***、**、*分别表示估计结果在1%、5%、10%的水平上显著；括号中报告了稳健性标准误。

13.4.4　异质性分析

理论上而言，不同代、不同地区农户的行为存在较大差异，故而，本节根据上述两个因素将农户分成不同的组别，并进一步使用 Tobit 模型探讨不同群体的信任对低碳农业技术采纳影响的异质性。

首先，选择地区作为划分标准，将样本分为平原地区和非平原地区，通过 Tobit 模型进行估计。表 13.4 的结果显示，对于平原地区的农户，特殊信任和制度信任与低碳农业技术采纳显著正相关；对于非平原地区的农户，特殊信任、一般信任和制度信任均与低碳农业技术采纳显著正相关。

其次，参考曾杨梅等（2019）的研究，将被访者分为新生代农户（60 岁以下）和老一代农户（60 岁及以上）两个组别，通过 Tobit 模型进行估计。表 13.4 的结果显示，无论是新生代还是老一代农户，特殊信任、一般信任和制度信任均与低碳农业技术采纳显著正相关，其中新生代农户特殊信任、一般信任和制度信任的系数均大于老一代农户。

表 13.4　异质性分析回归结果

变量	地区		代	
	平原地区	非平原地区	新生代	老一代
特殊信任	0.221 **	0.133 *	0.196 **	0.135 *
	(0.092)	(0.074)	(0.088)	(0.075)
一般信任	0.061	0.198 ***	0.199 ***	0.151 **
	(0.079)	(0.060)	(0.069)	(0.067)
制度信任	0.123 *	0.113 **	0.135 **	0.107 *
	(0.072)	(0.051)	(0.061)	(0.057)
控制变量	已控制	已控制	已控制	已控制
F	3.458 ***	6.291 ***	3.463 ***	5.527 ***
N	180	360	291	249

注：***、**、* 分别表示估计结果在 1%、5%、10% 的水平上显著；表中报告的结果为边际效应；括号中报告了稳健性标准误。

13.4.5　机制分析

如前所述，特殊信任、一般信任和制度信任对低碳农业技术采纳具有显著影响，然而具体作用机制并不明确。基于此，本节采用中介效应模型进一步探讨该影响的具体作用机制，即验证 H2。具体而言，主要验证以下三条路径：①特殊信任→同群效应→低碳农业技术采纳；②一般信任→同群效应→低碳农业技术采纳；③制度信任→同群效应→低碳农业技术采纳。中介效应检验有多种方法，较常见的有逐步回归法、Sobel 检验法以及 Bootstrap 检验法。参考温忠麟等（2004）的研究，本节拟采用逐步回归法进行中介效应检验，估计方程如下：

$$Y = cX + \varepsilon_1 \tag{13.2}$$

$$M = aX + \varepsilon_2 \tag{13.3}$$

$$Y = cX + \beta M + \varepsilon_3 \tag{13.4}$$

式中，Y 为因变量低碳农业技术采纳，X 为自变量信任（包括特殊信任、一般信任、制度信任），M 为中介变量同群效应。为了使结果更加准确，整个模型的运行过程使用 Stata 16.0。

表 13.5 的结果显示，同群效应在特殊信任和一般信任对低碳农业技术采纳的影响中发挥部分中介效应，在制度信任对低碳农业技术采纳的影响中不存在中介效应。这部分验证了 H2。

表 13.5　同群效应的中介效应分析结果

变量	机制:信任→同群效应→低碳农业技术采纳		
	低碳农业技术采纳	同群效应	低碳农业技术采纳
特殊信任	0.171 ***		0.118 **
	（0.059）		（0.057）
一般信任	0.168 ***		0.125 **
	（0.049）		（0.049）

变量	机制：信任→同群效应→低碳农业技术采纳		
	低碳农业技术采纳	同群效应	低碳农业技术采纳
制度信任	0.121 ***		0.131 ***
	（0.042）		（0.040）
特殊信任		0.072 ***	
		（0.019）	
一般信任		0.060 ***	
		（0.015）	
制度信任		−0.014	
		（0.015）	
同群效应			0.706 ***
			（0.112）
控制变量	已控制	已控制	已控制
F	7.088 ***	4.876 ***	9.308 ***
N	540	540	540

注：*** 、** 、* 分别表示估计结果在 1%、5%、10% 的水平上显著；括号中报告了稳健性标准误。

13.5　小结

本章基于 2021 年四川省 540 户农户的调研数据，采用 Tobit 模型和中介效应模型深入剖析了信任对农户低碳农业技术采纳行为的影响及作用机制，得到以下几点结论。

第一，农户的信任水平较高，其中，特殊信任最强，制度信任次之，一般信任最弱。同时，农户采纳低碳农业技术的程度不高，每个家庭采纳的低碳农业技术种类平均为 1.13 种。第二，特殊信任、一般信任和制度信任均会显著促进农户的低碳农业技术采纳行为，且特殊信任的促进作用最大，一般信任次之，制度信任最小。异质性分析结果表明，对于平原地区的农户来说，特殊信任和制度信任对低碳农业技术采纳的影响大于非平原地区的农户；对于新生代农户来说，特殊信任、一般信任和制度信任对低碳农业技术采纳的影响均大于老一代农户。第三，中介效应分析发现，同群效应在特殊信任和一般信任对低碳农业技术采纳的影响中发挥了中介作用。

针对上述结论，本章从以下几方面提出政策建议。

一是加大低碳农业技术和环境保护宣传力度。各级政府和农村环境公益组织可以通过入户交流和微信、微博等新媒体加大宣传力度，帮助农户深刻了解环境保护对农村发展的重要性，以激发农户采纳低碳农业技术的积极性。二是增强农户之间的信任以及制度信任。一方面，乡村基层干部可以开展各种形式的活动，加强农户之间的沟通交流，营造相互信任、互惠互利的乡村社会环境，增强农民对采纳低碳农业技术的光荣感和自豪感，增强农户的环境保护意识。另一方面，加强乡村制度建设，增强农户的制度信任。基层干部要围绕人民利益开展工作，不断提升文化素养和工作能力，在乡村环境治理中发挥带头作用，逐步提高为人民服务的水平，从而有效增强农户的制度信任。三是发挥邻居的示范带头作用。鼓励种植大户、专业大户等积极开展低碳农业技术示范，带动普通农户模仿学习，以实际效果来消除部分农户的担忧和顾虑。

第 14 章　互联网使用与绿色生产技术采纳

14.1　问题提出

近年来，全球气候变化引起的温度升高、海平面上升、极端气候问题，给人类的生存和发展带来了严峻挑战。其中，二氧化碳等温室气体的排放是引起气候变化的关键因素，据统计，从 1850 年到 2020 年，全球大气中二氧化碳平均浓度增长近 50%。中国是世界上最大的温室气体排放国，近年来中国的二氧化碳排放量始终居全球首位。为应对日益严峻的气候变化，中国作为世界上最大的发展中国家，提出 2030 年前二氧化碳排放达到峰值、2060 年前实现碳中和的目标，彰显了大国的责任和担当。如何降低碳排放以减缓气候变化，从而实现人与自然和谐共处成为中国亟须解决的问题。

农业是经济社会发展的重要基础，又是碳排放的重要领域。IPCC 评估结果显示，全球 13.5% 的碳排放源于农业生产活动，中国的这一比例更高达 17%（徐婵娟等，2018）。其中，种植业是农业系统碳排放的主要来源，主要体现在以下三个方面。一是农业耕作和灌溉。耕作破坏土壤层结构，灌溉增强土壤的呼吸作用，进而增加二氧化碳排放。二是生产资料（如化肥、农药等）投入。据统计，每 1kg 氮肥、磷肥以及钾肥分别会排放 3.932kg、0.636kg 以及 0.108kg 标准碳，1kg 化学农药会产生 4.9341kg 标准碳。三是废弃物处理。例如，秸秆等废弃物不充分燃烧会释放出大量的一氧化碳、碳氢化合物等气体污染物（童洪志、冉建宇，2021）。要实现"双碳"目标，中国农业低碳化问题亟须解决。

作为一种绿色生产技术，低碳农业技术可以有效降低农业的碳排放量，故而农户的低碳农业技术采纳行为一直是学界研究的热点。从已有研究来看，学者对低碳农业技术进行了大量的理论研究，包括对低碳农业技术的特征、现状和发展对策等开展研究。已有研究普遍发现，农户对低碳农业技术的采纳水平总体并不高，形成"上热下冷"现象（吴寒梅，2021）。究竟是什么因素制约了低碳农业技术的使用值得进一步探索。学者多从农户个人和家庭的社会经济特征、环境规制和政府宣传、技术风险感知等角度选取可能影响低碳农业技术采纳的因素展开研究。互联网作为一种新的信息技术给低碳农业技术采纳造成了影响，对此目前学界却缺乏关注（裴璐璐、王会战，2021）。

随着数字经济的快速发展和移动互联网的普及，中国进入移动互联网时代，以互联网为基础的数字经济成为我国经济高质量发展的重要支撑（覃朝晖等，2021）。同时，随着农村网络基础设施建设水平的不断提升，互联网与农业领域深度融合，迅速成为农户获取信息的一个重要渠道，为农业经济的发展开辟了新道路。据统计，农村拥有3.09亿名网民，互联网信息普及率达到55.9%（李思琦等，2021）。互联网具有信息共享、交流学习、降低风险等功能，弥补了农业技术推广机构的不足，是推动农户采用新技术的重要渠道。因此，研究农户的互联网使用行为，有利于了解现阶段互联网在低碳农业技术领域发挥的作用，推动互联网和低碳农业技术的融合发展，助力"双碳"目标的实现。

基于此，本章使用2021年四川省1080户农户的调查数据，采用CMP模型实证分析了互联网使用对低碳农业技术采纳的影响及其作用机制。相较于以往研究，本章的边际贡献在于以下三点：一是从种植业产前、产中、产后的全过程视角构建低碳农业技术指标体系，探究了互联网使用对低碳农业技术采纳的影响；二是在此基础上进行了中介效应分析，深入剖析了二者间的作用机制；三是使用了CMP 模型有效解决了自我选择偏差导致的内生性问题，使得估计结果更加可靠。

14.2　理论分析与研究假设

随着新型城镇化的深入推进和经济的快速发展，人类活动对生态环境的影响日益增大，中国面临着各种生态环境威胁，而居民的生态保护意识薄弱。互联网作为一种重要的信息渠道，可以传播信息、增加农户的人力资本和社会资本、增强农户的生态环境保护意识，进而影响其低碳农业技术采纳行为（闫迪、郑少锋，2020）。

互联网有利于信息的获取。首先，互联网能够打破信息壁垒。在比较封闭的农村社会，互联网可能是农户获得信息资源的重要途径（李文欢、王桂霞，2021）。其次，互联网有丰富的信息传播形式，可通过图片和视频等传播相关农业和环境信息，有利于加深农户对农业知识和生态环境的了解。最后，互联网可以提高信息传播频率，使农户的认知在潜移默化中受到影响（祝仲坤、冷晨昕，2017）。

互联网能够增加家庭人力资本。首先，互联网重塑了农户传统的知识结构体系，使其能够积累更多新知识、掌握更多新技术，不断改变农户的思维，进而增加农户的技术投入。其次，农户缺乏对低碳农业技术的认识，导致滥用农药、焚烧秸秆的行为时有发生（靖汉娇，2019），而互联网有利于纠正农户对低碳农业技术的错误认知，从而影响农户的低碳农业技术采纳行为（姜维军等，2019）。

互联网作为一种人与人之间交流的媒介，能够扩大社会网络，在促进个体社会互动的同时增加信息交换的可能性（雷显凯等，2021）。一方面，互联网可以加强农户与熟人的交流沟通，维系原有社会关系，有助于稳固现有社会网络（Siaw et al., 2020）。例如，尚燕等（2018）发现，互联网能够影响农户对低碳农业技术的认知和采纳行为。另一方面，互联网还能有效促进不同背景个体之间的社会互动，进而通过学习效应普及农业生产技术（Batigun and Kilic, 2011）。

基于上述分析，提出如下研究假说。

H1：互联网使用显著促进低碳耕作技术采纳。

H2：互联网使用显著促进低碳施药技术采纳。

H3：互联网使用显著促进低碳施肥技术采纳。

H4：互联网使用显著促进低碳灌溉技术采纳。

H5：互联网使用显著促进低碳农膜使用技术采纳。

H6：互联网使用显著促进秸秆资源化利用技术采纳。

此外，许多研究发现，互联网使用不仅可以直接影响低碳农业技术采纳，还可以通过经济效益认知和生态效益认知间接影响低碳农业技术采纳。一方面，农户作为理性经济人，追求收益最大化，当低碳农业技术能够带来明显收益时，农户会考虑采纳该技术（项朝阳等，2020）。例如，柳松等（2021）发现，通过使用互联网，农户会对低碳农业技术带来的经济利益进行评估，进而做出低碳农业技术采纳及生产资料投入决策。另一方面，农户在生态环境保护方面是缺乏理性的，随着生活水平的提升，农户越来越关注自然环境和社会环境的可持续发展问题。例如，李文欢、王桂霞（2021）发现互联网有利于增强农户的危机意识，促进农户采纳低碳农业技术。

基于上述分析，提出如下研究假说。

H7：互联网使用通过提高农户的经济效益认知促进低碳农业技术采纳。

H8：互联网使用通过提高农户的生态效益认知促进低碳农业技术采纳。

14.3　数据来源、研究方法和变量选取

14.3.1 数据来源

本章所用数据来源于 2021 年 7～10 月课题组在四川省彭州市、夹江县、泸县、岳池县、高县和南江县 6 县（市）所做的问卷调研，调研方式为一对一面对面访谈。问卷内容涵盖农户的生计资本、低碳技术使用和家庭能源消费等方面，每份问卷调查时间在 2 小时左右。为了保障调研所选取样本的典型性和代表性，本章主要采取分层抽样和等概率随机抽样相结合的方法确定调研样本。

首先，根据经济发展水平和地形地貌等指标将四川省 183 个县（市、区）分为好、中、差三类，然后从每类县（市、区）中随机选取 2 个作为样本县（市、区），基于此选取四川省彭州市、夹江县、泸县、岳池县、高县和南江县作为样本县（市）。其次，根据样本县（市）的经济发展水平、与县（市）政府中心的距离，在每个样本县（市）中随机选择 3 个样本乡镇，共选出 18 个乡镇。再次，根据乡镇内村落的经济发展水平、与乡镇政府中心的距离等指标，在每个样本乡镇中随机抽样选择 3 个样本村落，共得到 54 个村落。复次，前站队员从村干部处获得样本村落的农户花名册，并根据事先设定好的随机数表从每个样本村落中随机抽取 20 户农户作为样本农户。最后，经过严格培训的 16 名调研员在村干部带领下到农户家中进行一对一面对面调研。本次调研共获得 6 县（市）18 乡镇 54 村 1080 户农户的有效调查问卷。

14.3.2　变量选取

（1）因变量

本章因变量为低碳农业技术采纳。低碳农业技术并不是一项具体的技术，而是农业生产过程中各项具有减碳固碳贡献技术的集合。参考邓

悦等（2017）的研究，本章构建了种植业低碳农业技术指标体系。一方面，该体系考虑了农业减排和固碳两个方面。另一方面，该体系关注种植业生产各个环节（前、中、后）的碳排放，主要技术包括：产前低碳农业技术，即低碳耕作技术；产中低碳农业技术，即低碳施药技术、低碳施肥技术和低碳灌溉技术；产后低碳农业技术，即低碳农膜使用技术和秸秆资源化利用技术。

具体来说，在问卷中询问农户是否采用以下 10 类低碳农业技术：少耕免耕、轮作、生物农药施用、有机肥与化肥配施、测土配方、节水灌溉、农膜回收、秸秆还田、秸秆制沼气、秸秆饲养牲畜（见表 14.1）。

表 14.1　低碳农业技术分类

技术分类	具体技术	说明	均值	方差
低碳耕作技术	少耕免耕	使用＝1；未使用＝0	0.400	0.490
	轮作	使用＝1；未使用＝0	0.540	0.500
低碳施药技术	生物农药施用	使用＝1；未使用＝0	0.0600	0.230
低碳施肥技术	有机肥与化肥配施	使用＝1；未使用＝0	0.600	0.490
	测土配方	使用＝1；未使用＝0	0.0300	0.170
低碳灌溉技术	节水灌溉	使用＝1；未使用＝0	0.160	0.370
低碳农膜回收技术	农膜回收	使用＝1；未使用＝0	0.510	0.500
秸秆资源化利用技术	秸秆还田	使用＝1；未使用＝0	0.660	0.470
	秸秆制沼气	使用＝1；未使用＝0	0.010	0.090
	秸秆饲养牲畜	使用＝1；未使用＝0	0.080	0.270

（2）自变量

自变量为互联网使用。互联网使用是指农户通过手机、电脑等设备获取信息的行为，基于此，设计问题"您是否使用互联网"，如果回答为"否"，则赋值为 0，否则赋值为 1。

（3）控制变量

为了提高模型的估计能力，借鉴姜维军等（2021）的研究，选取了一系列可能影响低碳农业技术采纳的其他因素作为控制变量，包括被访者的个体特征（年龄、性别、受教育年限等）和家庭特征（家庭人数、家庭人均收入、到集市的距离、家庭人均土地面积等）。具体指标定义及测度见表 14.2。

（4）工具变量

参考姜维军等（2021）的研究，选取"您认为互联网信息的重要程度"作为工具变量进行检验。主要基于以下考虑：一方面，农户越认为互联网信息重要，就越有可能使用互联网，二者具有较强的相关性；另一方面，农户认为互联网信息的重要程度，不会直接对农户的低碳农业技术采纳行为产生影响，理论上满足排他性要求。

14.3.3 研究方法

本章旨在评估互联网使用对低碳农业技术采纳的定量影响。本研究可能存在内生性问题，主要有两个原因：一是农户是否使用互联网并不是随机给定的，而是会受到农户自身条件和社会经济因素等多种因素的影响，可能会存在遗漏变量和自选择偏差等内生性问题；二是互联网使用提高了农户对低碳农业技术的采纳率，而采纳率的提高又会促进农户使用互联网搜寻更多的低碳农业技术信息以提高使用效果，这种双向因果关系可能会导致互联网使用与随机扰动项相关，进而使模型估计结果产生偏差。

本章因变量低碳农业技术采纳为二分类变量，为了解决变量的内生性问题，本章采用 CMP 模型进行估计，具体分为以下两步：第一，寻找互联网使用的工具变量，并评估其相关性；第二将工具变量代入模型进行联立似然估计，并根据内生性检验参数 atanhrho_12 检验互联网使用的外生性。具体而言，首先估计工具变量对互联网使用的影响，然后估计互联网使用对低碳农业技术采纳的影响。

具体估计公式如下：

$$Transfer_i = \beta_0 + \beta_1 \times Internet_i + \beta_2 \times Con_i + \varepsilon_i \tag{14.1}$$

其中，$Transfer_i$ 表示是否使用低碳农业技术，$Internet_i$ 表示是否使用互联网，Con_i 表示个人和家庭层面的控制变量，ε_i 为残差项，β_0 为常数项，β_1 和 β_2 为基准回归模型的待估参数。

14.4　实证分析

14.4.1　描述性统计分析

表 14.2 显示的是模型涉及变量的描述性统计分析结果。由表 14.2 可知，相比于未使用互联网的农户，使用互联网的农户采纳低碳耕作技术、低碳施药技术、低碳施肥技术和低碳灌溉技术的比例较高，均值分别为 70.6%、5.6%、61.7% 和 16.4%；相比于使用互联网的农户，未使用互联网的农户采纳低碳农膜使用技术和秸秆资源化利用技术的比例较高，均值分别为 59% 和 76.2%。就总体样本而言，农户采纳低碳耕作技术、低碳施药技术、低碳施肥技术、低碳灌溉技术、低碳农膜使用技术和秸秆资源化利用技术的比例分别为 70%、6%、61%、16%、51% 和 69%。就控制变量而言，被访者大多为男性，年龄平均约为 57 岁，受教育年限平均为 6.95 年，90% 以上为已婚，健康程度均值为 3.87，务农年限平均约为 36 年，家庭人数平均约为 4 人，到集市的距离平均为 3996 米，家庭人均收入平均为 26520 元，家庭人均土地面积平均为 2.61 亩。

表 14.2　变量设置与描述性统计

变量	说明	未使用互联网（122）		使用互联网（958）		总体（1080）	
		均值	标准差	均值	标准差	均值	标准差
低碳耕作技术采纳	使用 = 1；未使用 = 0	0.656	0.477	0.706	0.456	0.700	0.460

变量	说明	未使用互联网（122）		使用互联网（958）		总体（1080）	
		均值	标准差	均值	标准差	均值	标准差
低碳施药技术采纳	使用＝1；未使用＝0	0.049	0.217	0.056	0.231	0.060	0.230
低碳施肥技术采纳	使用＝1；未使用＝0	0.549	0.500	0.617	0.486	0.610	0.490
低碳灌溉技术采纳	使用＝1；未使用＝0	0.148	0.356	0.164	0.370	0.160	0.370
低碳农膜使用技术采纳	使用＝1；未使用＝0	0.590	0.494	0.502	0.500	0.510	0.500
秸秆资源化利用技术采纳	使用＝1；未使用＝0	0.762	0.427	0.683	0.466	0.690	0.460
互联网使用	使用＝1；未使用＝0	0	0	1	0	0.890	0.320
性别	男＝1；女＝0	0.541	0.500	0.630	0.483	0.620	0.490
年龄	单位：岁	65.066	8.174	56.197	10.937	57.20	11.02
受教育年限	单位：年	4.795	3.175	7.23	3.243	6.950	3.320
婚否	是＝1；否＝0	0.844	0.364	0.916	0.277	0.910	0.290
健康程度	非常不健康＝1；非常健康＝5	3.426	1.149	3.923	1.076	3.870	1.100
务农年限	单位：年	45.598	12.139	34.96	14.064	36.16	14.26
家庭人数	单位：人	2.631	1.421	4.43	1.788	4.230	1.840
到集市的距离	单位：米	4421.434	9321.951	3941.9	5999.505	3996	6457
家庭人均收入	单位：元	11399.663	14650.235	28445.571	78581.221	26520	74364
家庭人均土地面积	单位：亩	1.625	1.422	2.73	20.293	2.610	19.12

14.4.2　回归分析

表 14.3 显示的是互联网使用对农户低碳农业技术采纳行为影响的

基准回归结果。模型1至模型6分别报告了6类低碳农业技术CMP模型的边际效应及一般标准误。

模型1的结果显示，模型在1%的水平上显著，互联网使用与低碳耕作技术采纳显著正相关，边际效应为0.626。此外，控制变量年龄、性别、到集市的距离、家庭人数、家庭人均收入、家庭人均土地面积均与低碳耕作技术采纳存在显著相关关系。模型2的结果显示，互联网使用与低碳施药技术采纳不存在显著相关性。此外，控制变量家庭人数和家庭人均土地面积均与低碳施药技术采纳存在显著相关关系。模型3的结果显示，互联网使用与低碳施肥技术采纳显著正相关，边际效应为0.795。此外，控制变量性别、家庭人数、家庭人均收入和家庭人均土地面积均与低碳施肥技术采纳存在显著相关关系。模型4的结果显示，互联网使用与低碳灌溉技术采纳不存在显著的相关关系。此外，控制变量性别和健康程度均与低碳灌溉技术采纳存在显著相关关系。模型5的结果显示，互联网使用与低碳农膜使用技术采纳不存在显著的相关关系。此外，控制变量家庭人数和家庭人均土地面积均与低碳农膜使用技术采纳存在显著相关关系。模型6的结果显示，互联网使用与秸秆资源化利用技术采纳不存在显著的相关关系。此外，控制变量婚否、到集市的距离和家庭人均土地面积均与秸秆资源化利用技术采纳存在显著相关关系。

总的来看，互联网使用对不同低碳农业技术采纳的作用具有异质性。与H1和H3一致的是，互联网使用会促进低碳耕作技术和低碳施肥技术的采纳。这与童庆蒙（2020）的研究一致，他认为互联网信息技术已经在农村地区普及，是农户进行低碳耕作的主要原因之一。

与H2、H4、H5和H6不一致的是，实证研究表明互联网使用并不会促进低碳施药技术、低碳灌溉技术、低碳农膜使用技术和秸秆资源化利用技术的采纳。这与刘蓓（2021）的研究不一致，她认为互联网通过提升弱势农户的"三大资本"促进了低碳施药技术采纳。这与高萌

（2020）的研究不一致，他们认为互联网使用增加了农户采纳病虫害综合防治技术的概率，这主要是由于农户使用互联网能够更加便捷地获取环境保护的相关信息和低碳农业相关技术。这与杜婷婷（2013）的研究不一致，她认为互联网使用与低碳灌溉技术采纳呈显著正相关关系。可能的原因是购买节水灌溉设施成本较高，即使农户通过互联网对低碳灌溉技术有所了解，也很难做到低碳灌溉。这也与姜维军等（2021）的研究不一致，其认为互联网使用能直接促进农户主动采纳秸秆还田技术。

表 14.3 互联网使用对农户低碳农业技术采纳行为影响的基准回归结果

变量	低碳耕作技术采纳（模型 1）	低碳施药技术采纳（模型 2）	低碳施肥技术采纳（模型 3）	低碳灌溉技术采纳（模型 4）	低碳农膜使用技术采纳(模型 5)	秸秆资源化利用技术采纳（模型 6）
互联网使用	0.626 ***	0.407	0.795 ***	0.119	-0.425	0.101
	(0.212)	(0.439)	(0.157)	(0.371)	(0.343)	(0.416)
性别	0.090 ***	0.035	0.057 *	0.124 ***	-0.050	0.042
	(0.036)	(0.023)	(0.031)	(0.024)	(0.031)	(0.030)
年龄	0.004 ***	-0.001	0.001	0.001	-0.003	0.001
	(0.002)	(0.001)	(0.002)	(0.002)	(0.002)	(0.002)
受教育年限	0.006	-0.000	0.005	0.001	0.009	0.002
	(0.006)	(0.005)	(0.006)	(0.005)	(0.005)	(0.006)
婚否	0.022	0.032	0.013	-0.025	0.051	0.109 **
	(0.042)	(0.043)	(0.041)	(0.037)	(0.048)	(0.050)
健康程度	0.011	0.003	0.001	0.050 ***	-0.014	0.015
	(0.013)	(0.010)	(0.011)	(0.011)	(0.014)	(0.014)
务农年限	0.002	0.002	0.002	0.000	0.000	0.001
	(0.001)	(0.002)	(0.001)	(0.001)	(0.002)	(0.002)
家庭人数	-0.023 *	-0.020 *	-0.033 ***	-0.019	0.033 **	-0.002
	(0.013)	(0.021)	(0.010)	(0.019)	(0.015)	(0.020)

续表

变量	低碳耕作技术采纳（模型1）	低碳施药技术采纳（模型2）	低碳施肥技术采纳（模型3）	低碳灌溉技术采纳（模型4）	低碳农膜使用技术采纳（模型5）	秸秆资源化利用技术采纳（模型6）
到集市的距离（取对数）	0.015*	0.009	0.013	0.004	-0.017	0.018*
	(0.009)	(0.009)	(0.009)	(0.009)	(0.011)	(0.011)
家庭人均收入（取对数）	-0.022*	-0.001	-0.024**	0.026	0.002	0.009
	(0.012)	(0.015)	(0.011)	(0.015)	(0.017)	(0.018)
家庭人均土地面积（取对数）	0.051**	0.036**	0.071***	0.010	0.057**	0.077***
	(0.023)	(0.016)	(0.025)	(0.016)	(0.024)	(0.024)
平原地区	0.033	-0.004	-0.093***	0.149***	0.030	-0.066*
	(0.033)	(0.024)	(0.030)	(0.026)	(0.034)	(0.035)
丘陵地区	-0.023	-0.123*	-0.004	0.003	0.309***	0.006
	(0.036)	(0.037)	(0.033)	(0.035)	(0.071)	(0.040)
atanhrho_12	-0.690**	-0.854	-0.874***	-0.250**	0.356	-0.168
	(0.349)	(0.543)	(0.324)	(0.492)	(0.335)	(0.351)
chi^2	314.24***	310.40***	327.92***	388.97***	395.00***	279.31***
N	1080	1080	1080	1080	1080	1080

注：括号中报告了稳健性标准误；*、**、***分别表示在10%、5%和1%的统计水平上显著。

14.4.3　稳健性检验

本节在基准模型的基础上使用 IV-Probit 模型，对低碳农业技术采纳进行了稳健性检验。表 14.4 的结果显示，低碳耕作技术采纳、低碳施药技术采纳、低碳施肥技术采纳、低碳灌溉技术采纳、低碳农膜使用技术采纳和秸秆资源化利用技术采纳呈现与 CMP 模型类似的估计结果，充分证明了前文结果是稳健且可信的。因此，互联网使用能显著促进低碳耕作技术和低碳施肥技术的采纳。

表 14.4　互联网使用与低碳农业技术采纳的稳健性检验

变量	低碳耕作技术采纳	低碳施药技术采纳	低碳施肥技术采纳	低碳灌溉技术采纳	低碳农膜使用技术采纳	秸秆资源化利用技术采纳
互联网使用	1.938 ***	1.859	2.390 ***	0.554	−1.237	0.333
	(0.801)	(1.216)	(0.664)	(1.470)	(1.040)	(1.143)
控制变量	已控制	已控制	已控制	已控制	已控制	已控制
Chi^2	109.59 ***	98.66 ***	145.54 ***	138.60 ***	169.70 ***	32.02 ***
N	1080	1080	1080	1080	1080	1080

注：括号中报告了稳健性标准误；＊、＊＊、＊＊＊分别表示在 10%、5%和 1%的统计水平上显著。

14.4.4　异质性分析

上文验证了互联网使用对低碳耕作技术和低碳施肥技术采纳的促进作用，接下来将进行异质性分析。理论上而言，农户的低碳农业技术采纳行为在不同群体之间会存在较大差异，这种差异可能受到土地规模和受教育年限的影响。因此，根据土地规模和受教育年限将农户分成不同的组别，并进一步使用 CMP 模型探讨不同群体的互联网使用情况对其低碳农业技术采纳行为影响的异质性。

首先，选择土地规模作为划分标准，根据农户人均正在经营的土地规模是否大于样本均值，将样本分为小规模农户和大规模农户两个类别，在此将前文的控制变量家庭人均土地面积剔除，模型估计结果如表14.5 所示。结果显示，对于小规模农户而言，互联网使用与低碳耕作技术和低碳施肥技术采纳均显著正相关。对于大规模农户而言，互联网使用与低碳施肥技术采纳显著正相关，而与低碳耕作技术采纳的相关性并不显著。可能的原因在于：对于小规模农户而言，低碳耕作技术既可以减少二氧化碳的排放，又可以减少人力成本的投入，因此低碳耕作技术采纳程度较高；而化肥等生产资料是农业二氧化碳排放的第一大来源，不仅对生态环境造成了严重影响，而且对人体健康造成了危害，故所有农户都愿意减少化肥等生产资料的投入。

表 14.5　土地规模的回归结果

土地规模	低碳耕作技术采纳		低碳施肥技术采纳	
	小规模农户	大规模农户	小规模农户	大规模农户
互联网使用	0.514*	0.180	0.683***	0.761***
	(0.268)	(0.766)	(0.244)	(0.156)
atanhrho_12	−0.471*	−0.192	−0.554**	−1.302**
	(0.281)	(0.870)	(0.265)	(0.655)
控制变量	已控制	已控制	已控制	已控制
chi^2	201.29***	125.79***	195.23***	126.35***
N	662	418	662	418

注：括号中报告了稳健性标准误；*、**、*** 分别表示在 10%、5% 和 1% 的统计水平上显著。

其次，选择受教育年限作为划分标准，将样本分为低受教育年限（6 年以下）和高受教育年限（6 年及以上）两个类别，在此将前文的控制变量受教育年限剔除，模型估计结果如表 14.6 所示。结果显示，对于低受教育年限的农户而言，互联网使用与低碳耕作技术和低碳施肥技术采纳均显著正相关。而对于高受教育年限的农户而言，互联网使用与低碳耕作技术和低碳施肥技术采纳的相关性均不显著。可能的原因在于：受教育年限较高的农户，原本知识水平、环保意识和学习能力等都处于较高水平，故互联网使用对其思想观念和行为的影响较小；而受教育年限较低的农户通过使用互联网增强了自身的环保意识，因此互联网使用促进了其采纳低碳农业技术。

14.4.5　机制分析

本节将基于中介效应模型，进一步探讨互联网使用对农户低碳农业技术采纳行为影响的作用机制，即验证 H7 和 H8。具体而言，主要验证以下两条路径：①互联网使用→经济效益认知→低碳农业技术采纳；②互联网使用→生态效益认知→低碳农业技术采纳。

表 14.6　受教育年限的回归结果

受教育年限	低碳耕作技术采纳		低碳施肥技术采纳	
	低受教育年限	高受教育年限	低受教育年限	高受教育年限
互联网使用	0.771 ***	0.105	0.857 ***	0.215
	(0.107)	(0.317)	(0.053)	(0.336)
atanhrho_12	−1.308 **	−0.011	−1.681 ***	−0.164
	(0.528)	(0.238)	(0.507)	(0.221)
控制变量	已控制	已控制	已控制	已控制
chi^2	185.25 ***	147.92 ***	223.75 ***	127.54 ***
N	572	508	572	508

注：括号中报告了稳健性标准误；＊、＊＊、＊＊＊分别表示在 10%、5% 和 1% 的统计水平上显著。

中介效应检验有多种方法，常见的有逐步回归法、Sobel 检验法以及 Bootstrap 检验法。参考温忠麟等（2004）的研究，本节拟采用逐步回归法进行中介效应检验，估计方程如下：

$$Y = cX + \varepsilon_1 \tag{14.2}$$

$$M = aX + \varepsilon_2 \tag{14.3}$$

$$Y = cX + \beta M + \varepsilon_3 \tag{14.4}$$

式中，Y 为因变量低碳农业技术采纳，X 为自变量互联网使用，M 为中介变量经济效益认知和生态效益认知。为使结果更加准确，所有模型均使用 CMP 命令控制内生性。整个模型的运行过程使用 Stata16.0。

表 14.7 的结果显示，经济效益认知在互联网使用对低碳耕作技术和低碳施肥技术采纳的影响中发挥了部分中介效应，说明随着经济效益认知的提高，低碳农业技术采纳率也会相应提高，这验证了 H7。

表 14.7　经济效益认知的中介效应检验结果

变量	机制:互联网使用→经济效益认知→低碳农业技术采纳					
	低碳耕作技术采纳	经济效益认知	低碳耕作技术采纳	低碳施肥技术采纳	经济效益认知	低碳施肥技术采纳
互联网使用	0.626*** (0.212)		0.595** (0.225)	0.795*** (0.157)		0.780*** (0.164)
		0.037* (0.045)			0.294*** (0.060)	
经济效益认知			0.027** (0.012)			0.013 (0.011)
控制变量	已控制	已控制	已控制	已控制	已控制	已控制
atanhrho_12	−0.690** (0.349)	−0.553** (0.261)	−0.643* (0.349)	−0.874*** (0.324)	−0.553** (0.261)	0.0844*** (0.325)
chi^2	314.24***	309.35***	321.86***	327.92***	309.35***	329.91***
N	1080	1080	1080	1080	1080	1080

注:括号中报告了稳健性标准误;*、**、***分别表示在10%、5%和1%的统计水平上显著。

表 14.8 的结果显示,生态效益认知在互联网使用对低碳耕作技术和低碳施肥技术采纳的影响中发挥了部分中介效应,说明随着生态效益认知的提高,低碳农业技术采纳率也会相应提高,这验证了 H8。

表 14.8　生态效益认知的中介效应检验结果

变量	机制:互联网使用→生态效益认知→低碳农业技术采纳					
	低碳耕作技术采纳	生态效益认知	低碳耕作技术采纳	低碳施肥技术采纳	生态效益认知	低碳施肥技术采纳
互联网使用	0.626*** (0.212)		0.633** (0.201)	0.795*** (0.157)		0.728*** (0.150)
		0.011*** (0.078)			0.011*** (0.078)	

续表

变量	机制：互联网使用→生态效益认知→低碳农业技术采纳					
	低碳耕作技术采纳	生态效益认知	低碳耕作技术采纳	低碳施肥技术采纳	生态效益认知	低碳施肥技术采纳
生态效益认知			−0.002			0.034 ***
			(0.012)			(0.013)
控制变量	已控制	已控制	已控制	已控制	已控制	已控制
atanhrho_12	−0.690 **	−1.068 ***	−0.703 **	−0.874 ***	−1.068 ***	−0.746 ***
	(0.349)	(0.276)	(0.334)	(0.324)	(0.276)	(0.315)
chi²	314.24 ***	332.17 ***	316.92 ***	327.92 ***	332.17 ***	335.74 ***
N	1080	1080	1080	1080	1080	1080

注：括号中报告了稳健性标准误；*、**、*** 分别表示在10%、5%和1%的统计水平上显著。

14.5　小结

本章基于 2021 年 7～10 月课题组在四川省彭州市、夹江县、泸县、岳池县、高县和南江县 6 县（市）的农户调研数据，探讨了四川省农村地区农户的低碳农业技术采纳情况，以及互联网使用对农户低碳农业技术采纳行为的影响，并试图寻找具体的作用机制。通过前文实证分析与讨论，主要得到以下结论。第一，四川地区互联网普及率较高，有89%的农户使用了互联网。第二，互联网使用会显著促进低碳耕作技术和低碳施肥技术的采纳，而对低碳施药技术、低碳灌溉技术、低碳农膜使用技术和秸秆资源化利用技术的采纳没有显著影响。第三，异质性分析结果表明，对于小规模农户和低受教育年限的农户而言，互联网使用会显著促进低碳农业技术采纳。第四，中介效应分析发现，互联网使用可以通过影响经济效益认知和生态效益认知促进低碳农业技术采纳。

低碳农业技术采纳已经成为中国一项重要的发展战略，有利于实现国家经济、社会和环境的协调可持续发展，尤其是在全球减少碳排放的背景下，低碳农业技术被赋予了新的时代意义。在农村地区发展低碳农业技术，可以实现多赢：一是减少农村地区的温室气体排放，实现农村地区低碳发展；二是避免了秸秆、农膜焚烧造成的环境污染问题，为美丽乡村做出贡献；三是可以形成低碳农产品，实现农民增产增收。然而，如何保障低碳农业技术在农村地区的普及，是一个值得关注的问题。基于上述讨论和研究发现，提出以下政策建议：一是加强互联网的建设和普及，利用微信、微博、抖音等新兴传播平台，对低碳生产和生活方式进行宣传，为农户发展可持续农业、参与低碳农业创造条件，全方位引导居民的低碳行为；二是采用差异化的技术推广策略，合理安排技术组合与推广的先后顺序，以实现低碳农业技术推广的最大效果；三是未来可把低碳农业纳入碳排放交易市场，进行绿色配额、碳汇交易，通过市场交易，既增强农户对生态资源的保护，又让农户实现自身"造血"，能够通过"卖碳"赚钱；四是打造低碳农业产业链，形成低碳产品标签，利用消费者对无公害农产品的偏爱促进农业生产者主动采用低碳农业技术，从而实现农业减排与增收协同。

第六篇　研究结论、政策建议
与研究展望

第15章 研究结论、政策建议与研究展望

15.1 研究结论

就土地流转市场而言，在1080户样本中，850户（78.70%）农户流转了土地，230户（21.30%）农户未流转土地。相较于未流转土地的农户，流转土地的农户采纳绿色生产技术的程度更高。采纳6种、7种、8种绿色生产技术的农户均为流转了土地的农户。土地转入和土地转出都能显著促进农户的绿色生产技术采纳行为，土地转入能够通过提升农户的经济认知和效能认知进一步促进其绿色生产技术采纳行为，土地转出能够通过提升农户的效能感知促进其绿色生产技术采纳行为。经营规模和地块规模均显著正向影响绿色生产技术采纳行为，经营规模和地块规模通过提高商品化率、促进对未来收益的偏好、引入机械投资三条路径间接影响绿色生产技术采纳行为，经营规模和地块规模对绿色生产技术采纳行为的影响存在异质性。在土地流转契约规范性方面，书面契约由于对流转双方的行为进行了约束，相较于口头契约更有利于促进土地转入户采纳绿色生产技术行为；在土地流转契约稳定性方面，在固定的流转期限下，转入方可以根据流转租期合理安排农业经营活动，在一定程度上减少了机会主义行为，相较于无固定期限的流转契约更有利于农户采纳绿色生产技术；在土地流转契约赢利性方面，亲友间的无偿流转由于受制于双方的关系与情面，难以对不合理的农业活动进行劝

261

导，从而不利于转入农户采纳绿色生产技术。

就社会化服务市场而言，在 1080 户样本中，746 户（69.07%）农户获得过社会化服务，334 户（30.93%）农户未获得过社会化服务。获得过社会化服务的农户中，仅有 35 户（4.69%）未采纳绿色生产技术。然而，在未获得过社会化服务的农户中，未采纳绿色生产技术的农户达到 53 户，占比为 15.87%。研究发现，外包机械服务显著促进了农户的绿色生产技术采纳行为。进一步的机制分析发现，外包机械服务主要通过非农就业和农地经营规模的中介作用促进农户的绿色生产技术采纳行为。农业横向分工和纵向分工均能够显著促进农户的绿色生产技术采纳行为。进一步的机制分析发现，农业横向分工是由农村劳动力转移引起的内部劳动力结构和种植结构的变化，可以提高专业化程度，降低化肥的边际投入；而农业纵向分工表现为农户引入外部社会化服务，改善土地资源禀赋，由此促进绿色生产技术采纳行为。

非农就业市场而言，在 1080 户农户中，647 户（59.91%）农户家中至少有 1 人非农就业，433 户（40.09%）农户家中无人非农就业。家中有人非农就业而未采纳绿色生产技术的农户占比为 9.58%，家中无人非农就业而未采纳绿色生产技术的农户占比为 6%。这可能意味着，非农就业抑制了农户采纳绿色生产技术。不同务工区位对化肥减量施用的影响存在显著差异。其中，本地务工对绿色生产技术采纳行为产生显著负向影响，而异地务工对绿色生产技术采纳行为产生显著正向影响。经济分化和生态认知在不同务工区位对农户绿色生产技术采纳行为的影响中发挥部分中介效应。劳动力老龄化阻碍了农户的绿色生产技术采纳行为，具体而言，在其他条件不变的情况下，劳动力老龄化每增加 1 个单位，农户的绿色生产技术采纳行为降低 0.647 个单位。社会化服务和环境规制能在一定程度上缓解劳动力老龄化对绿色生产技术采纳行为的抑制作用。

就社会资本而言，在 1080 户样本中，26 户（2.41%）农户对邻居的信任程度低，135 户（12.50%）农户对邻居的信任程度中等，919 户（85.09%）农户对邻居的信任程度高。35 户（3.24%）农户对当地政府的信任程度低，97 户（8.98%）农户对当地政府的信任程度中等，948 户（87.78%）农户对当地政府的信任程度高。代际效应对农户的秸秆还田行为有抑制作用，同群效应对农户的秸秆还田行为有促进作用，且同群效应的强度大于代际效应。在农户土地地形、土地面积和家庭位置等自然资源禀赋约束下，代际效应和同群效应对农户秸秆还田行为的作用不同。特殊信任、一般信任和制度信任均会显著促进低碳农业技术采纳行为，且特殊信任的促进作用更大，一般信任次之，制度信任最小。中介效应分析发现，同群效应在特殊信任和一般信任对低碳农业技术采纳的影响中发挥了中介作用。互联网使用会显著促进农户对低碳耕作技术和低碳施肥技术的采纳，而对低碳施药技术、低碳灌溉技术、低碳农膜使用技术和秸秆资源化利用技术的采纳没有显著影响。中介效应分析发现，互联网使用可以通过影响经济效益感知和生态效益感知影响农户对低碳农业技术的采纳。

15.2　政策建议

由此，提出如下建议。

第一，加强土地流转市场建设。政府可以加大投入，完善制度设计，制定规范化政策，鼓励农民将土地流转出去，提高农业生产的规模化和专业化程度。同时，政府应加强监管和保护，建立监管机制和准入制度，保障公正公平的原则，防止出现恶性竞争和垄断现象，保护农民利益和农业生态环境。此外，政府还可以制定支持农业绿色发展的政策，鼓励农民采用绿色生产技术，建立绿色技术创新体系，加强绿色生产技术的宣传和推广，从而提高农业生产效率和附加值，促进农业可持续发展。

第二，发展社会化服务市场。政府应该制定鼓励政策来促进社会化服务市场的发展和推广绿色生产技术的应用，如出台税收优惠政策和设立创新基金，为企业和服务机构提供资金和资源支持。同时，政府应加强对社会化服务市场的规范化管理，制定标准和认证机制，推广绿色服务标准，鼓励企业提供优质的环保服务，对违法违规的企业和机构进行处罚。政府也应该促进服务机构和企业提高服务质量，鼓励其在绿色生产技术方面进行技术创新和研发，推广和应用更加环保、节能的绿色技术。同时，政府还可以加强社会化服务市场相关宣传和培训，提高公众的环保意识和环保知识水平，为绿色生产技术的推广打下良好的社会基础。

第三，发展非农就业市场。政府可以制定相关政策，鼓励企业和社会机构发展绿色产业，创造更多的就业机会，吸引更多的人才进入农村地区，提高农业生产的现代化水平和绿色化程度。政府可以通过制定激励政策，鼓励企业在发展绿色产业时提高非农就业的比重，同时提供税收优惠、设立创新基金。此外，政府还可以建立相关培训机制，鼓励和支持农民转移就业到绿色产业领域，提高其绿色技能和素养，为农民提供新的就业机会。政府可以引导企业加强绿色供应链建设，推广绿色生产技术的应用，鼓励企业与农村合作组织、种植户建立长期合作关系，从而带动非农就业的增长。政府还可以改善营商环境，降低企业的投资成本，鼓励企业在绿色产业领域投资和扩大规模，同时提供优质的公共服务，提高企业和员工的生产效率和生活质量。这些措施将为农村地区的绿色产业发展打下良好的基础，促进可持续的农业生产和就业增长。

第四，制定并实施"一揽子"政策措施，鼓励和支持农民转移就业到城市，同时加强土地流转市场和社会化服务市场建设，推广和普及绿色生产技术，促进农村转型升级和可持续发展。首先，应鼓励和支持农民转移就业到城市，提供培训和技能提升机会，为其提供更多就业选择。其次，应加强土地流转市场和社会化服务市场建设，促进农村土地和资源的高效利用，推广和普及绿色生产技术，鼓励和支持发展绿色产业和服务业，提高农村居民的收入和生活水平。最后，政府应加强宣传和培训，提高公众的环保意识和绿色技术素养，促进绿色生产技术的应用和普及，推进农村转型升级和可持续发展。这样的综合政策措施有望促进农村地区的发展，为实现乡村振兴战略目标奠定基础。

综上所述，政府应当加大政策制定和投入力度，促进土地流转市场、社会化服务市场和非农就业市场的发展，推广和应用绿色生产技术，促进农业的现代化和绿色化，实现农业的可持续发展。

15.3　研究不足

第一，样本区域不够多样化。本书只对四川省水稻种植户的绿色生产技术采纳行为进行研究，缺少对全国范围的研究，无法体现不同区域农户绿色生产技术采纳行为的特征。首先，四川省的水稻种植环境和气候条件与其他省份有所不同，而农户的绿色生产技术采纳行为可能会受到地域的影响。因此，如果只对四川省进行研究，就很难全面了解不同省份之间的差异和特性。其次，四川省的水稻种植农户与其他省份的农户可能存在不同的文化、教育和经济背景，这些因素都可能会对绿色生产技术采纳行为产生影响。如果只研究四川省的农户，就难以了解全国范围内农户绿色生产技术采纳行为的特征。

第二，样本种类不够多样化。农业是一个复杂的系统，涉及不同类型的农户和不同种类的农作物。如果一项研究只关注某一类农户或某一种农作物，那么其结果可能无法全面反映农业生产的实际状况。特别是在绿色生产技术的研究领域，不同类型农户采纳绿色生产技术的程度和影响因素可能存在很大差异，如果仅仅针对某一类农户进行研究，就无法充分了解其他类型农户采纳绿色生产技术的情况。

第三，研究数据不够多样化。本书只使用了截面数据进行研究，而没有使用面板数据。截面数据只能反映研究对象在某一特定时间点的情况，无法反映随时间推移而产生的变化。而面板数据则可以记录同一组样本在多个时间点的数据，从而更好地观察和分析变化趋势。如果只使用截面数据进行研究，就难以评估绿色生产技术采纳行为在不同时间点的变化，也无法充分探究采纳行为的动态特征，这是本书的一个不足之处。

15.4　研究展望

第一，拓展研究区域。未来的研究可以选择更多的样本区域，以覆盖全国范围内不同地区的农户，并比较分析不同区域之间的差异和特性。此外，应该结合文化、教育、经济背景等多方面因素，探究其对绿色生产技术采纳行为的影响，以更好地理解和解释农户的行为。另外，也可以从不同的角度和层面，如政策、市场等，来探究不同区域农户采纳绿色生产技术的动因和阻碍，以促进绿色农业的可持续发展。最后，需要采用更加科学、全面、客观的研究方法和工具，以获取更为准确可靠的研究结果。

第二，拓展研究对象。未来的研究应该尽可能拓展研究对象，涉及不同类型的农户和不同种类的农作物。例如，可以对蔬菜种植户、畜牧户等进行调查和研究，以获得更加全面和细致的农业生产状况。同时，这也有助于更好地理解不同类型农户之间采纳绿色生产技术的异同点，为相关农户提供有效的参考。此外，还可以进一步探究不同类型农户之间采纳绿色生产技术的驱动力和限制因素，从而提出更加切实可行的政策建议，促进农业可持续发展。

第三，拓展研究方法。未来的研究可以使用面板数据，对绿色生产技术采纳行为进行跟踪研究。通过多个时间点的数据采集，可以更好地捕捉采纳行为的动态变化，从而更全面地了解采纳行为的特征和影响因素。同时，面板数据还可以用于探究采纳行为的持续性。此外，未来的研究也可以结合定量和定性方法，进行更深入的分析。定量研究可以通过面板数据的采集和分析，提供更具体的数据支持；而定性研究可以通过深入访谈和案例研究等方式，更好地解释和理解研究结果，为政策制定和实践提供更加全面和深入的参考。

参考文献

第一篇

边燕杰、丘海雄，2000，《企业的社会资本及其功效》，《中国社会科学》第 2 期。

蔡昉，2018，《农业劳动力转移潜力耗尽了吗？》，《中国农村经济》第 9 期。

曹美娜、张宜升、徐鹏等，2018，《土地流转政策对农村生物质燃烧排放的影响研究——以广东省江门市为例》，《生态经济》第 5 期。

畅倩、颜俨、李晓平等，2021，《为何"说一套做一套"——农户生态生产意愿与行为的悖离研究》，《农业技术经济》第 4 期。

陈劲、李飞宇，2001，《社会资本：对技术创新的社会学诠释》，《科学学研究》第 3 期。

陈俊梁，2005，《谈我国农业适度规模经营的实施条件》，《经济问题》第 4 期。

陈梅英、黄守先、张凡等，2021，《农业绿色生产技术采纳对农户收入的影响效应研究》，《生态与农村环境学报》第 10 期。

陈钊、陆铭，2008，《从分割到融合：城乡经济增长与社会和谐的政治经济学》，《经济研究》第 1 期。

杜维娜、陈瑶、李思潇等，2021，《老龄化、社会资本与农户化肥减量施用行为》，《中国农业资源与区划》第 3 期。

冯之浚、刘燕华、金涌等,2015,《坚持与完善中国特色绿色化道路》,《中国软科学》第9期。

傅新红、宋汶庭,2010,《农户生物农药购买意愿及购买行为的影响因素分析——以四川省为例》,《农业技术经济》第6期。

盖豪、颜廷武、何可等,2019,《社会嵌入视角下农户保护性耕作技术采用行为研究——基于冀、皖、鄂3省668份农户调查数据》,《长江流域资源与环境》第9期。

盖豪、颜廷武、张俊飚,2020,《感知价值、政府规制与农户秸秆机械化持续还田行为——基于冀、皖、鄂三省1288份农户调查数据的实证分析》,《中国农村经济》第8期。

高强、孔祥智,2013,《我国农业社会化服务体系演进轨迹与政策匹配:1978~2013年》,《改革》第4期。

高杨、牛子恒,2019,《风险厌恶、信息获取能力与农户绿色防控技术采纳行为分析》,《中国农村经济》第8期。

耿宇宁、郑少锋、陆迁,2017,《经济激励、社会网络对农户绿色防控技术采纳行为的影响——来自陕西猕猴桃主产区的证据》,《华中农业大学学报》(社会科学版)第6期。

郭清卉、李世平、李昊,2018,《基于社会规范视角的农户化肥减量化措施采纳行为研究》,《干旱区资源与环境》第10期。

郭晓鸣、曾旭晖、王蔷等,2018,《中国小农的结构性分化:一个分析框架:基于四川省的问卷调查数据》,《中国农村经济》第10期。

国务院发展研究中心农村部"农业社会化服务体系研究"课题组,1992,《关于农业社会化服务的几个问题》,《经济研究》第8期。

何可、张俊飚、张露等,2015,《人际信任、制度信任与农民环境治理参与意愿:以农业废弃物资源化为例》,《管理世界》第5期。

何丽娟、童锐、王永强,2021,《社会网络异质性对果农有机肥替代化肥技术模式采用行为的影响》,《长江流域资源与环境》第1期。

洪炜杰、陈小知、胡新艳,2016,《劳动力转移规模对农户农地流转行为的影响——基于门槛值的验证分析》，《农业技术经济》第11期。

胡海华，2016，《社会网络强弱关系对农业技术扩散的影响——从个体到系统的视角》，《华中农业大学学报》（社会科学版）第5期。

黄佩民、孙振玉、梁艳，1996，《农业社会化服务业与现代农业发展》，《管理世界》第5期。

黄炎忠、罗小锋、李容容等，2018，《农户认知、外部环境与绿色农业生产意愿——基于湖北省632个农户调研数据》，《长江流域资源与环境》第3期。

冀名峰，2018，《农业生产性服务业：我国农业现代化历史上的第三次动能》，《农业经济问题》第3期。

贾蕊、陆迁，2018，《土地流转促进黄土高原区农户水土保持措施的实施吗？——基于集体行动中介作用与政府补贴调节效应的分析》，《中国农村经济》第6期。

孔祥智、徐珍源、史冰清，2009，《当前我国农业社会化服务体系的现状、问题和对策研究》，《江汉论坛》第5期。

旷浩源，2014，《农村社会网络与农业技术扩散的关系研究——以G乡养猪技术扩散为例》，《科学学研究》第10期。

李博伟，2019，《土地流转契约稳定性对转入土地农户化肥施用强度和环境效率的影响》，《自然资源学报》第11期。

李博伟、徐翔，2017，《社会网络、信息流动与农民采用新技术——格兰诺维特"弱关系假设"的再检验》，《农业技术经济》第12期。

李昊、曹辰、李林哲，2022，《绿色认知能促进农户绿色生产行为吗？——基于社会规范锁定效应的分析》，《干旱区资源与环境》第9期。

李胜楠、李坦，2022，《非农就业、极端气候变化感知对小农户绿肥施用意愿的影响》，《云南农业大学学报》（社会科学版）第1期。

李玉贝、陆迁、郭格，2017，《社会网络对农户节水灌溉技术采用的影响：同质性还是异质性》，《农业现代化研究》第 6 期。

廖文梅、孔凡斌、林颖，2015，《劳动力转移程度对农户林地投入产出水平的影响——基于江西省 1178 户农户数据的实证分析》，《林业科学》第 12 期。

刘乐、张娇、张崇尚等，2017，《经营规模的扩大有助于农户采取环境友好型生产行为吗——以秸秆还田为例》，《农业技术经济》第 5 期。

刘美玲、王桂霞，2021，《资本禀赋、价值认知对稻农有机肥施用行为的影响研究——基于东北水稻种植区 486 份稻农调查数据》，《世界农业》第 4 期。

刘魏、张应良，2018，《非农就业与农户收入差距研究——基于"离土"和"离乡"的异质性分析》，《华中农业大学学报》（社会科学版）第 3 期。

刘宇荧、李后建、林斌等，2022，《水稻种植技术培训对农户化肥施用量的影响——基于 70 个县的控制方程模型实证分析》，《农业技术经济》第 10 期。

卢华、陈仪静、胡浩等，2021，《农业社会化服务能促进农户采用亲环境农业技术吗》，《农业技术经济》第 3 期。

吕剑平、丁磊，2022，《基于社会规范视角的农户绿色生产意愿与行为悖离研究》，《中国农机化学报》第 10 期。

罗家德、秦朗、方震平，2014，《社会资本对村民政府满意度的影响——基于 2012 年汶川震后调查数据的分析》，《现代财经》（天津财经大学学报）第 6 期。

罗芹，2008，《农业适度规模经营的影响因素——兼论中国如何达到土地的最优经营规模》，《经济研究导刊》第 7 期。

罗仁福、张林秀，2011，《我国农村劳动力非农就业的变迁及面临的挑战》，《农业经济问题》第 9 期。

马鹏红、黄贤金、于术桐等，2004，《江西省上饶县农户水土保持投资行为机理与实证模型》，《长江流域资源与环境》第 6 期。

马瑞、徐志刚、叶春辉，2010，《农村进城就业人员城市就业及生活境况分析》。

毛欢、罗小锋、唐林等，2021，《多项绿色生产技术的采纳决策：影响因素及相关性分析》，《中国农业大学学报》第 6 期。

冒佩华、徐骥、贺小丹等，2015，《农地经营权流转与农民劳动生产率提高：理论与实证》，《经济研究》第 11 期。

孟展、徐翠兰，2010，《江苏省农村土地适度规模经营模式优化的探讨》，《地域研究与开发》第 6 期。

聂志平、郭岩、吴北河，2022，《社会规范视角下空巢小农绿色农业生产行为：现实境遇、作用机理与优化路径——以江西省赣州市 M 村为例》，《生态经济》第 12 期。

钱文荣、郑黎义，2010，《劳动力外出务工对农户水稻生产的影响》，《中国人口科学》第 5 期。

石志恒、崔民，2020，《个体差异对农户不同绿色生产行为的异质性影响——年龄和风险偏好影响劳动密集型与资本密集型绿色生产行为的比较》，《西部论坛》第 1 期。

石志恒、崔民、张衡，2020，《基于扩展计划行为理论的农户绿色生产意愿研究》，《干旱区资源与环境》第 3 期。

石智雷、杨云彦，2011，《外出务工对农村劳动力能力发展的影响及政策含义》，《管理世界》第 12 期。

史恒通、睢党臣、吴海霞等，2018，《社会资本对农户参与流域生态治理行为的影响：以黑河流域为例》，《中国农村经济》第 1 期。

孙大鹏、孙治一、于滨铜等，2022，《非农就业提高农村居民幸福感了吗?》，《南方经济》第 3 期。

孙小燕、刘雍，2019，《土地托管能否带动农户绿色生产?》，《中国农村经济》第 10 期。

谭秋成，2015，《作为一种生产方式的绿色农业》，《中国人口·资源与环境》第 9 期。

唐翌，2003，《社会网络特性对社会资本价值实现的影响》，《经济科学》第 3 期。

陶源、仇相玮、周玉玺等，2022，《风险感知、社会信任与农户有机肥替代行为悖离研究》，《农业技术经济》第 5 期。

田云、张俊飚、何可等，2015，《农户农业低碳生产行为及其影响因素分析——以化肥施用和农药使用为例》，《中国农村观察》第 4 期。

王浩、刘芳，2012，《农户对不同属性技术的需求及其影响因素分析——基于广东省油茶种植业的实证分析》，《中国农村观察》第 1 期。

王建华、刘茜、李俏，2015，《农产品安全风险治理中政府行为选择及其路径优化——以农产品生产过程中的农药施用为例》，《中国农村经济》第 11 期。

王江雪、李大垒，2022，《农地规模、社会化服务与农用化学品减量投入》，《中国农业资源与区划》第 11 期。

王璐瑶、颜廷武，2023，《社会信任、感知价值对农户秸秆还田技术采纳意愿的影响——基于鄂豫两省样本农户的实证》，《中国农业资源与区划》第 7 期。

王卫卫、张应良，2022《规模分化视角下农户有机肥替代化肥意愿及行为分析——基于川渝柑橘主产区果农调查数据的实证》，《中国农业资源与区划》第 4 期。

王雅凤、郑逸芳、许佳贤等，2015，《农户农业新技术采纳意愿的影响因素分析——基于福建省 241 个农户的调查》，《资源开发与市场》第 10 期。

王亚华，2018，《什么阻碍了小农户和现代农业发展有机衔接》，《人民论坛》第 7 期。

王亚辉、李秀彬、辛良杰，2017，《农业劳动力年龄对土地流转的影响研究——来自 CHIP2013 的数据》，《资源科学》第 8 期。

王玉、陈海滨、邵砾群，2021，《社会资本与农户有机肥替代化肥行为——基于陕西省408份苹果户调查数据》，《干旱区资源与环境》第8期。

文长存、汪必旺、吴敬学，2016，《农户采用不同属性"两型农业"技术的影响因素分析——基于辽宁省农户问卷的调查》，《农业现代化研究》第4期。

闫阿倩、罗小锋、黄炎忠等，2021，《基于老龄化背景下的绿色生产技术推广研究——以生物农药与测土配方肥为例》，《中国农业资源与区划》第3期。

严立冬，2003，《绿色农业发展与财政支持》，《农业经济问题》第10期。

颜廷武、何可、张俊飚，2016，《社会资本对农民环保投资意愿的影响分析——来自湖北农村农业废弃物资源化的实证研究》，《中国人口·资源与环境》第1期。

杨高第、张露、岳梦等，2020，《农业社会化服务可否促进农业减量化生产？——基于江汉平原水稻种植农户微观调查数据的实证分析》，《世界农业》第5期。

杨柳、吕开宇、阎建忠，2017，《土地流转对农户保护性耕作投资的影响——基于四省截面数据的实证研究》，《农业现代化研究》第6期。

杨雪涛、曹建民、丁晓东，2020，《农户禀赋、经营规模对秸秆资源化利用的影响——基于吉林省公主岭市的微观数据》，《中国农机化学报》第4期。

杨志海，2018，《老龄化、社会网络与农户绿色生产技术采纳行为——来自长江流域六省农户数据的验证》，《中国农村观察》第4期。

杨志武、钟甫宁，2010，《农户种植业决策中的外部性研究》，《农业技术经济》第1期。

叶敬忠、豆书龙、张明皓，2018，《小农户和现代农业发展：如何有机衔接？》，《中国农村经济》第11期。

余威震、罗小锋、李容容等，2017，《绿色认知视角下农户绿色技术采纳意愿与行为悖离研究》，《资源科学》第 8 期。

俞海、黄季焜、Scott Rozelle 等，2003，《地权稳定性、土地流转与农地资源持续利用》，《经济研究》第 9 期。

岳佳、蔡颖萍、吴伟光，2021，《土地流转契约稳定性对家庭农场施用有机肥的影响分析》，《宁夏大学学报》（人文社会科学版）第 1 期。

曾福生，1995，《农业发展与农业适度规模经营》，《农业技术经济》第 6 期。

张朝辉、刘怡彤，2021，《土地流转对农户绿色防控技术采纳的影响》，《统计与信息论坛》第 9 期。

张聪颖、畅倩、霍学喜，2018，《适度规模经营能够降低农产品生产成本吗——基于陕西 661 个苹果户的实证检验》，《农业技术经济》第 10 期。

张露、罗必良，2020，《农业减量化：农户经营的规模逻辑及其证据》，《中国农村经济》第 2 期。

张露、唐晨晨、罗必良，2021，《土地流转契约与农户化肥施用——基于契约盈利性、规范性和稳定性三个维度的考察》，《农村经济》第 9 期。

张梦玲、陈昭玖、翁贞林等，2023，《农业社会化服务对化肥减量施用的影响研究——基于要素配置的调节效应分析》，《农业技术经济》第 3 期。

张童朝、颜廷武、何可等，2017，《资本禀赋对农户绿色生产投资意愿的影响——以秸秆还田为例》，《中国人口·资源与环境》第 8 期。

张伟华、周迪、李玉峰，2020，《农民合作社绿色生产行为影响因素研究——基于扎根理论的探讨》，《世界农业》第 9 期。

张星、颜廷武，2021，《劳动力转移背景下农业技术服务对农户秸秆还田行为的影响分析》，《中国农业大学学报》第 1 期。

张亚如：《社会网络对农户绿色农业生产技术采用行为影响研究》，硕士学位论文，华中农业大学，2018。

赵秋倩、夏显力，2020，《社会规范何以影响农户农药减量化施用——基于道德责任感中介效应与社会经济地位差异的调节效应分析》，《农业技术经济》第 10 期。

赵肖柯、周波，2012，《种稻大户对农业新技术认知的影响因素分析——基于江西省 1077 户农户的调查》，《中国农村观察》第 4 期。

赵延东、罗家德，2005，《如何测量社会资本：一个经验研究综述》，《国外社会科学》第 2 期。

郑洁，2004，《家庭社会经济地位与大学生就业——一个社会资本的视角》，《北京师范大学学报》（社会科学版）第 3 期。

郑旭媛、王芳、应瑞瑶，2018，《农户禀赋约束、技术属性与农业技术选择偏向——基于不完全要素市场条件下的农户技术采用分析框架》，《中国农村经济》第 3 期。

朱建军、徐宣国、郑军，2023，《农机社会化服务的化肥减量效应及作用路径研究——基于 CRHPS 数据》，《农业技术经济》第 4 期。

诸培新、苏敏、颜杰，2017，《转入农地经营规模及稳定性对农户化肥投入的影响——以江苏四县（市）水稻生产为例》，《南京农业大学学报》（社会科学版）第 4 期。

祝伟、王瑞梅，2023，《经营规模、地块数量、土地转入与农药减量》，《中国农业资源与区划》第 5 期。

邹杰玲、董政祎、王玉斌，2018，《"同途殊归"：劳动力外出务工对农户采用可持续农业技术的影响》，《中国农村经济》第 8 期。

邹伟、崔益邻、周佳宁，2020，《农地流转的化肥减量效应——基于地权流动性与稳定性的分析》，《中国土地科学》第 9 期。

Adler, P. S., Kwon, S. W., 2002, Social capital：Prospects for a new concept [J]. Academy of Management Review, 27 (1).

Bagde, S., Epple, D., Taylor, L., 2016, Does affirmative action work？Caste, gender, college quality, and academic success in India [J]. American Economic Review, 106 (6).

Bambio, Y., Agha, S. B., 2018, Land tenure security and investment: Does strength of land right really matter in rural Burkina Faso? [J]. World Development, 111.

Bourdieu, P., 1986, The forms of capital [M]. The Sociology of Economic Life. Greenwood Press.

Brown, T. F., 1997, Theoretical Perspectives on Social Capital [R]. Working Paper.

Cao, H., Zhu, X., Heijman, W., et al., 2020, The impact of land transfer and farmers' knowledge of farmland protection policy on pro - environmental agricultural practices: The case of straw return to fields in Ningxia, China [J]. Journal of Cleaner Production, 277.

Clay, D., Reardon, T., Kangasniemi, J., 1998, Sustainable intensification in the highland tropics: Rwandan farmers' investments in land conservation and soil fertility [J]. Economic Development and Cultural Change, 1998, 46 (2).

Coleman, J. S., 1988, Social capital in the creation of human capital [J]. American Journal of Sociology, 94.

Fukuyama, F., 1996, Trust: The Social Virtues and the Creation of Prosperity [M]. Simon and Schuster.

Gao, Y., Niu, Z., Yang, H., et al., 2019, Impact of green control techniques on family farms' welfare [J]. Ecological Economics, 161.

Genius, M., Koundouri, P., Nauges, C., et al., 2014, Information transmission in irrigation technology adoption and diffusion: Social learning, extension services, and spatial effects [J]. American Journal of Agricultural Economics, 96 (1).

Guo, A., Wei, Y., Zhong, F., et al., 2022, How do climate change perception and value cognition affect farmers' sustainable livelihood capacity? An analysis based on an improved DFID sustainable livelihood framework [J].

Sustainable Production and Consumption, 33.

He, K. , Zhang, J. B. , Zeng, Y. M. , et al. , 2016, Households' willingness to accept compensation for agricultural waste recycling: Taking biogas production from livestock manure waste in Hubei, P. R. China as an example [J]. Journal of Cleaner Production, 131.

Huang, J. , Yang, G. , 2017, Understanding recent challenges and new food policy in China [J]. Global Food Security, 12.

Huang, X. , Lu, Q. , Wang, L. , et al. , 2020, Does aging and off-farm employment hinder farmers' adoption behavior of soil and water conservation technology in the Loess Plateau? [J]. International Journal of Climate Change Strategies and Management, 12 (1).

Hunecke, C. , Engler, A. , Jara-Rojas, R. , et al. , 2017, Understanding the role of social capital in adoption decisions: An application to irrigation technology [J]. Agricultural Systems, 153.

Issahaku, G. , Abdul-Rahaman, A. , 2019, Sustainable land management practices, off-farm work participation and vulnerability among farmers in Ghana: Is there a nexus? [J]. International Soil and Water Conservation Research, 7 (1).

Li, Y. , Fan, Z. , Jiang, G. , et al. , 2021, Addressing the differences in farmers' willingness and behavior regarding developing green agriculture—A case study in Xichuan County, China [J]. Land, 10.

Liu, Y. , Sun, D. , Wang, H. , et al. , 2020, An evaluation of China's agricultural green production: 1978 – 2017 [J]. Journal of Cleaner Production, 243.

Lu, H. , Zhang, P. , Hu, H. , et al. , 2019, Effect of the grain-growing purpose and farm size on the ability of stable land property rights to encourage farmers to apply organic fertilizers [J]. Journal of Environmental Management, 251.

Luhmann, N. , 1979, Trust and Power [M]. John Wiley & Sons.

Mesnard, A. , 2004, Temporary migration and capital market imperfections[J]. Oxford Economic Papers, 56 (2).

Njuki, J. M. , Mapila, M. T. , Zingore, S. , et al. , 2008, The dynamics of social capital in influencing use of soil management options in the Chinyanja Triangle of southern Africa [J]. Ecology and Society, 13 (2).

Putnam, R. D. , Leonardi, R. , Nanetti, R. Y. , 1993, Making Democracy Work: Civic Traditions in Modern Italy [M]. Princeton University Press.

Saptutyningsih, E. , Diswandi, D. , Jaung, W. , 2020, Does social capital matter in climate change adaptation? A lesson from agricultural sector in Yogyakarta, Indonesia [J]. Land Use Policy, 95.

Schreinemachers, P. , Chen, H. , Nguyen, T. T. L. , et al. , 2017, Too much to handle? Pesticide dependence of smallholder vegetable farmers in Southeast Asia [J]. Science of the Total Environment, 593.

Scott, J. C. , 1977, The Moral Economy of the Peasant: Rebellion and Subsistence in Southeast Asia [M]. Yale University Press.

Van Rijn, F. , Bulte, E. , Adekunle, A. , 2012, Social capital and agricultural innovation in Sub － Saharan Africa [J]. Agricultural Systems, 108.

Yu, X. , Schweikert, K. , Li, Y. , et al. , 2023, Farm size, farmers' perceptions and chemical fertilizer overuse in grain production: Evidence from maize farmers in northern China [J]. Journal of Environmental Management, 325.

Zhang, Y. , Lu, X. , Zhang, M. , et al. , 2022, Understanding farmers' willingness in arable land protection cooperation by using fsQCA: Roles of perceived benefits and policy incentives [J]. Journal for Nature Conservation, 68.

第二篇

安芳、颜廷武、张丰翼，2022，《收入质量对农户秸秆还田技术自觉采纳行为的影响——基于有调节的中介效应分析》，《中国农业资源与区划》第 6 期。

蔡昉、李周，1990，《我国农业中规模经济的存在和利用》，《当代经济科学》第 2 期。

曹美娜、张宜升、徐鹏等，2018，《土地流转政策对农村生物质燃烧排放的影响研究——以广东省江门市为例》，《生态经济》第 5 期。

曹志宏、郝晋珉、梁流涛，2008，《农户耕地撂荒行为经济分析与策略研究》，《农业技术经济》第 3 期。

陈奕山，2018，《人情：中国的一种农地租金形态》，《华南农业大学学报》（社会科学版）第 5 期。

陈园园、安详生、凌日萍，2015，《土地流转对农民生产效率的影响分析——以晋西北地区为例》，《干旱区资源与环境》第 3 期。

崔益邻、程玲娟、曹铁毅等，2022，《关系治理还是契约治理：农地流转治理结构的转型逻辑与区域差异研究》，《中国土地科学》第 3 期。

杜丽永、孟祥海、沈贵银，2022，《规模经营是否有利于农户化肥减量施用？》，《农业现代化研究》第 3 期。

范红忠、周启良，2014，《农户土地种植面积与土地生产率的关系——基于中西部七县（市）农户的调查数据》，《中国人口·资源与环境》第 12 期。

盖豪、颜廷武、张俊飚，2018，《基于分层视角的农户环境友好型技术采纳意愿研究——以秸秆还田为例》，《中国农业大学学报》第 4 期。

盖豪、颜廷武、周晓时，2021，《政策宣传何以长效？——基于湖北省农户秸秆持续还田行为分析》，《中国农村观察》第 6 期。

高晶晶、彭超、史清华，2019，《中国化肥高用量与小农户的施肥行为研究：基于 1995~2016 年全国农村固定观察点数据的发现》，《管理世界》第 10 期。

高立、赵丛雨、宋宇，2019，《农地承包经营权稳定性对农户秸秆还田行为的影响》，《资源科学》第 11 期。

高名姿，2018，《非正式制度和资产专用性约束下的农地流转契约选择——来自农地流出户的初步证据》，《农村经济》第 6 期。

高杨、张笑、陆姣等，2017，《家庭农场绿色防控技术采纳行为研究》，《资源科学》第 5 期。

郭冬生、黄春红，2016，《近 10 年来中国农作物秸秆资源量的时空分布与利用模式》，《西南农业学报》第 4 期。

郭利京、赵瑾，2014，《农户亲环境行为的影响机制及政策干预——以秸秆处理行为为例》，《农业经济问题》第 12 期。

郭阳、钟甫宁、纪月清，2019，《规模经济与规模户耕地流转偏好：基于地块层面的分析》，《中国农村经济》第 4 期。

韩枫、朱立志，2016，《西部生态脆弱区秸秆焚烧或饲料化利用选择分析——基于 Bivariate-Probit 模型》，《农村经济》第 12 期。

洪名勇、龚丽娟、洪霓，2016，《农地流转农户契约选择及机制的实证研究——来自贵州省三个县的经验证据》，《中国土地科学》第 3 期。

胡霞、丁冠淇，2019，《为什么土地流转中会出现无偿转包——基于产权风险视角的分析》，《经济理论与经济管理》第 2 期。

纪龙、徐春春、李凤博等，2018，《农地经营对水稻化肥减量投入的影响》，《资源科学》第 12 期。

贾蕊、陆迁，2018，《土地流转促进黄土高原区农户水土保持措施的实施吗？——基于集体行动中介作用与政府补贴调节效应的分析》，《中国农村经济》第 6 期。

江鑫、颜廷武、尚燕等，2018，《土地规模与农户秸秆还田技术采纳——基于冀鲁皖鄂 4 省的微观调查》，《中国土地科学》第 12 期。

姜维军、颜廷武、张俊飚，2021，《互联网使用能否促进农户主动采纳秸秆还田技术——基于内生转换 Probit 模型的实证分析》，《农业技术经济》第 3 期。

柯晶琳、颜廷武、姜维军，2022，《农户兼业对秸秆还田技术采纳的影响机制及效应分析——基于冀皖鄂 1150 份农户调查数据的实证》，《华中农业大学学报》（社会科学版）第 6 期。

李承桧、杨朝现、陈兰等，2015，《基于农户收益风险视角的土地流转期限影响因素实证分析》，《中国人口·资源与环境》第 1 期。

李昊、银敏华、马彦麟等，2022，《种植规模与细碎化对小农户耕地质量保护行为的影响——以蔬菜种植中农药、化肥施用为例》，《中国土地科学》第 7 期。

李庆、杨志武，2020，《非农就业对种植决策的影响——基于土地地势的研究视角》，《中国农业资源与区划》第 10 期。

李守华，2022，《长期秸秆还田对提高小麦-玉米轮作耕层土壤养分及产量分析》，《中国农学通报》第 14 期。

李星光、刘军弟、霍学喜，2018，《农地流转中的正式、非正式契约选择——基于苹果种植户的实证分析》，《干旱区资源与环境》第 1 期。

梁志会、张露、张俊飚，2020a，《土地转入、地块规模与化肥减量：基于湖北省水稻主产区的实证分析》，《中国农村观察》第 5 期。

梁志会、张露、刘勇等，2020b，《农业分工有利于化肥减量施用吗：基于江汉平原水稻种植户的实证》，《中国人口·资源与环境》第 1 期。

刘乐、张娇、张崇尚等，2017，《经营规模的扩大有助于农户采取环境友好型生产行为吗——以秸秆还田为例》，《农业技术经济》第 5 期。

刘丽、上官定一、吴荔，2021，《经营规模、风险感知对农户水土保持耕作技术采用意愿的影响——基于政府补贴的调节效应》，《干旱区资源与环境》第 10 期。

刘文志，2015，《秸秆综合利用循环农业模式研究进展》，《现代化农业》第 9 期。

刘旭凡、冯紫曦、孙家堂，2013，《农户秸秆处理行为研究综述》，《中国人口·资源与环境》第 2 期。

刘勇、张露、张俊飚等，2018，《稻谷商品化率与农药使用行为？——基于湖北省主要稻区的探析》，《农业现代化研究》第 5 期。

龙云、任力，2017，《农地流转制度对农户耕地质量保护行为的影响——基于湖南省田野调查的实证研究》，《资源科学》第 11 期。

卢华、周应恒、张培文等，2022，《农业社会化服务对耕地撂荒的影响研究——基于中国家庭大数据库的经验证据》，《中国土地科学》第 9 期。

吕杰、马新阳、韩晓燕，2020，《不同经营规模农户地力提升关键技术行为及影响因素研究——基于辽宁省不同玉米主产区的调查》，《中国农业资源与区划》第 3 期。

吕杰、王志刚、郗凤明，2015，《基于农户视角的秸秆处置行为实证分析——以辽宁省为例》，《农业技术经济》第 4 期。

吕凯、李建军，2021，《农户秸秆资源化利用意愿及影响因素分析——基于山西省调查数据的实证分析》，《江西农业学报》第 3 期。

罗必良、邹宝玲、何一鸣，2017，《农地租约期限的"逆向选择"——基于 9 省份农户问卷的实证分析》，《农业技术经济》第 1 期。

罗磊、乔大宽、刘宇荧等，2022，《农民合作社规制与社员绿色生产行为：激励抑或约束》，《中国农业大学学报》第 12 期。

梅付春，2008，《秸秆焚烧污染问题的成本-效益分析——以河南省信阳市为例》，《环境科学与管理》第 1 期。

漆军、朱利群、陈利根等，2016，《苏、浙、皖农户秸秆处理行为分析》,《资源科学》第 6 期。

齐泽华、王伟强、曹丽等,2020,《社会学习、信息渠道对农户秸秆还田技术采纳行为的影响研究》,《现代化农业》第 9 期。

钱加荣、穆月英、陈阜等,2011,《我国农业技术补贴政策及其实施效果研究——以秸秆还田补贴为例》,《中国农业大学学报》第 2 期。

钱龙、冯永辉、陆华良等,2019,《产权安全性感知对农户耕地质量保护行为的影响——以广西为例》,《中国土地科学》第 10 期。

钱忠好、崔红梅,2010,《农民秸秆利用行为:理论与实证分析——基于江苏省南通市的调查数据》,《农业技术经济》第 9 期。

仇焕广、苏柳方、张祎彤等,2020,《风险偏好、风险感知与农户保护性耕作技术采纳》,《中国农村经济》第 7 期。

冉清红、岳云华、谢德体等,2007,《中国耕地警戒值的测算与讨论》,《资源科学》第 3 期。

尚燕、颜廷武、江鑫等,2020,《公共信任对农户生产行为绿色化转变的影响——以秸秆资源化利用为例》,《中国农业大学学报》第 4 期。

尚燕、颜廷武、张童朝等,2018,《政府行为对农民秸秆资源化利用意愿的影响——基于"激励"与"约束"双重视角》,《农业现代化研究》第 1 期。

石祖梁,2018,《中国秸秆资源化利用现状及对策建议》,《世界环境》第 5 期。

史常亮、占鹏、朱俊峰,2020,《土地流转、要素配置与农业生产效率改进》,《中国土地科学》第 3 期。

苏柳方、冯晓龙、张祎彤等,2021,《秸秆还田:技术模式、成本收益与补贴政策优化》,《农业经济问题》第 6 期。

孙宁、王飞、孙仁华等,2016,《国外农作物秸秆主要利用方式与经验借鉴》,《中国人口·资源与环境》第 1 期。

田宜水、赵立欣、孙丽英等,2011,《农作物秸秆资源调查与评价方法研究》，《中国人口·资源与环境》第 21 期。

田云、张俊飚、何可等，2015，《农户农业低碳生产行为及其影响因素分析——以化肥施用和农药使用为例》，《中国农村观察》第 4 期。

童洪志、刘伟，2017，《农户秸秆还田技术采纳行为影响因素实证研究——基于 311 户农户的调查数据》，《农村经济》第 4 期。

汪吉庶、胡赛全、于晓虹，2014，《土地流转纠纷中的承包地互换机制：来自浙江 C 县经验的启示》，《中国土地科学》第 12 期。

王建英、陈志钢、黄祖辉等，2015，《转型时期土地生产率与农户经营规模关系再考察》，《管理世界》第 9 期。

王万茂、张颖，2004，《土地整理与可持续发展》，《中国人口·资源与环境》第 1 期。

王晓敏、颜廷武，2019，《技术感知对农户采纳秸秆还田技术自觉性意愿的影响研究》，《农业现代化研究》第 6 期。

王兴稳、钟甫宁，2008，《土地细碎化与农用地流转市场》，《中国农村观察》第 4 期。

温忠麟、叶宝娟，2014，《中介效应分析：方法和模型发展》，《心理科学进展》第 5 期。

吴成龙、唐春双、于琳等，2022，《东北地区秸秆腐熟剂在秸秆还田中的应用》，《现代化农业》第 12 期。

吴月丰、张俊飚、王学婷，2021，《内在认知、环境政策与农户秸秆资源化利用意愿》，《干旱区资源与环境》第 9 期。

夏佳奇、何可、张俊飚，2019，《环境规制与村规民约对农户绿色生产意愿的影响——以规模养猪户养殖废弃物资源化利用为例》，《中国生态农业学报》第 12 期。

肖健、王娜、杨会娜等，2023，《秸秆还田对土壤理化性状和土壤微生物的影响》，《现代农业科技》第 5 期。

谢花林、黄萤乾，2021，《不同代际视角下农户耕地撂荒行为研究——基于江西省兴国县 293 份农户问卷调查》，《中国土地科学》第

2 期。

徐志刚、张骏逸、吕开宇，2018，《经营规模、地权期限与跨期农业技术采用——以秸秆直接还田为例》，《中国农村经济》第 3 期。

严冬权、薛颖昊、徐志宇等，2023，《我国农作物秸秆直接还田利用现状、技术模式及发展建议》，《中国农业资源与区划》第 4 期。

颜廷武、张童朝、何可等，2017，《作物秸秆还田利用的农民决策行为研究——基于皖鲁等七省的调查》，《农业经济问题》第 4 期。

杨福霞、郑欣，2021，《价值感知视角下生态补偿方式对农户绿色生产行为的影响》，《中国人口·资源与环境》第 4 期。

杨柳、吕开宇、阎建忠，2017，《土地流转对农户保护性耕作投资的影响——基于四省截面数据的实证研究》，《农业现代化研究》第 6 期。

杨雪涛、曹建民、丁晓东，2020，《农户禀赋、经营规模对秸秆资源化利用的影响——基于吉林省公主岭市的微观数据》，《中国农机化学报》第 4 期。

杨钰莹、司伟，2022，《经营规模与农户秸秆还田技术采纳行为：提升途径与效应估计——来自黑龙江省的证据 》，《农业现代化研究》第 4 期。

杨志海，2018，《老龄化、社会网络与农户绿色生产技术采纳行为——来自长江流域六省农户数据的验证 》，《中国农村观察》第 4 期。

姚科艳、陈利根、刘珍珍，2018，《农户禀赋、政策因素及作物类型对秸秆还田技术采纳决策的影响》，《农业技术经济》第 12 期。

姚洋，1998，《小农与效率：评曹幸穗〈旧中国苏南农家经济研究〉》，《中国经济史研究》第 4 期。

姚志、郑志浩，2020，《非正规农地市场：人情租流转行为发生的机理与实证》，《财贸研究》第 9 期。

尹昌斌、黄显雷、赵俊伟等，2016，《玉米秸秆还田的受偿意愿分析——基于河北、山东两省的农户调查数据》，《中国农业资源与区划》

第 7 期。

张朝辉、刘怡彤，2021，《土地流转对农户绿色防控技术采纳的影响》，《统计与信息论坛》第 9 期。

张国、逯非、赵红等，2017，《我国农作物秸秆资源化利用现状及农户对秸秆还田的认知态度》，《农业环境科学学报》第 5 期。

张嘉琪、颜廷武、江鑫，2021，《价值感知、环境责任意识与农户秸秆资源化利用——基于拓展技术接受模型的多群组分析》，《中国农业资源与区划》第 4 期。

张露、罗必良，2020，《农业减量化：农户经营的规模逻辑及其证据》，《中国农村经济》第 2 期。

张露、唐晨晨、罗必良，2021，《土地流转契约与农户化肥施用——基于契约盈利性、规范性和稳定性三个维度的考察》，《农村经济》第 9 期。

张童朝、颜廷武、何可，2019，《有意愿无行为：农民秸秆资源化意愿与行为相悖问题探究——基于 MOA 模型的实证》，《干旱区资源与环境》第 9 期。

张伟明、陈温福、孟军等，2019，《东北地区秸秆生物炭利用潜力、产业模式及发展战略研究》，《中国农业科学》第 14 期。

张野、何铁光、何永群等，2014，《农业废弃物资源化利用现状概述》，《农业研究与应用》第 3 期。

赵宁、张露、童庆蒙，2023，《商品化率对化肥用量的影响拐点及其减量政策含义》，《华中农业大学学报》（社会科学版）第 2 期。

赵晓颖、李画画、张明月等，2022，《补偿方式对蔬菜家庭农场参与秸秆还田意愿的影响》，《干旱区资源与环境》第 10 期。

郑沃林，2020，《土地产权稳定能促进农户绿色生产行为吗？——以广东省确权颁证与农户采纳测土配方施肥技术为例证》，《西部论坛》第 3 期。

郑旭媛、王芳、应瑞瑶，2018，《农户禀赋约束、技术属性与农业技术选择偏向——基于不完全要素市场条件下的农户技术采用分析框架》，《中国农村经济》第 3 期。

郗建功、颜廷武，2021，《技术感知、风险规避与农户秸秆还田技术采纳行为——基于对鄂皖冀 3 省 1490 个农户的调查》，《干旱区资源与环境》第 11 期。

中华人民共和国农业农村部，2021，《再识中国特色农业现代化路径选择》，《经济日报》，7 月 4 日，第 6 版。

中华人民共和国生态环境部，2020，《关于发布〈第二次全国污染源普查公报〉的公告》，http：//www.gov.cn/xinwen/2020 - 06/10/content_5518391.htm。

钟甫宁、陆五一、徐志刚，2016，《农村劳动力外出务工不利于粮食生产吗？——对农户要素替代与种植结构调整行为及约束条件的解析》，《中国农村经济》第 7 期。

钟文晶、罗必良，2013，《禀赋效应、产权强度与农地流转抑制——基于广东省的实证分析》，《农业经济问题》第 3 期。

周超、张怀志、吕开宇等，2022，《地权稳定性对耕地质量的影响——基于流转契约安排的视角》，《中国农业资源与区划》第 4 期。

朱启荣，2008，《城郊农户处理农作物秸秆方式的意愿研究——基于济南市调查数据的实证分析》，《农业经济问题》第 5 期。

邹璠、周力，2019，《农户机械化秸秆还田技术采纳行为的地区差异性分析——基于苏、鲁、黑三省农户调研数据》，《中国农机化学报》第 2 期。

邹伟、崔益邻、周佳宁，2020，《农地流转的化肥减量效应——基于地权流动性与稳定性的分析》，《中国土地科学》第 9 期。

Abdulai, A., Owusu, V., Goetz, R., 2011, Land tenure differences and investment in land improvement measures: Theoretical and empirical analyses [J]. Journal of Development Economics, 96 (1).

Ajzen, I., 1991, The theory of planned behavior [J]. Organizational

Behavior & Human Decision Processes, 50 (2).

Arslan, A., Belotti, F., Lipper, L., 2017, Smallholder productivity and weather shocks: Adoption and impact of widely promoted agricultural practices in Tanzania [J]. Food Policy, 69: 68-81.

Aryal, J. P., Thapa, G., Simtowe, F., 2021, Mechanisation of small-scale farms in South Asia: Empirical evidence derived from farm households survey [J]. Technology in Society, 65.

Bambio, Y., Agha, S. B., 2018, Land tenure security and investment: Does strength of land right really matter in rural Burkina Faso? [J]. World Development, 111.

Bandura, A., Freeman, W. H., Lightsey, R., 1997, Self-efficacy: The exercise of Control [J]. Journal of Cognitive Psychotherapy, 13.

Baron, R. M., Kenny D. A., 1986, The moderator-mediator variable distinction in social psychological research: Conceptual, strategic, and statistical considerations. [J]. Chapman and Hall, 51 (6).

Cabral, L., Pandey, P., Xu, X., 2022, Epic narratives of the green revolution in Brazil, China, and India [J]. Agriculture and Human Values, 39 (1).

Cao, H., Zhu, X., Heijman, W., et al., 2020, The impact of land transfer and farmers' knowledge of farmland protection policy on pro-environmental agricultural practices: The case of straw return to fields in Ningxia, China [J]. Journal of Cleaner Production, 277.

Carletto, C., Savastano, S., Zezza, A., 2011, Fact or artefact: The impact of measurement errors on the farm size-productivity relationship [J]. World Bank Policy Research Working Paper, 5908.

Chang, H., Dong, X. Y., Macphail, F., 2011, Labor migration and time use patterns of the left-behind children and elderly in rural China [J]. World Development, 39 (12).

Chen, Z. , Huffman, W. E. , 2011, Rozelle, S. , Inverse relationship between productivity and farm size: The case of China [J]. Contemporary Economic Policy, 29 (4).

Deininger, K. , Jin, S. , 2005, The potential of land rental markets in the process of economic development: Evidence from China [J]. Journal of Development Economics, 78 (1).

Deininger, K. , Jin, S. , 2006, Tenure security and land - related investment: Evidence from Ethiopia [J]. European Economic Review, 50 (5).

Deng, H. , Zheng, W. , Shen, Z. , et al. , 2023, Does fiscal expenditure promote green agricultural productivity gains: An investigation on corn production [J]. Applied Energy, 334.

Duque-Acevedo, M. , Belmonte-Urea, L. J. , Cortés-García, F. J. , et al. , 2020, Agricultural waste: Review of the evolution, approaches and perspectives on alternative uses [J]. Global Ecology and Conservation, 22.

Duranton, G. , Puga, D. , 2004, Micro - foundations of urban agglomeration economies [M]. Elsevier.

Fang, S. , Huang, Z. , 2019, 70th Anniversary of the founding of the PRC: The transition, influence factor and trend of China's agricultural mechanization [J]. Issues in Agricultural Economy, 478 (10).

FAO, 2022, Food Outlook. https://www. fao. org/3/cb9427en/ cb9427en. pdf.

Fraser, J. A. , Frausin, V. , Jarvis, A. , 2015, An intergenerational transmission of sustainability? Ancestral habitus and food production in a traditional agro-ecosystem of the Upper Guinea Forest, West Africa [J]. Global Environmental Change, 31.

Gadde, B. , Bonnet, S. , Menke, C. , et al. , 2009, Air pollutant emissions from rice straw open field burning in India, Thailand and the Philippines [J]. Environmental Pollution, 157 (5).

Gao, J. , Song, G. , Sun, X. , 2020, Does labor migration affect rural land transfer? Evidence from China [J]. Land Use Policy, 99.

Gao, L. L. , Huang, J. K. , Rozelle, S. , 2012, Rental markets for cultivated land and agricultural investments in China [J]. Agricultural Economics, 43 (4).

Gao, L. , Zhang, W. , Mei, Y. , et al. , 2018, Do farmers adopt fewer conservation practices on rented land? Evidence from straw retention in China [J]. Land Use Policy, 79.

Gao, Y. , Zhang, X. , Lu, J. , et al. , 2017, Adoption behavior of green control techniques by family farms in China: Evidence from 676 family farms in Huang-Huai-Hai Plain [J]. Crop Protection, 99.

Gebremedhin, B. , Swinton, S. M. , 2003, Investment in soil conservation in Northern Ethiopia: The role of land tenure security and public programs [J]. Agricultural Economics, 29.

Gong, Y. , Baylis, K. , Kozak, R. , et al. , 2016, Farmers' risk preferences and pesticide use decisions: Evidence from field experiments in China [J]. Agricultural Economics, 47 (4).

Guo, Z. , Chen, X. , Zhang, Y. , 2022, Impact of environmental regulation perception on farmers' agricultural green production technology adoption: A new perspective of social capital [J]. Technology in Society, 71.

He, J. , Zhou, W. , Qing, C. , et al. , 2023, Learning from parents and friends: The influence of intergenerational effect and peer effect on farmers' straw return [J]. Journal of Cleaner Production, 393.

He, K. , Zhang, J. , Zeng, Y. , 2020, Households' willingness to pay for energy utilization of crop straw in rural China: Based on an improved UTAUT model [J]. Energy Policy, 140.

Higgins, D. , Balint, T. , Liversage, H. , et al. , 2018, Investigating the impacts of increased rural land tenure security: A systematic review of the evidence [J]. Journal of Rural Studies, 61.

Huang, X., Cheng, L., Chien, H., et al., 2019, Sustainability of returning wheat straw to field in Hebei, Shandong and Jiangsu provinces: A contingent valuation method [J]. Journal of Cleaner Production, 213.

Jiang, W., Yan, T., Chen, B., 2021, Impact of media channels and social interactions on the adoption of straw return by Chinese farmers [J]. The Science of the Total Environment, 756.

Ju, X., Gu, B., Wu, Y., et al., 2016, Reducing china's fertilizer use by increasing farm size [J]. Global Environmental Change, 41.

Kurkalova, L., Kling, C., Zhao, J., 2006, Green subsidies in agriculture: estimating the adoption costs of conservation tillage from observed behavior [J]. Canadian Journal of Agricultural Economics/Revue Canadienne D'agroeconomie, 54 (2).

Li, B., Shen, Y., 2021, Effects of land transfer quality on the application of organic fertilizer by large-scale farmers in China [J]. Land Use Policy, 100 (1).

Li, H., Dai, M., Dai, S., et al., 2018, Current status and environment impact of direct straw return in China's cropland: A review [J]. Ecotoxicology and Environmental Safety, 159.

Li, M., Wang, J., Zhao, P., et al., 2020, Factors affecting the willingness of agricultural green production from the perspective of farmers' perceptions [J]. Science of the Total Environment, 738.

Liu, C., Lu, M., Cui, J., et al., 2014, Effects of straw carbon input on carbon dynamics in agricultural soils: A meta-analysis [J]. Global Change Biology, 20 (5).

Liu, H., Jiang, G. M., Zhuang, H. Y., et al., 2018, Distribution, utilization structure and potential of biomass resources in rural China: With special references of crop residues [J]. Renewable &

Sustainable Energy Reviews, 12 (5).

Liu, Z. , Rommel, J. , Feng, S. , et al. , 2017, Can land transfer through land cooperatives foster off-farm employment in China? [J]. China Economic Review, 45.

Long, H. , Tu, S. , Ge, D. , et al. , 2016, The allocation and management of critical resources in rural China under restructuring: Problems and prospects [J]. Journal of Rural Studies, 47.

Lu, F. , 2015, How can straw incorporation management impact on soil carbon storage? A meta-analysis [J]. Mitigation & Adaptation Strategies for Global Change, 20 (8).

Lu, H. , Hu, L. , Zheng, W. , et al. , 2020, Impact of household land endowment and environmental cognition on the willingness to implement straw incorporation in China [J]. Journal of Cleaner Production, 262.

Ma, Y. , Shen, Y. , Liu, Y. , 2020, State of the art of straw treatment technology: Challenges and solutions forward [J]. Bioresource Technology, 313.

Mao, H. , Zhou, L. , Ying, R. Y. , et al. , 2021, Time preferences and green agricultural technology adoption: Field evidence from rice farmers in China [J]. Land Use Policy, 109.

McGinty, M. , Swisher, M. , Alavalapati, J. , 2008, Agroforestry adoption and maintenance: Self-efficacy, attitudes and socio-economic factors [J]. Agroforestry Systems, 73 (2).

Pan, D. , Zhang, N. , 2018, The role of agricultural training on fertilizer use knowledge: A randomized controlled experiment [J]. Ecological Economics, 148.

Pigou, A. C. , 1920, The Economics of Welfare [M]. Macmillan.

Powlson, D. S. , Riche, A. B. , Coleman, K. , et al. , 2008, Carbon sequestration in European soils through straw incorporation: Limitations and alternatives [J]. Waste Management, 28 (4).

Qian, L. , Lu, H. , Gao, Q. , et al. , 2022, Household-owned farm machinery VS. Outsourced machinery services: The impact of agricultural mechanization on the land leasing Behavior of relatively large-scale farmers in China [J]. Land Use Policy, 115.

Qiao, F. , 2017, Increasing wage, mechanization, and agriculture production in China [J]. China Economic Review, 46.

Qing, C. , Zhou, W. , Song, J. , et al. , 2023, Impact of outsourced machinery services on farmers' green production behavior: Evidence from Chinese rice farmers [J]. Journal of Environmental Management, 327.

Ren, C. , Liu, S. , Van Grinsven, H. , et al. , 2019a, The impact of farm size on agricultural sustainability [J]. Journal of Cleaner Production, 220.

Ren, J. , Yu, P. , Xu, X. , 2019b, Straw utilization in China-Status and recommendations [J]. Sustainability, 11 (6).

Roodman, D. , 2011, Fitting fully observed recursive mixed-process models with CMP [J]. The Stata Journal, 11 (2).

Singh, G. , Gupta, M. , Chaurasiya, S. , et al. , 2021, Rice straw burning: A review on its global prevalence and the sustainable alternatives for its effective mitigation [J]. Environmental Science and Pollution Research, 28 (25).

Soule, M. J. , Tegene, A. , Wiebe, K. D. , 2000, Land tenure and the adoption of conservation practices [J]. American Journal of Agricultural Economics, 82 (4).

Sun, D. , Ge, Y. , Zhou, Y . , 2019, Punishing and rewarding: How do policy measures affect crop straw use by farmers? An empirical analysis of Jiangsu Province of China [J]. Energy Policy, 134.

UNEP, 2011, Towards a Green Economy: Pathways to Sustainable Development and Poverty Eradication. Nairobi, Kenya.

Valarie, A. , 1988, Consumer perceptions of price, quality, and value:

A means-end model and synthesis of evidence [J]. Journal of Marketing, 52 (3).

Venturini, G. , Pizarro-Alonso, A. , Münster, M. , 2019, How to maximise the value of residual biomass resources: The case of straw in Denmark [J]. Applied Energy, 250.

Wang, X. , Yamauchi, F. , Huang, J. , et al. , 2020a, What constrains mechanization in chinese agriculture? Role of farm size and fragmentation [J]. China Economic Review, 62.

Wang, X. , Yamauchi, F. , Otsuka, K. , et al. , 2016, Wage growth, landholding, and mechanization in Chinese agriculture [J]. World Development, 86.

Wang, Y. , Li, X. , Lu, D. , et al. , 2020b, Evaluating the impact of land fragmentation on the cost of agricultural operation in the southwest mountainous areas of China [J]. Land Use Policy, 99.

Willy, D. K. , Holm-Müller K. , 2013, Social influence and collective action effects on farm level soil conservation effort in rural kenya [J]. Ecological Economics, 90.

Wossink, A. , 2003, Biodiversity conservation by farmers: Analysis of actual and contingent participation [J]. European Review of Agricultural Economics, 30 (4).

Xu, D. , Deng, X. , Guo, S. , et al. , 2019, Labor migration and farmland abandonment in rural China: Empirical results and policy implications [J]. Journal of Environmental Management, 232.

Yang, X. , Zhou, X. , Deng, X. , 2022, Modeling farmers' Adoption of low – carbon agriculturaltechnology in Jianghan Plain, China: An examination of the theory of planned behavior [J]. Technological Forecasting and Social Change, 180.

Ye, J. , 2015, Land transfer and the pursuit of agricultural modernization in China ［J］. Journal of Agrarian Change，15（3）.

Yu, X., Schweikert, K., Li, Y., et al., 2023, Farm size, farmers' perceptions and chemical fertilizer overuse in grain production：Evidence from maize farmer sin Northern China ［J］. Journal of Environmental Management，325.

Zagoria, D. S., Despard, L. E., 1979, The rational peasant：The political economy of rural society in Vietnam ［J］. Foreign Affairs，41（4）.

Zhang, X., Yang, J., Thomas, R., 2017, Mechanization outsourcing clusters and division of labor in Chinese agriculture ［J］. China Economic Review，43.

第三篇

蔡昉，2018，《农业劳动力转移潜力耗尽了吗?》，《中国农村经济》第 9 期。

蔡键、唐忠、朱勇，2017，《要素相对价格、土地资源条件与农户农业机械服务外包需求》，《中国农村经济》第 8 期。

陈江华、罗明忠、黄晓彤，2019，《水稻劳动密集型生产环节外包方式选择的影响因素——基于土地资源禀赋视角》，《农业经济与管理》第 1 期。

杜为研、唐杉、汪洪，2021，《蔬菜种植户对有机肥替代化肥技术支付意愿及其影响因素的研究》，《中国农业资源与区划》第 12 期。

盖豪、颜廷武、张俊飚，2020，《感知价值、政府规制与农户秸秆机械化持续还田行为——基于冀、皖、鄂三省 1288 份农户调查数据的实证分析》，《中国农村经济》第 8 期。

高晶晶、彭超、史清华，2019，《中国化肥高用量与小农户的施肥行为研究——基于 1995～2016 年全国农村固定观察点数据的发现》，《管理世界》第 10 期。

高杨、牛子恒，2019，《风险厌恶、信息获取能力与农户绿色防控技术采纳行为分析》，《中国农村经济》第 8 期。

龚继红、何存毅、曾凡益，2019，《农民绿色生产行为的实现机制——基于农民绿色生产意识与行为差异的视角》，《华中农业大学学报》（社会科学版）第 1 期。

何一鸣、张苇锟、罗必良，2020，《农业分工的制度逻辑——来自广东田野调查的验证》，《农村经济》第 7 期。

胡新艳、朱文珏、罗必良，2016，《产权细分、分工深化与农业服务规模经营》，《天津社会科学》第 4 期。

李卫、薛彩霞、姚顺波等，2017，《农户保护性耕作技术采用行为及其影响因素：基于黄土高原 476 户农户的分析》，《中国农村经济》第 1 期。

梁志会、张露、刘勇等，2020，《农业分工有利于化肥减量施用吗？——基于江汉平原水稻种植户的实证》，《中国人口·资源与环境》第 1 期。

刘乐、张娇、张崇尚等，2017，《经营规模的扩大有助于农户采取环境友好型生产行为吗——以秸秆还田为例》，《农业技术经济》第 5 期。

吕杰、刘浩、薛莹等，2021，《风险规避、社会网络与农户化肥过量施用行为——来自东北三省玉米种植农户的调研数据》，《农业技术经济》第 7 期。

罗必良，2008，《论农业分工的有限性及其政策含义》，《贵州社会科学》第 1 期。

罗必良，2017，《论服务规模经营——从纵向分工到横向分工及连片专业化》，《中国农村经济》第 11 期。

罗明忠、邱海兰、陈小知，2021，《农机投资对农村女性劳动力非农就业转移影响及其异质性》，《经济与管理评论》第 2 期。

罗小娟、冯淑怡、石晓平等，2013，《太湖流域农户环境友好型技术采纳行为及其环境和经济效应评价——以测土配方施肥技术为例》，《自然资源学报》第 11 期。

毛欢、罗小锋、唐林等，2021，《多项绿色生产技术的采纳决策：影响因素及相关性分析》，《中国农业大学学报》第 6 期。

钱忠好，2008，《非农就业是否必然导致农地流转——基于家庭内部分工的理论分析及其对中国农户兼业化的解释》，《中国农村经济》第 10 期。

邱海兰、唐超，2020，《劳动力非农转移对农机外包服务投资影响的异质性分析》，《农林经济管理学报》第 6 期。

仇焕广、苏柳方、张祎彤等，2020，《风险偏好、风险感知与农户保护性耕作技术采纳》，《中国农村经济》第 7 期。

孙小燕、刘雍，2019，《土地托管能否带动农户绿色生产?》，《中国农村经济》第 10 期。

王新志，2015，《自有还是雇佣农机服务：家庭农场的两难抉择解析——基于新兴古典经济学的视角》，《理论学刊》第 2 期。

向云、祁春节、胡晓雨，2018，《老龄化、兼业化、女性化对家庭生产要素投入的影响——基于全国农村固定观察点数据的实证分析》，《统计与信息论坛》第 4 期。

严火其，2019，《农业效率与生态的冲突：基于分工视角的分析》，《自然辩证法通讯》第 12 期。

杨高第、张露、岳梦等，2020，《农业社会化服务可否促进农业减量化生产? ——基于江汉平原水稻种植农户微观调查数据的实证分析》，《世界农业》第 5 期。

杨志海，2018，《老龄化、社会网络与农户绿色生产技术采纳行为——来自长江流域六省农户数据的验证》，《中国农村观察》第 4 期。

杨子、饶芳萍、诸培新，2019，《农业社会化服务对土地规模经营的影响——基于农户土地转入视角的实证分析》，《中国农村经济》第 3 期。

于法稳，2018，《新时代农业绿色发展动因、核心及对策研究》，《中国农村经济》第 5 期。

余威震、罗小锋、黄炎忠等，2019，《内在感知、外部环境与农户有机肥替代技术持续使用行为》，《农业技术经济》第 5 期。

曾杨梅、张俊飚、何可，2019，《不同代际传递方式对稻农有机肥施用意愿的影响》，《中国生态农业学报》第 4 期。

张丽娟，2021，《非农就业对农户是否选择购买地下水灌溉服务的影响——基于跨度 16 年 5 轮实地追踪调查数据的实证分析》，《中国农村经济》第 5 期。

张利庠、彭辉、靳兴初，2008，《不同阶段化肥施用量对我国粮食产量的影响分析——基于 1952—2006 年 30 个省份的面板数据》，《农业技术经济》第 4 期。

张露、罗必良，2018，《小农生产如何融入现代农业发展轨道？——来自中国小麦主产区的经验证据》，《经济研究》第 12 期。

张梦玲、陈昭玖、翁贞林等，2023，《农业社会化服务对化肥减量施用的影响研究——基于要素配置的调节效应分析》，《农业技术经济》第 3 期。

张童朝、颜廷武、王镇，2020，《社会网络、收入不确定与自雇佣妇女的保护性耕作技术采纳行为》，《农业技术经济》第 8 期。

张星、颜廷武，2021，《劳动力转移背景下农业技术服务对农户秸秆还田行为的影响分析——以湖北省为例》，《中国农业大学学报》第 1 期。

郅建功、颜廷武、杨国磊，2020，《家庭禀赋视域下农户秸秆还田意愿与行为悖离研究——兼论生态认知的调节效应》，《农业现代化研究》第 6 期。

中华人民共和国农业农村部，《中国农业绿色发展报告 2020》，2021，http：//www. moa. gov. cn/xw/bmdt/202107/t20210728_6372943. htm。

朱建军、徐宣国、郑军，2023，《农机社会化服务的化肥减量效应及作用路径研究——基于 CRHPS 数据》，《农业技术经济》第 4 期。

邹宝玲、钟文晶，2014，《资源禀赋、行为能力与农户横向专业化》，《南方经济》第 12 期。

邹杰玲、董政祎、王玉斌，2018，《"同途殊归"：劳动力外出务工对农户采用可持续农业技术的影响》，《中国农村经济》第 8 期。

Baron, R. M., Kenny, D. A., 1986, The moderator-mediator variable distinction in social psychological research: Conceptual, strategic, and statistical considerations [J]. Journal of Personality and Social Psychology, 51 (6).

Cai, B., Shi, F., Huang, Y., et al., 2021, The impact of agricultural socialized services to promote the farmland scale management behavior of smallholder farmers: Empirical evidence from the rice-growing region of Southern China [J]. Sustainability, 14 (1).

Chang, H. H., Mishra, A. K., 2012, Chemical usage in production agriculture: Do crop insurance and off-farm work play a part? [J]. Journal of Environmental Management, 105.

Dan, C., Zhenlin, W., 2020, Agricultural division of labor, farmer differentiation and mechanized service of rice production: Based on the empirical study of Jiangxi [J]. Journal of Agriculture, 10 (10).

Ebenstein, A., 2012, The consequences of industrialization: Evidence from water pollution and digestive cancers in China [J]. Review of Economics and Statistics, 94 (1).

FAO, 2021, Tracking Progress on Food and Agriculture-related SDG Indicators 2021: A Report on the Indicators under FAO Custodianship, https://doi.org/10.4060/cb6872en.

Feng, S., Heerink, N., Ruben, R., et al., 2010, Land rental market, off-farm employment and agricultural production in Southeast China: A plot-level case study [J]. China Economic Review, 21 (4).

Guo, L. , Li, H. , Cao, X. , et al. , 2021, Effect of agricultural subsidies on the use of chemical fertilizer [J]. Journal of Environmental Management, 299.

Huang, J. , Hu, R. , Cao, J. , et al. , 2008, Training programs and in-the-field guidance to reduce China's overuse of fertilizer without hurting profitability [J]. Journal of Soil and Water Conservation, 63 (5).

Jiang, X. , Chang, J. M. , Sun, H. , 2019, Inframarginal model analysis of the evolution of agricultural division of labor [J]. Mathematics, 7 (12).

Liu, J. , Shu, A. , Song, W. , et al. , 2021, Long-term organic fertilizer substitution increases rice yield by improving soil properties and regulating soil bacteria [J]. Geoderma, 404.

Liu, Y. , Pan, X. , Li, J. , 2015, A 1961-2010 record of fertilizer use, pesticide application and cereal yields: A review. Agronomy for Sustainable Development, 35 (1).

Lu, H. , Xie, H. , 2018, Impact of changes in labor resources and transfers of land use rights on agricultural non-point source pollution in Jiangsu Province, China [J]. Journal of Environmental Management, 207.

Maddala, G. S. , 1983, Limited-dependent and Qualitative Variables in Econometrics [M]. Cambridge University Press.

Marshall, A. , 2009, Principles of Economics (Unabridged Eeighth Edition) [M]. Cosimo, Inc.

Qian, C. , Yu, Y. , Gong, X. , et al. , 2016, Response of grain yield to plant density and nitrogen rate in spring maize hybrids released from 1970 to 2010 in Northeast China [J]. The Crop Journal, 4 (6).

Qiao, F. , Huang, J. , 2021, Farmers' risk preference and fertilizer use [J]. Journal of Integrative Agriculture, 20 (7).

Qin, Y. , Zhang, X. , 2016, The road to specialization in agricultural production: Evidence from rural China [J]. World Development, 77.

Rosenbaum, P. R., Rubin, D. B., 1983, The central role of the propensity score in observational studies for causaleffects [J]. Biometrika, 70 (1).

Rozelle, S., 1996, Stagnation without equity: Patterns of growth and inequality in China's rural economy [J]. The China Journal, 35.

Sidemo-Holm, W., Smith, H. G., Brady, M. V., 2018, Improving agricultural pollution abatement through result-based payment schemes [J]. Land Use Policy, 77.

UNEP, 2011, Towards a Green Economy: Pathways to Sustainable Development and Poverty Eradication, Nairobi: United Nations Environment Programme.

Van Wesenbeeck, C. F. A., Keyzer, M. A., Van Veen, W. C. M., et al., 2021, Can China's overuse of fertilizer be reduced without threatening food security and farm incomes? [J]. Agricultural Systems, 190.

Wang, Y. J., Wang, N., Huang, G. Q., 2022, How do rural households accept straw returning in Northeast China? [J]. Resources, Conservation and Recycling, 182.

Wu, H., Hao, H., Lei, H., et al., 2021, Farm size, risk aversion and overuse of fertilizer: The heterogeneity of large-scale and small-scale wheat farmers in Northern China [J]. Land, 10 (2).

Wu, Q., Guan, X., Zhang, J., et al., 2019, The role of rural infrastructure in reducing production costs and promoting resource-conserving agriculture [J]. International Journal of Environmental Research and Public Health, 16 (18).

Wu, Y., Xi, X., Tang, X., et al., 2018, Policy distortions, farm size, and the overuse of agricultural chemicals in China [J]. Proceedings of the National Academy of Sciences, 115 (27).

Yang, Y., He, Y., Li, Z., 2020, Social capital and the use of organic fertilizer: An empirical analysis of Hubei Province in China [J]. Environmental Science and Pollution Research, 27.

Youno, A. A., 1928, Increasing returns and economic progress [J]. The Economic Journal, 38 (152).

Zhang, X., Yang, J., Thomas, R., 2017, Mechanization outsourcing clusters and division of labor in Chinese agriculture [J]. China Economic Review, 43.

Zheng, W., Luo, B., Hu, X., 2020, The determinants of farmers' fertilizers and pesticides use behavior in China: An explanation based on label effect [J]. Journal of Cleaner Production, 272.

第四篇

陈美球、袁东波、邝佛缘等，2019，《农户分化、代际差异对生态耕种采纳度的影响》，《中国人口·资源与环境》第 2 期。

杜三峡、罗小锋、黄炎忠等，2021，《外出务工促进了农户采纳绿色防控技术吗?》《中国人口·资源与环境》第 10 期。

范丹、魏佳朔，2020，《务工距离对农地转出的影响研究——基于 CHFS2015 的实证分析》，《农业技术经济》第 6 期。

盖豪、颜廷武、张俊飚，2020，《感知价值、政府规制与农户秸秆机械化持续还田行为——基于冀、皖、鄂三省 1288 份农户调查数据的实证分析》，《中国农村经济》第 8 期。

高恩凯、朱建军、郑军，2022，《农业社会化服务对化肥减量的影响——基于全国 31 个省区面板数据的双重检验》，《中国生态农业学报》第 4 期。

高昕，2019，《乡村振兴战略背景下农户绿色生产行为内在影响因素的实证研究》，《经济经纬》第 3 期。

郭利京、王少飞，2016，《基于调节聚焦理论的生物农药推广有效性研究》，《中国人口·资源与环境》第 4 期。

何悦、漆雁斌，2020，《农户过量施肥风险认知及环境友好型技术采纳行为的影响因素分析——基于四川省 380 个柑橘种植户的调查》，《中国农业资源与区划》第 5 期。

胡雪枝、钟甫宁，2012，《农村人口老龄化对粮食生产的影响——基于农村固定观察点数据的分析》，《中国农村经济》第 7 期。

姜启军、施晶晶，2022，《基于收入差异的渔村公共服务评价研究》，《中国渔业经济》第 3 期。

李苏妮、张俊飚、何可，2019，《非正式制度、环境规制对农户绿色生产行为的影响——基于湖北 1105 份农户调查数据》，《资源科学》第 7 期。

梁志会、张露、刘勇等，2020，《农业分工有利于化肥减量施用吗？——基于江汉平原水稻种植户的实证》，《中国人口·资源与环境》第 1 期。

刘迪、孙剑、黄梦思等，2019，《市场与政府对农户绿色防控技术采纳的协同作用分析》，《长江流域资源与环境》第 5 期。

苗德伟，2019，《农业网络信息技术发展的问题及对策》，《种子科技》第 14 期。

潘丹、应瑞瑶，2013，《中国"两型农业"发展评价及其影响因素分析》，《中国人口·资源与环境》第 6 期。

钱文荣、郑黎义，2011，《劳动力外出务工对农户农业生产的影响——研究现状与展望》，《中国农村观察》第 1 期。

仇焕广、栾昊、李瑾等，2014，《风险规避对农户化肥过量施用行为的影响》，《中国农村经济》第 3 期。

曲朦、赵凯，2020，《家庭社会经济地位对农户环境友好型生产行为的影响》，《西北农林科技大学学报》（社会科学版）第 3 期。

苏昕、刘昊龙，2017，《农村劳动力转移背景下农业合作经营对农业生产效率的影响》,《中国农村经济》第 5 期。

檀竹平、洪炜杰、罗必良,2019,《农业劳动力转移与种植结构"趋粮化"》,《改革》第 7 期。

王珊珊、张广胜,2013,《非农就业对农户碳排放行为的影响研究——来自辽宁省辽中县的证据》,《资源科学》第 9 期。

温忠麟、张雷、侯杰泰,2004,《中介效应检验程序及其应用》,《心理学报》第 5 期。

杨万江、李琪,2017,《稻农化肥减量施用行为的影响因素》,《华南农业大学学报》(社会科学版)第 3 期。

杨志海,2018,《老龄化、社会网络与农户绿色生产技术采纳行为——来自长江流域六省农户数据的验证》,《中国农村观察》第 4 期。

杨志海、王雨濛,2015,《不同代际农民耕地质量保护行为研究——基于鄂豫两省 829 户农户的调研》,《农业技术经济》第 10 期。

应瑞瑶、郑旭媛,2013,《资源禀赋、要素替代与农业生产经营方式转型——以苏、浙粮食生产为例》,《农业经济问题》第 12 期。

喻永红、韩洪云,2012,《农民健康危害认知与保护性耕作措施采用——对湖北省稻农 IPM 采用行为的实证分析》,《农业技术经济》第 2 期。

喻永红、张巨勇,2009,《农户采用水稻 IPM 技术的意愿及其影响因素——基于湖北省的调查数据》,《中国农村经济》第 11 期。

曾杨梅、张俊飚、何可,2019,《不同代际传递方式对稻农有机肥施用意愿的影响》,《中国生态农业学报》第 4 期。

张露、罗必良,2020,《农业减量化:农户经营的规模逻辑及其证据》,《中国农村经济》第 2 期。

赵连阁、蔡书凯,2012,《农户 IPM 技术采纳行为影响因素分析——基于安徽省芜湖市的实证》,《农业经济问题》第 3 期。

庄健、罗必良,2022,《务工距离如何影响农地撂荒——兼顾时间、性别和代际的差异性考察》,《南京农业大学学报》(社会科学版)

第 5 期。

邹杰玲、董政祎、王玉斌，2018，《"同途殊归"：劳动力外出务工对农户采用可持续农业技术的影响》，《中国农村经济》第 8 期。

邹伟、崔益邻、周佳宁，2020，《农地流转的化肥减量效应——基于地权流动性与稳定性的分析》，《中国土地科学》第 9 期。

Atanu, S., Love, H. A., Schwart, R., 1994, Adoption of emerging technologies under output uncertainty [J]. American Journal of Agricultural Economics, 76 (4).

Babcock, B., 1995, The cost of agricultural production risk [J]. Agricultural Economics, 12 (2).

Benin, S., 2014, Impact of Ghana's agricultural mechanization services center program [J]. SSRN Electronic Journal, 46 (1).

Burton, R. J. F., 2014, The influence of farmer demographic characteristics on environmental behaviour: A Review [J]. Journal of Environmental Management, 135.

Despotović, J., Rodić, V., Caracciolo, F., 2019, Factors affecting farmers' adoption of integrated pest management in Serbia: An application of the theory of planned behavior [J]. Journal of Cleaner Production, 228.

Erbaugh, J. M., Donnermeyer, J., Amujal, M., et al., 2010, Assessing the impact of farmer field school participation on IPM adoption in Uganda [J]. Journal of International Agricultural and Extension Education, 17 (3).

Gadde, B., Bonnet, S., Menke, C., et al., 2009, Air pollutant emissions from rice straw open field burning in India, Thailand and the Philippines [J]. Environmental Pollution, 157 (5).

Guo, J., Li, C., Xu, X., et al., 2022, Farmland scale and chemical fertilizer use in rural China: New evidence from the perspective of nutrient Elements [J]. Journal of Cleaner Production, 376.

He, J. , Zhou, W. , Guo, S. , et al. , 2022, Effect of land transfer on farmers' willingness to pay for straw return in Southwest China [J]. Journal of Cleaner Production, 369.

Hou, L. , Chen, X. , Kuhn, L. , et al. , 2019, The effectiveness of regulations and technologies on sustainable use of crop residue in Northeast China [J]. Energy Economics, 81.

Huang, X. , Cheng, L. , Chien, H. , et al. , 2019, Sustainability of returning wheat straw to field in Hebei, Shandong and Jiangsu provinces: A contingent valuation method [J]. Journal of Cleaner Production, 213.

Inwood, S. , 2017, Agriculture, health insurance, human capital and economic development at the rural – urban – interface [J]. Journal of Rural Studies, 54.

Jiang, W. , Yan, T. , Chen, B. , 2021, Impact of media channels and social interactions on the adoption of straw return by Chinese farmers [J]. Science of the Total Environment, 756.

Khanna, M. , 2001, Sequential adoption of site-specific technologies and its implications for nitrogen productivity: A double selectivity model [J]. American Journal of Agricultural Economics, 83 (1).

Li, H. , Dai, M. , Dai, S. , et al. , 2018, Current status and environment impact ofdirect straw return in China's cropland: A Review [J]. Ecotoxicology and Environmental Safety, 159.

Liao, L. , Long, H. , Gao, X. , et al. , 2019, Effects of land use transitions and rural aging on agricultural production in China's farming area: A perspective from changing labor employing quantity in the planting industry [J]. Land Use Policy, 88.

Liu, H. , Jiang , G. , Zhuang, H. , et al. , 2008, Distribution, utilization structure and potential of biomass resources in rural China: With special references of crop residues [J]. Renewable and Sustainable Energy

Reviews, 12 (5).

Liu, J., Du, S., Fu, Z., 2021, The impact of rural population aging on farmers' cleaner production behavior: Evidence from five provinces of the North China plain [J]. Sustainability, 13 (21).

Long, H., Tu, S., Ge, D., et al., 2016, The allocation and management of critical resources in rural China under restructuring: Problems and prospects [J]. Journal of Rural Studies, 47.

Longhofer, W., Winchester, D., 2016, The Forms of Capital [M]. Second Edition. New York: Routledge.

Lu, H., Chen, Y., Zhang, P., et al., 2021, Impacts of farmland size and benefit expectations on the utilization of straw resources: Evidence from crop straw incorporation in China [J]. Soil Use and Management, 38 (1).

Lu, H., Hu, L., Zheng, W., et al., 2020, Impact of household land endowment and environmental cognition on the willingness to implement straw incorporation in China [J]. Journal of Cleaner Production, 262.

Lu, H., Xie, H., 2018, Impact of changes in labor resources and transfers of land use rights on agricultural Non-point source pollution in Jiangsu Province, China [J]. Journal of Environmental Management, 207.

Ma, L., Long, H., Zhang, Y., et al., 2019, Agricultural labor changes and agricultural economic development in China and their implications for rural vitalization [J]. Journal of Geographical Sciences, 29 (2).

Meng, F., Dungait, J. A. J., Xu, X., et al., 2017, Coupled incorporation of maize straw with nitrogen fertilizer increasedsoil organic carbon in Fluvic Cambisol [J]. Geoderma, 304.

Popkin, S., 1980, The rational peasant: The political economy of peasant society [J]. Theory and Society, 9.

Qu, Y., Jiang, G., Li, Z., et al., 2019, Understanding rural land use transition and regional consolidation implications in China ［J］. Land Use Policy, 82.

Ribaudo, M. , Caswell, M. F. , 1999, Environmental Regulation in Agriculture and The Adoption of Environmental Technology ［M］. Dordrecht: Springer Netherlands.

Sattler, C. , Nagel, U. J. , 2010, Factors affecting farmers' acceptance of conservation measures—A case study from North-Eastern Germany ［J］. Land Use Policy, 27 (1).

Shi, S. , Han, Y. , Yu, W. , et al. , 2018, Spatio - temporal differences and factors influencing intensive cropland use in the Huang - Huai-Hai Plain ［J］. Journal of Geographical Sciences, 28 (11).

Singh, G. , Gupta, M. K. , Chaurasiya, S. , et al. , 2021, Rice straw burning: A review on its global prevalence and the sustainable alternatives for its effective mitigation ［J］. Environmental Science and Pollution Research, 28 (25).

Su, S. , Wan, C. , Li, J. , et al. , 2017, Economic benefit and ecological cost of enlarging tea cultivation in subtropical China: Characterizing the trade-off for policy implications ［J］. Land Use Policy, 66.

Sun, D. , Ge, Y. , Zhou, Y. , 2019, Punishing and rewarding: How do policy measures affect crop straw use by farmers? An empirical analysis of Jiangsu Province of China ［J］. Energy Policy, 134.

Wang, G. , Lu, Q. , Capareda, S. C. , 2020, Social network and extension service in farmers' agricultural technology adoption efficiency ［J］. Plos One, 15 (7).

Wang, S. , Huang, X. , Zhang, Y. , et al. , 2021, The effect of corn straw return on corn production in Northeast China: An integrated regional evaluation with meta - analysis and system dynamics ［J］. Resources, Conservation and Recycling, 167.

Wang, Y. J. , Wang, N. , Huang, G. Q. , 2022, How do rural households accept straw returning in Northeast China? [J]. Resources, Conservation and Recycling, 182.

Xu, D. , Deng, X. , Guo, S. , et al. , 2019, Labor migration and farmland abandonment in rural China: Empirical results and policy implications [J]. Journal of Environmental Management, 232.

Yasar, A. , Nazir, S. , Tabinda, A. B. , et al. , 2017, Socio - economic, health and agriculture benefits of rural household biogas plants in energy scarce developing countries: A case study from Pakistan [J]. Renewable Energy, 108.

Ye, J. , 2015, Land transfer and the pursuit of agricultural modernization in China [J]. Journal of Agrarian Change, 15 (3).

Yin, H. , Zhao, W. , Li, T. , et al. , 2018, Balancing straw returning and chemical fertilizers in China: Role of straw nutrient Resources [J]. Renewable and Sustainable Energy Reviews, 81.

Zeng, Y. , Zhang, J. , He, K. , 2019, Effects of conformity tendencies on households' willingness to adopt energy utilization of crop straw: Evidence from biogas in rural China [J]. Renewable Energy, 138.

Zhang, Q. , Zhang, F. , Wu, G. , et al. , 2021, Spatial spillover effects of grain production efficiency in China: Measurement and scope [J]. Journal of Cleaner Production, 278.

Zhou, W. , He, J. , Liu, S. , et al. , 2023, How does trust influence farmers' low-carbon agricultural technology adoption? Evidence from rural Southwest, China [J]. Land, 12 (2).

第五篇

陈美球、袁东波、邝佛缘等，2019，《农户分化、代际差异对生态耕种采纳度的影响》，《中国人口·资源与环境》第 2 期。

程莉娜、吴玉锋，2016，《基于社会资本理论的农民信任状况及培育研究》，《统计与信息论坛》第 2 期。

褚彩虹、冯淑怡、张蔚文，2012，《农户采用环境友好型农业技术行为的实证分析——以有机肥与测土配方施肥技术为例》，《中国农村经济》第 3 期。

邓悦、陈儒、徐婵娟等，2017，《低碳农业技术梳理与体系构建》，《生态经济》第 8 期。

杜婷婷，2013，《农户采用节水、节能、节肥低碳技术的影响因素分析——基于 1077 户种稻农户的调查》，《新疆农垦科技》第 4 期。

盖豪、颜廷武、何可等，2019，《社会嵌入视角下农户保护性耕作技术采用行为研究——基于冀、皖、鄂 3 省 668 份农户调查数据》，《长江流域资源与环境》第 9 期。

高萌，2020，《"双重网络"视角下农户绿色生产技术采纳行为研究》，硕士学位论文，西北农林科技大学。

郭文献、付意成、张龙飞，2014，《流域生态补偿社会资本模拟》，《中国人口·资源与环境》第 7 期。

何可、张俊飚、张露等，2015，《人际信任、制度信任与农民环境治理参与意愿——以农业废弃物资源化为例》，《管理世界》第 5 期。

姜维军、颜廷武、江鑫等，2019，《社会网络、生态认知对农户秸秆还田意愿的影响》，《中国农业大学学报》第 8 期。

姜维军、颜廷武、张俊飚，2021，《互联网使用能否促进农户主动采纳秸秆还田技术——基于内生转换 Probit 模型的实证分析》，《农业技术经济》第 3 期。

靖汉娇，2019，《基于家庭亲赋视角的稻农低碳生产行为研究》，硕士学位论文，中南财经政法大学。

雷显凯、罗明忠、刘子玉，2021，《互联网使用、风险偏好与新型职业农民生产经营效益》，《干旱区资源与环境》第 5 期。

李建玲，2017，《社会资本：农村环境治理的重要变量》，《农业经济》第 11 期。

李明峰、董云社、耿元波等，2003，《农业生产的温室气体排放研究进展》，《山东农业大学学报》（自然科学版）第 2 期。

李明月、罗小锋、余威震等，2020，《代际效应与邻里效应对农户采纳绿色生产技术的影响分析》，《中国农业大学学报》第 1 期。

李思琦、张振、陈子怡等，2021，《互联网使用对农户土地经营规模的影响研究》，《世界农业》第 12 期。

李文欢、王桂霞，2021，《互联网使用有助于农户参与黑土地质量保护吗?》，《干旱区资源与环境》第 7 期。

李星光、刘军弟、霍学喜，2020，《社会信任对农地租赁市场的影响》，《南京农业大学学报》（社会科学版）第 2 期。

李雪、顾莉丽、李瑞，2022，《我国粮食主产区粮食生产生态效率评价研究》，《中国农机化学报》第 2 期。

刘蓓，2021，《互联网使用对农户绿色生产技术采纳意愿的影响》，硕士学位论文，曲阜师范大学。

柳松、魏滨辉、苏柯雨，2021，《互联网使用与农户农业机械化选择——基于非农就业的中介效应视角》，《劳动经济研究》第 3 期。

裴璐璐、王会战，2021，《"新零售"背景下农村电商模式优化路径》，《商业经济研究》第 17 期。

祁毓、卢洪友、吕翅怡，2018，《社会资本、制度环境与环境治理绩效——来自中国地级及以上城市的经验证据》，《中国人口·资源与环境》第 12 期。

尚燕、颜廷武、张童朝等，2018，《从众意识对农民秸秆焚烧危害认知的影响——基于鲁、鄂两省的农民调查》，《干旱区资源与环境》第 2 期。

覃朝晖、王媛名、苏治豪，2021，《数字化赋能：互联网使用对农户生产效率的影响研究》，《三峡大学学报》（人文社会科学版）第

6 期。

童洪志、冉建宇，2021，《多重政策影响下农户秸秆机械粉碎还田技术采纳行为仿真分析》，《中国农业资源与区划》第 5 期。

童庆蒙，2020，《农户气候响应行为及其对技术效率的影响研究》，博士学位论文，华中农业大学。

王学婷、何可、张俊飚等，2018，《农户对环境友好型技术的采纳意愿及异质性分析——以湖北省为例》，《中国农业大学学报》第 6 期。

温忠麟、张雷、侯杰泰等，2004，《中介效应检验程序及其应用》，《心理学报》第 5 期。

翁艺青、李洁、黄森慰，2020，《角色定位和社会信任对农户环境治理意愿的影响——基于结构方程模型的实证分析》，《福建农林大学学报》（哲学社会科学版）第 6 期。

吴寒梅，2021，《低碳视角下循环农业经济发展的现状与策略——评〈农业循环经济发展模式理论与实证研究〉》，《热带作物学报》第 5 期。

吴雪莲、张俊飚、何可等，2016，《农户水稻秸秆还田技术采纳意愿及其驱动路径分析》，《资源科学》第 11 期。

项朝阳、潘秋雨、王珍，2020，《减还是不减——矛盾态度视角下农户减肥减药行为的实证研究》，《农业技术经济》第 2 期。

徐婵娟、陈儒、邓悦等，2018，《农民低碳农业胜任素质及其影响因素分析》，《湖南农业大学学报》（社会科学版）第 3 期。

闫迪、郑少锋，2020，《信息能力对农户生态耕种采纳行为的影响——基于生态认知的中介效应和农业收入占比的调节效应》，《中国土地科学》第 11 期。

曾杨梅、张俊飚、何可，2019，《不同代际传递方式对稻农有机肥施用意愿的影响》，《中国生态农业学报》第 4 期。

张建新、Michael，1993，《指向具体人物对象的人际信任：跨文化比较及其认知模型》，《心理学报》第 2 期。

张露、郭晴、李文静等，2018，《农户对水稻低碳生产技术的采纳意愿研究》，《西南大学学报》（自然科学版）第 11 期。

郅建功、颜廷武、杨国磊，2020，《家庭禀赋视域下农户秸秆还田意愿与行为悖离研究——兼论生态认知的调节效应》，《农业现代化研究》第 6 期。

祝仲坤、冷晨昕，2017，《互联网与农村消费——来自中国社会状况综合调查的证据》，《经济科学》第 6 期。

Ajzen, I., 1991, The theory of planned behavior [J]. Organizational Behavior & Human Decision Processes, 50 (2).

Alpenberg, J., Scarbrough, D. P., 2018, Trust and control in changing production environments [J]. Journal of Business Research, 88.

Barber, J. S., 2000, Intergenerational influences on the entry into parenthood: Mothers' preferences for family and nonfamily behavior [J]. Social Forces, 79 (1).

Batigun, A. D., Kilic, N., 2011, The Relationships between internet addiction, social support, psychological symptoms and some socio-demographical variables [J]. Turk Psikoloji Dergisi, 26 (67).

Binswanger, H., 1986, Agricultural mechanization: A comparative historical perspective [J]. World Bank Research Observer, 1 (1).

Bisung, E., Elliott, S. J., Schuster-Wallace, C. J., 2014, Social capital, collective action and access to water in rural Kenya [J]. Social Science & Medicine, 119.

Brown, H., Pol, M., 2015, Intergenerational transfer of time and risk preference [J]. Journal of Economic Psychology, 14.

Cao, H., Zhu, X., Heijman, W., et al., 2020, The impact of land transfer and farmers' knowledge of farmland protection policy on pro-environmental agricultural practices: The case of straw return to fields in Ningxia, China [J]. Journal of cleaner production, 277.

Charles, K. K. , Hurst, E. , 2003, The correlation of wealth across generations [J]. Social Science Electronic Publishing 111 (6).

Cobo-Reyes, R. , Lacomba, J. A. , Lagos, F. , 2017, The effect of production technology on trust and reciprocity in principal-agent relationships with team production [J]. Journal of Economic Behavior & Organization, 137.

Dohmen, T. , Falk, A. , Huffman, D. , et al. , 2012, The inter – generational transmission of risk and trust attitudes [J]. The Review of Economic Studies, 79 (2).

Fei, H. T. , Malinowski, B. , 2013, Peasant Life in China [M]. Read Books Ltd.

Granovetter, M. S. , 1973, The strength of weak ties [J]. American Journal of Sociology, 78 (6).

Guo, S. , 2021, How does straw burning affect urban air quality in China? [J]. American Journal of Agricultural Economics, 103 (3).

He, J. , Zhou, W. , Guo, S. , et al. , 2022, Effect of land transfer on farmers' willingness to pay for straw return in Southwest China [J]. Journal of Cleaner Production, 369.

He, J. , Zhuang, L. , Deng, X. , et al. , 2023, Peer effects in disaster preparedness: Whether opinion leaders make a difference [J]. Natural Hazards, 115 (1).

Hirshleifer, D. , Teoh, S. H. , 2003, Herd behaviour and cascading in capital markets: A review and synthesis [J]. European Financial Management, 9 (1).

Hou, L. , Chen, X. , Kuhn, L. , et al. , 2019, The effectiveness of regulations and technologies on sustainable use of crop residue in Northeast China [J]. Energy Economics, 81.

Hoxby, C. M. , 2000, Peer effects in the classroom: Learning from gender and race variation [J]. NBER Working Papers.

Huang, X. , Cheng, L. , Chien, H. , et al. , 2019, Sustainability of returning wheat straw to field in Hebei, Shandong and Jiangsu provinces: A contingent valuation method [J]. Journal of Cleaner Production, 213.

Jiang, W. , Yan, T. , Chen, B. , 2020, Impact of media channels and social interactions on the adoption of straw return by Chinese farmers [J]. Science of The Total Environment, 756 (1).

Li, H. , Dai, M. , Dai, S. , etal. , 2018, Current status and environment impact of direct straw return in China's cropland: A review [J]. Ecotoxicology and Environmental Safety, 159.

Li, Z. , Lu, L. , 2019, Preference or endowment? Intergenerational transmission of women's work behavior and the underlying mechanisms [J]. Journal of Population Economics , 32 (4).

Liu, C. , Lu, M. , Cui, J. , et al. , 2014, Effects of straw carbon input on carbon dynamics in agricultural soils: A meta-analysis [J]. Global Change Biology, 20 (5).

Liu, Z. , Sun, J. , Zhu, W. , et al. , 2021, Exploring impacts of perceived value and government regulation on farmers' willingness to adopt wheat straw incorporation in China [J]. Land, 10.

Lu, H. , Chen, Y. , Zhang, P. , 2022, Impacts of farmland size and benefit expectations on the utilization of straw resources: Evidence from crop straw incorporation in China [J]. Soil Use and Management, 38 (1).

Lu, H. , Hu, L. , Zheng, W. , et al. , 2020, Impact of household land endowment and environmental cognition on the willingness to implement straw incorporation in China [J]. Journal of Cleaner Production, 262.

Mandrik, C. A. , Fern, E. F. , Bao, Y. , 2005, Intergenerational influence: Roles of conformity to peers and communication effectiveness [J]. Psychology & Marketing, 22 (10).

Mao, H. , Zhou, L. , Ying, R. Y. , et al. , 2021, Time preferences and green agricultural technology adoption: Field evidence from rice farmers in China [J]. Land Use Policy, 109.

Mariola, M. J. , 2012, Farmers, trust, and the market solution to water pollution: The role of social embeddedness in water quality trading [J]. Journal of Rural Studies, 28 (4).

Mead, M. , 1978, Culture and Commitment: The New Relationships between the Generations in the 1970s [M], Rev. Anchor Press/Doubleday.

Musso, J. A. , Weare, C. , 2015, From participatory reform to social capital: Micro-motives and the macro-structure of civil society networks [J]. Public Administration Review, 75 (1).

Naziri, D. , Aubert, M. , Codron, J. M, , et al. , 2014, Estimating the impact of Small - scale farmer collective action on food safety: The Case of Vegetables in Vietnam [J]. Journal of Development Studies, 50 (5).

Niu, Z. , Chen, C. , Gao, Y. , et al. , 2022, Peer effects, attention allocation and farmers' adoption of cleaner production technology: Taking green control techniques as an example [J]. Journal of Cleaner Production, 339.

Qing, C. , He, J. , Guo, S. , et al. , 2022, Peer effects on the adoption of biogas in rural households of Sichuan Province, China [J]. Environmental Science and Pollution Research, 29 (40).

Raza, M. H. , Abid, M. , Yan, T. , et al. , 2019, Understanding Farmers' intentions to adopt sustainable crop residue management practices: A structural equation modeling approach [J]. Journal of Cleaner Production, 227.

Ren, J. , Yu, P. , Xu, X. , 2019, Straw utilization in China-Status and recommendations [J]. Sustainability, 11 (6).

Siaw, A. , Jiang, Y. , Twumasi, M. A. , et al. , 2020, The impact of internet use on income: The case of rural Ghana [J]. Sustainability, 12 (8).

Sun, D. , Ge, Y. , Zhou, Y. , 2019, Punishing and rewarding: How do policy measures affect crop straw use by farmers? An empirical analysis of Jiangsu

Province of China [J]. Energy Policy, 134.

Tan, J. , Zhou, K. , Peng, L. , et al. , 2022, The role of social networks in relocation induced by climate – related hazards: An empirical investigation in China [J]. Climate and Development, 14 (1).

Tolbert, P. S. , Hall, R. H. , 2015, Organizations: Structures, processes and outcomes [M]. Routledge.

Wang, Y. J. , Wang, N. , Huang, G. Q. , 2022, How do rural households accept straw returning in Northeast China? [J]. Resources, Conservation and Recycling, 182.

Webley, P. , Nyhus, E. K. , 2006, Parents' influence on children's future orientation and saving [J]. Journal of Economic Psychology, 27 (1).

Wickrama, K. , Conger, R. D. , Elder, W. G. H. , et al. , 2003, Linking early social risks to impaired physical health during the transition to adulthood [J]. Journal of Health & Social Behavior, 44 (1).

Xiong, C. A. H. , Wang, G. L. , Su, W. Z. , et al. , 2021, Selecting low–carbon technologies and measures for high agricultural carbon productivity in Taihu Lake Basin, China [J]. Environmental Science and Pollution Research, 28 (36).

Xu, Z. , Zhang, K. , Zhou, L. , et al. , 2022, Mutual proximity and heterogeneity in peer effects of farmers' technology adoption: evidence from China's soil testing and formulated fertilization program [J]. China Agricultural Economic Review, 14 (2).

Zeng, Y. , Zhang, J. , He, K. , 2019, Effects of conformity tendencies on households' willingness to adopt energy utilization of crop straw: Evidence from biogas in rural China [J]. Renewable Energy, 138.

Zheng, W. , Luo, B. , 2022, Understanding pollution behavior among farmers: Exploring the influence of social networks and political identity on reducing straw burning in China [J]. Energy Research & Social Science, 90.

后　记

　　粮食安全是落实国家安全观的重要基础，农户采纳绿色生产技术是落实"藏粮于技"粮食安全战略的重要举措。本书基于一手调查数据，在分析农户绿色生产技术采纳行为特征的基础上，系统剖析了土地流转市场、社会化服务市场和非农就业市场发育限定条件下农户的绿色生产技术采纳行为，并考察了社会资本在三大要素市场发育与农户绿色生产技术采纳中的连接作用。本书可以为土地资源管理、农林经济管理、乡村地理等学科领域的研究、教学人员提供参考，也可为农业农村局、自然资源管理等政府部门提供决策参考。

　　本书的成书具有一定的偶然性。团队这几年一直秉持"以小见大"理念，基于一手调查数据，以解剖麻雀的方式回应社会各界关注的问题。农户绿色生产技术采纳是团队这两年关注的一个重要方向。最开始切入这个话题时只是为了回答一些相对浅层次的问题，如绿色生产技术有哪些，采纳行为呈现怎样的特征，什么因素影响了农户的绿色生产技术采纳行为，农户采纳绿色生产技术后会产生什么效应？然而，随着我们不断地将理论与现实进行映射，我们发现很多看似浅层次的问题却回答不了。比如，为什么农户的绿色生产技术采纳意愿很高，实际采纳比例却很低（采纳意愿与行为发生了背离）？为什么具有同样资源禀赋的农户（如同等土地经营规模）采纳绿色生产技术的意愿或行为存在明显的差异？带着对这些问题的思考和深入挖掘，我们不断地被引向非农就业、土地流转、社会化服务三大要素市场发育的现实约束和社会资本的现实连接上。经过两年的研究，我们在 *Journal of Environmental Management* 和 *Journal of Cleaner Production* 等中科院大类 TOP 杂志上发表了 10 余篇文章，觉得可以给这个话题一个"交待"时，才发现了三大要素市场的约束和社会资本这种非正式制度对农户绿色生产技术采纳行为的系统性影响。经过四次讨论，最终有了本书的大纲和后续的成书，算是无心插柳柳成荫了。

关于农户绿色生产技术采纳行为的研究，实际上具有广阔的空间，可以从不同角度进行深入的拓展。出于系统性和逻辑性的考虑，在本书中我们重点从三大要素市场的发育和社会资本链接的角度揭示了农户绿色生产技术采纳行为的特点和驱动机制，并没有去拓展研究的后端，即绿色生产技术采纳后的效应，将来的研究可进一步拓展。同时，本书大多数章节是基于截面数据、聚焦农户尺度的分析，虽然也有部分章节涉及地块尺度，但总体上还略显不足，将来的研究可进一步围绕地块尺度，围绕作物类型去做一些深入的分析。当然，如果运用动态的面板数据去做一些时空变化特征、驱动机制和采纳效应的分析可能会更好。

本书是国家自然科学基金青年项目"农户异质性视角下农地流转和地权稳定与耕地休养行为研究（71803071）"、四川省哲学社会科学重点研究基地重大项目"土地规模经营视角下水稻种植户低碳生产技术体系采纳路径优化及政策创新研究（SC22EZD038）"的阶段性成果。感谢团队成员对本书做出的各种努力和贡献，感谢北京大学的刘承芳教授和中科院的刘邵权研究员给本书作的序，还要感谢社科文献出版社陈凤玲编辑和颜林柯编辑对本书出版提供的无私帮助。尽管我们试图将自己的作品打造成精品，但由于学识和水平有限，疏漏和欠缺在所难免，敬请读者批评指正。

本书是团队集体思维火花碰撞的结晶，从决定要写这本书开始到成书出版，团队多次召开研讨会，对研究思路、技术路线、研究内容、章节大纲等进行了深入讨论乃至争论，它是一项集体劳作、写作攻关的成果。本书各章节的主要写作分工如下：徐定德负责统筹所有章节并参与各个篇章的主笔和修订；卿晨、郭仕利主笔第一篇章；何佳、李瑞盛主笔第二篇章；柳桂花、周文凤主笔第三篇章；李艳娇、宋嘉豪主笔第四篇章；周文凤、张枫琬主笔第五篇章；邓鑫、卢华主笔第六篇章。此外，参与讨论和写作的人员还有：汪为、张童朝、李芬妮、陈娇艳、黄凯、马致兴、李毅超等。在各章写作的基础上，由徐定德对专著全稿进行了补充、修订和润色。

本书即将付梓之际，我要对我的家人表示衷心的感谢，没有他们的默默支持，很多工作怕是难以开展。同时，还要感谢我的几位恩师，税伟教授、刘邵权研究员和苏春江研究员，没有几位恩师一路的提携和帮助，就没有今天的我。我会继续遵循各位恩师的教诲，多做一些有问题意识和有意义的研究，并将这些理念进一步传达给我的学生。

徐定德

2023 年 10 月于成都

图书在版编目（CIP）数据

中国农户绿色生产技术采纳行为研究／徐定德等著
. -- 北京：社会科学文献出版社，2023.11
ISBN 978-7-5228-2670-7

Ⅰ.①中…　Ⅱ.①徐…　Ⅲ.①农业生产-无污染技术
-研究-中国　Ⅳ.①S-01

中国国家版本馆 CIP 数据核字（2023）第 200590 号

中国农户绿色生产技术采纳行为研究

著　　者／徐定德 等

出 版 人／冀祥德
组稿编辑／陈凤玲
责任编辑／颜林柯
责任印制／王京美

出　　版／社会科学文献出版社·经济与管理分社（010）59367226
　　　　　　地址：北京市北三环中路甲 29 号院华龙大厦　邮编：100029
　　　　　　网址：www.ssap.com.cn
发　　行／社会科学文献出版社（010）59367028
印　　装／三河市尚艺印装有限公司

规　　格／开　本：787mm×1092mm　1/16
　　　　　　印　张：20.75　字　数：292 千字
版　　次／2023 年 11 月第 1 版　2023 年 11 月第 1 次印刷
书　　号／ISBN 978-7-5228-2670-7
定　　价／128.00 元

读者服务电话：4008918866